建设工程施工过程控制研究

李兴江　马凤玲　陈现旺◎著

中国商务出版社

·北京·

图书在版编目（CIP）数据

建设工程施工过程控制研究 / 李兴江，马凤玲，陈
现旺著. -- 北京：中国商务出版社，2025.4. -- ISBN
978-7-5103-5632-2

Ⅰ. TU74

中国国家版本馆 CIP 数据核字第 2025PH0054 号

建设工程施工过程控制研究

李兴江　马凤玲　陈现旺◎著

出版发行：中国商务出版社有限公司

地　　址：北京市东城区安定门外大街东后巷 28 号　邮　　编：100710

网　　址：http://www.cctpress.com

联系电话：010—64515150（发行部）　　010—64212247（总编室）
　　　　　010—64515164（事业部）　　010—64248236（印制部）

责任编辑：丁海春

排　　版：北京天逸合文化有限公司

印　　刷：宝蕾元仁浩（天津）印刷有限公司

开　　本：710 毫米×1000 毫米　1/16

印　　张：19.75　　　　　　　　　　　字　　数：286 千字

版　　次：2025 年 4 月第 1 版　　　　　印　　次：2025 年 4 月第 1 次印刷

书　　号：ISBN 978-7-5103-5632-2

定　　价：79.00 元

前　言

　　本书全面阐述建设工程施工各关键环节。开篇明晰建设工程定义、范畴、分类、特性和发展趋势，为后续深入探讨奠定基础。在施工技术方面，涵盖地基与基础、主体结构、装饰装修及设备安装，详细介绍各环节技术要点、工艺流程、质量控制与验收标准，帮助施工人员掌握关键技术。施工安全把控至关重要，从构建安全管理体系、开展安全教育，到用电、防火安全管理和事故应急管理，全方位保障施工安全。施工质量过程管理贯穿始终，从质量控制概述、施工准备阶段到施工过程，结合信息化管理，确保工程质量。施工质量把控通过搭建体系、控制过程、执行检测和处理问题，实现质量严格管控。施工技术管理强调体系强化、技术创新应用、资料知识管理和成果转化推广，提升技术水平。施工成本控制涵盖体系搭建、预算编制、过程管控和核算分析，助力成本有效控制。施工重大项目谋划申报从前期调研、规划设计到申报审批、实施管理和沟通协调，为重大项目推进提供指导。施工大数据分析阐述大数据应用、数据采集存储和在进度、质量、资源成本与风险决策方面的分析，凸显大数据在施工管理中的价值。施工风险管理则包含风险识别、评估、应对和监控，为施工风险防控提供系统方法。

作　者

2025.1

目　录

第一章　建设工程概述与特点

第一节　建设工程定义与范畴

一、建设工程的基本定义

建设工程是人类为满足自身生产生活需求，运用各类技术手段和管理方法，对自然环境进行改造与塑造，从而形成具有特定使用功能的建筑物、构筑物以及相关基础设施的综合性活动。它贯穿了从项目构思、规划设计，到具体施工建设，再到最终交付使用的全过程，是一个复杂且系统的实践过程。从实施过程来看，建设工程始于对项目的规划与设想。这一阶段，项目团队需结合社会需求、经济发展趋势和地理环境等多方面因素，确定建设项目的目标与定位。例如，在规划一座城市的新城区建设时，要考虑该区域未来的人口规模、产业布局和交通需求等，从而确定住宅、商业、公共服务设施和交通道路等各类建设项目的规模与分布。规划阶段的成果为后续的设计与施工提供了方向指引。进入设计阶段，专业的设计人员依据规划要求，运用工程力学、建筑美学、材料科学等多学科知识，将抽象的规划理念转化为具体的设计图纸与技术方案。建筑设计不仅要考虑建筑物的外观造型与空间布局，以满足使用者的审美与功能需求，还要确保结构的安全性与稳定性，能够承受各种自然荷载与人为荷载。例如，在设计高层写字楼时，要精确计算建筑结构在风力、地震力等作用下的受力情况，合理选用建筑材料与结构形式，保证大楼在使用过程中的安全。同时，设计还涵盖了给排水、电气、暖通等各个专业系统，各专业设计相互配合，共同保障建筑物的正常运行。如给排水设计要确保建筑物内的用水供应稳定、排水顺畅；电气设计要满足不同区域的用电需求；暖通设计要营造舒适的室内温度与空气质量环境。施工建设阶段是将设计成果转化为实际工程实体的关键环节，这一阶段涉及大量的人力、物力与财力投入。施工单位组织施工人员，运用各类建筑机械设备，按照设计图纸与施工规范进行施工操作。从基础工程的土方开挖、地基处理，到主体结构的钢筋绑扎、混凝土浇筑，再到建筑装饰装修的墙面地面施工、门窗安装等，每个施工环节都有严格的技术要求与质量标准。例如，在基础施工中，若地基处理不当，可能导致建筑物出现不均匀沉降，影响结构安全；在混凝土浇筑过程中，若振捣不密实，会降低混凝土的强度，留下质量隐患。施工过程还需合理安排施工进度，协调各工种之间的作业顺序，确保工程的高效有序推进。建设工程的涵盖阶段极为广泛，包括项目的可行性研究、立项审批、勘察测绘、设计、施工、竣工验收和后期的维护保养等。可行性研究是对建设项目在技术、经济、环境等方面的可行性进行全面分析与论证，为项目决策提供依据。只有通过可行性研究，确认项目具有实施价值后，才能进入立项审批环节。勘察测绘则是通过地质勘察、地形测量等手段，获取建设场地的详细地质信息与地形数据，为设计提供基础资料。竣工验收是对建设工程质量的全面检验，只有验收合格的工程才能交付使用。后期的维护保养对于延长工程使用寿命、保障工程正常运行也至关重要。建设工程涉及领域广，几乎涵盖了社会生活的各个方面。在建筑领域，包括住宅建筑、商业建筑、工业建筑以及公共建筑等。住宅建筑为人们提供居住场所，其设计与建设要注重居住的舒适性、安全性与私密性；商业建筑如商场、酒店、写字楼等，需满足商业运营的特殊需求，如商场要合理规划商业空间，方便顾客购物；工业建筑要依据生产工艺要求，提供满足生产设备安装与运行的空间环境。在基础设施领域，道路、桥梁、隧道、铁路、机场、港口等交通基础设施的建设，促进了人员与物资的流动，推动了区域经济的发展；水利工程中的水库、大坝、灌溉渠道等建设，实现了水资源的合理调配与利用，保障了农业生产与居民生活用水。此外，能源设施建设如发电厂、变电站等，为社会提供电力能源；通信设施建设如基站、通信线路等，保障了信息的快速传递。从法律界定角度，建设工程在法律法规中有明确的范畴规定。我国相关法律法规将建设工程主要划分为土木工程、建筑工程、线路管道和设备安装工程和装修工程。土木工程侧重于道路、桥梁、隧道、水利等基础设施的建设；建筑工程主要指各类房屋建筑的建造；线路管道和设备安装工程涵盖了电气线路、给排水管道、暖通空调设备等的安装作业；装修工程则是对建筑物内部与外部进行装饰美化的活动。这些不同类型的建设工程在施工过程中都必须遵守相应的法律法规与技术标准，以确保工程质量与安全。

二、建设工程涵盖的主要领域

建设工程涵盖的领域广泛，这些领域相互关联、协同发展，共同构成了庞大的建设工程体系。土木工程领域是建设工程的重要组成部分，道路工程在其中占据关键地位，包含城市道路、公路、高速公路等多种类型。城市道路注重行人与车辆的通行便利性，需合理规划人行道、车行道、交通信号灯等设施布局。公路连接着不同城市与地区，在设计时要考虑地形地貌，如在山区需修筑盘山公路以适应地势起伏，同时要确保路基的稳定性，防止因山体滑坡等地质灾害影响道路安全。高速公路则侧重于满足高速、大容量的交通需求，对路面平整度、承载能力要求极高，以保障车辆高速行驶的安全与舒适。桥梁工程同样是土木工程的重点，有梁桥、拱桥、斜拉桥、悬索桥等多种形式。梁桥结构简单，适用于跨度较小的场景；拱桥凭借其独特的拱结构，能承受较大的压力，常用于跨越河流等场景；斜拉桥和悬索桥则可实现大跨度跨越，如著名的港珠澳大桥，采用了斜拉桥与悬索桥相结合的方式，成功跨越了广阔的海域，其建设过程涉及复杂海洋环境的应对、桥梁结构设计与施工技术难题攻克。隧道工程包含公路隧道、铁路隧道、城市地铁隧道等。公路隧道与铁路隧道用于穿越山脉、河流等障碍，缩短交通距离，在施工时要解决通风、照明、排水以及地质条件复杂带来的难题，如在穿越断层、富水地层时，需采取特殊的支护与施工工艺，防止出现坍塌与涌水事故。城市地铁隧道则要考虑城市地下空间的复杂环境，避免对既有建筑物和地下管线造成影响，同时要保证施工安全与工程质量。水利工程涵盖水库、大坝、灌溉渠道、防洪堤等。水库用于蓄水，调节水资源的时空分布。大坝是水利工程的关键建筑物，需具备足够的强度和稳定性，承受巨大的水压，如三峡大坝，其建设对防洪、发电、航运等方面产生了深远影响。灌溉渠道负责将水资源输送到农田，保障农业生产用水，其设计要根据地形和灌溉需求，合理确定渠道的坡度和过水断面。防洪堤则用于抵御洪水，保护周边地区的生命财产安全。建筑工程领域也极为重要，住宅建筑是人们生活的基本场所，从普通多层住宅到高层公寓，设计时要充分考虑居住的舒适性、安全性和私密性。户型设计要合理划分功能区域，如客厅、卧室、厨房、卫生间等，满足家庭生活的不同需求。采光通风设计要保证室内有充足的自然光线和良好的空气流通，提升居住品质。同时，建筑结构要安全可靠，能够承受各种荷载。商业建筑包括商场、写字楼、酒店等。商场要营造舒适的购物环境，合理规划商业布局，设置宽敞的通道、合理的店铺分布和便捷的停车场，以吸引顾客并方便其购物。写字楼要为企业提供宽敞的办公空间，配备先进的通信、网络设施，满足现代化办公需求。酒店则要注重住宿、餐饮、娱乐等多种功能的融合，提供优质的服务设施和舒适的环境。工业建筑针对各类工厂厂房、仓库等，其设计要紧密围绕生产工艺要求。例如，电子工厂厂房对室内环境的洁净度要求极高，需配备专门的空气净化系统和特殊的建筑材料，防止灰尘等杂质影响电子产品生产质量。重型机械厂厂房则要具备强大的承载能力，以安装和运行大型机械设备。电气线路管道和设备安装工程领域同样不可或缺，电气线路安装涉及建筑物内的整个电力供应系统，从高压进线到低压配电，再到各个用电设备的布线。安装过程要严格遵循电气安全规范，确保电线电缆的选型、敷设符合要求，防止漏电、短路等电气事故发生，保障电力供应的安全、稳定和可靠。给排水管道安装包含生活用水的供应管道和污水排放管道。供水管道要保证水质不受污染，具备良好的耐压性能，将清洁的水输送到各个用水点。排水管道则要确保排水通畅，防止堵塞和污水外溢，同时要考虑管道的防腐、防冻等问题，在寒冷地区需采取保温措施。暖通空调设备安装负责建筑物内的供暖、通风和空气调节。要根据建筑物的使用功能和空间大小，合理选择空调设备的类型和容量，确保室内温度、湿度和空气质量符合人体舒适要求。在大型商场、写字楼等场所，暖通空调系统的高效运行对于营造良好的室内环境至关重要。装修工程领域分为室内装修和室外装修，室内装修对建筑物内部空间进行装饰和美化，包括墙面地面处理、门窗安装、天花板吊顶、室内家具布置等。墙面地面处理要选择合适的材料，如瓷砖、木地板、壁纸等，以营造出不同的装饰效果。门窗安装要注重密封性和隔音性，提升居住的舒适度。天花板吊顶可以增加空间层次感，同时隐藏电气线路、通风管道等设施。室内家具布置要根据空间布局和使用需求，合理搭配家具，提高空间利用率。室外装修主要针对建筑物的外立面进行装饰，如外墙涂料、幕墙安装、外门窗更换等。外墙涂料可以改变建筑物的外观颜色，提升整体美观度，同时起到保护墙体的作用。幕墙安装则能使建筑物外观更加现代化、富有质感，常见的有玻璃幕墙、石材幕墙等。外门窗更换可以改善建筑物的保温、隔音性能，同时提升外立面的美观性。

三、建设工程紧密关联的产业

建设工程并非孤立存在的，背后紧密关联着众多产业，这些产业相互协作，共同推动着建设工程从规划逐步转化为现实。建筑材料产业是建设工程的物质基础，水泥作为重要的胶凝材料，在混凝土生产中起着关键作用。不同类型的水泥，如普通硅酸盐水泥、矿渣硅酸盐水泥等，适用于不同的建设场景。高强度等级的水泥常用于大型建筑结构和高层建筑的基础施工，以确保结构的强度和稳定性。钢材则为建筑结构提供强大的承载能力，从建筑框架的钢梁、钢柱，到桥梁的承重结构，各类钢材的合理选用至关重要。螺纹钢因其表面的特殊纹路，与混凝土之间有更好的黏结力，所以常用于建筑结构中的钢筋配置。木材在建设工程中也有广泛应用，主要用于模板制作、室内装修等。在模板制作工程中，木质模板具有较好的柔韧性和可加工性，能够满足各种复杂形状混凝土构件的浇筑需求。而在室内装修方面，实木地板、木质门窗等不仅美观，还能营造温馨的居住环境。玻璃产业为建筑提供了采光、隔热、隔音等多种功能的产品。普通平板玻璃用于一般建筑的门窗安装，保证室内采光。而中空玻璃、镀膜玻璃等节能玻璃，在现代建筑中广泛应用，它们能有效降低建筑物的能耗，提高室内的舒适度。此外，石材作为一种天然建筑材料，常用于建筑的外立面装饰和室内地面铺设。大理石以其美观的纹理和光泽，常用于高档建筑的室内装修，如酒店大堂、写字楼地面等；花岗岩因其硬度高、耐磨性好，常用于室外广场、台阶等部位的铺设。建筑机械产业为建设工程提供了不可或缺的施工装备，起重机是建筑工地上的标志性设备，塔式起重机能够在高层建筑施工中，将大量的建筑材料精准吊运到指定位置，其起升高度和吊运范围直接影响着施工进度。汽车起重机则具有较强的机动性，适用于一些场地较为开阔、需要灵活吊运的施工场景。挖掘机用于土方工程施工，能够快速挖掘土壤、岩石等，不同型号的挖掘机适用于不同规模的工程。小型挖掘机适合在空间狭窄或小型工程中作业，而大型挖掘机则能在大型基础建设项目中发挥高效的挖掘能力。混凝土搅拌机负责将水泥、砂石、水等原材料混合搅拌成均匀的混凝土。强制式搅拌机搅拌效率高、搅拌质量好，常用于大型混凝土搅拌站和重点工程建设。混凝土泵车则能够将搅拌好的混凝土通过管道输送到施工现场的各个部位，尤其是在高层建筑和远距离施工中，大大提高了混凝土的浇筑效率。此外，还有装载机、推土机等多种建筑机械，它们在建设工程的不同环节中发挥着重要作用，共同提高了施工效率，降低了人工劳动强度。工程勘察设计产业是建设工程的前期关键环节，工程勘察通过地质钻探、地球物理勘探等技术手段，获取建设场地的地质信息，包括地层结构、岩土性质、地下水位等。这些信息对于建筑基础设计、工程选址等具有决定性作用。例如，在高层建筑建设前，详细的地质勘察能够确定合适的基础形式，如桩基础、筏板基础等，确保建筑物在复杂地质条件下的稳定性。设计单位则根据勘察结果和业主的需求，进行全面的工程设计。建筑设计不仅要考虑建筑物的功能布局，满足使用者的生产生活需求，还要注重建筑外观的设计，使其与周边环境相协调。在结构设计方面，工程师运用力学原理，对建筑结构进行精确计算，确定梁、板、柱等结构构件的尺寸和配筋，保证建筑结构在各种荷载作用下的安全性。同时，设计还涵盖了给排水、电气、暖通等多个专业。给排水设计要确保建筑物内的用水供应和污水排放系统的合理运行；电气设计负责规划电力供应、照明系统和智能化系统等；暖通设计则致力于营造舒适的室内温度、湿度和空气质量环境。各专业设计之间相互配合、协同工作，为建设工程提供详细的设计蓝图。工程监理产业在建设工程施工过程中发挥着监督管理的重要职责，监理单位依据国家法律法规、工程建设标准和合同约定，对施工单位的施工过程进行全方位监督。在工程质量方面，监理人员通过旁站、巡视、平行检验等方式，对原材料质量、施工工艺、隐蔽工程等进行严格检查。例如，在混凝土浇筑过程中，监理人员旁站监督，确保混凝土的浇筑质量符合设计要求，防止出现蜂窝、麻面等质量缺陷。在工程进度方面，监理单位审核施工单位的进度计划，督促其按照合同约定的时间节点推进工程建设。若发现施工进度滞后，监理单位会要求施工单位分析原因并采取相应的赶工措施。在工程安全方面，监理人员检查施工现场的安全防护设施是否到位，督促施工单位落实安全生产责任制，防止安全事故的发生。同时，监理单位还负责协调建设工程各参与方之间的关系，及时解决施工过程中出现的问题和矛盾，保障建设工程的顺利进行。

四、建设工程在经济社会中的关键地位

建设工程在经济社会中占据着举足轻重的地位，对经济发展、社会进步和人民生活水平的提升都有着深远影响。从经济增长方面来看，建设工程是拉动经济发展的重要引擎。首先，建设工程本身具有巨大的投资规模。无论是大型基础设施建设项目，如高速公路、铁路、桥梁等，还是房地产开发项目，在建设过程中都需要投入大量的资金用于购买建筑材料、租赁或购置施工设备、支付施工人员工资等。以高铁建设为例，一条高铁线路的建设往往涉及数百亿元甚至上千亿元的投资，这些资金的投入直接带动了相关产业的发展。其次，建设工程具有强大的产业关联效应。它涉及建筑材料、建筑机械、工程勘察设计、工程监理等多个上下游产业。建筑材料产业为建设工程

提供水泥、钢材、木材、玻璃等各类原材料，建设工程的蓬勃发展会刺激建筑材料产业的需求增长，从而推动该产业的产能扩张和技术升级。建筑机械产业为建设工程提供起重机、挖掘机、混凝土搅拌机等施工设备，建设工程规模的扩大促使建筑机械产业不断研发和生产更高效、更先进的设备。工程勘察设计和工程监理产业也随着建设工程的发展而不断壮大，为建设工程提供专业的技术支持和监督管理服务。这种产业关联效应如同涟漪一般，在经济体系中不断扩散，带动了众多产业的协同发展，创造了大量的就业机会并产生了经济效益，对国民经济增长起到了显著的拉动作用。在改善民生方面，建设工程发挥着不可替代的作用。住宅建设为人们提供了安居乐业的场所。随着社会经济的发展，人们对居住条件的要求不断提高，从过去单纯追求居住面积，逐渐转变为注重居住环境、房屋质量、配套设施等多方面因素。建设工程通过不断优化住宅设计，提高建筑质量，完善小区配套设施，如建设幼儿园、社区医院、购物中心等，极大地提升了居民的生活品质。公共建筑建设也与民生息息相关。学校的建设为孩子们提供了良好的学习环境，宽敞明亮的教室、先进的教学设施和安全舒适的校园环境，有助于培养下一代。医院的建设则为人们提供了优质的医疗服务条件，现代化的医疗大楼、先进的医疗设备合理的科室布局，能够更好地满足人们的就医需求，保障人民的身体健康。此外，城市基础设施建设中的道路、桥梁、排水系统等，也直接影响着居民的日常生活。良好的道路状况方便人们出行，桥梁的建设缩短了城市间的距离，排水系统的完善能够有效应对城市内涝等问题，为居民创造了更加便捷、安全的生活环境。最后，建设工程在推动城市化进程中扮演着关键角色，城市的发展离不开建设工程的支撑。现代化的商业建筑和写字楼集群构成了城市的商务中心，吸引了大量的企业入驻，促进了城市的经济活动和就业增长。这些商业建筑不仅提供了办公、购物、娱乐等多种功能，还成为了城市的地标性建筑，提升了城市的形象和知名度。文化场馆、公园等公共设施的建设丰富了城市的文化内涵，改善了城市的生态环境。博物馆、图书馆、剧院等文化场馆为人们提供了学习、艺术欣赏和文化交流的场所，提升了城市居民的文化素养。公园、绿地等生态设施的建设增加了城市的绿色空间，改善了城市的空气质量，为居民提供了休闲娱乐的好去处，增强了城市的宜居性和吸引力。同时，建设工程还通过合理规划和布局城市空间，优化城市的功能分区，如划分居住区、商业区、工业区等，使城市的运行更加高效有序，推动了城市化水平的不断提高。

第二节　建设工程分类解析

一、按用途分类说明

建设工程按用途分类，主要涵盖居住建筑工程、公共建筑工程、工业建筑工程和基础设施工程这四大类别，它们在功能、设计要求和社会作用等方面各有特点。居住建筑工程是与人们日常生活紧密相连的建设领域，普通住宅作为最广泛的居住形式，设计重点在于满足家庭基本生活需求。户型设计力求合理，将卧室、客厅、厨房、卫生间等功能区域清晰划分。卧室注重私密性与舒适性，以保证居民良好的休息环境；客厅作为家庭活动与社交的主要场所，空间较为开阔；厨房依据人体工程学原理，合理布局操作台面与电器位置，方便烹饪；卫生间则着重防水与通风设计，确保使用卫生。公寓多建于城市核心区域或商业氛围浓厚地段，具有小户型、高容积率特征。为提升居住便利性，部分公寓配备公共服务设施，如公共洗衣房、健身房等，满足单身人士或年轻家庭快节奏、多元化的生活需求。别墅作为高端居住产品，通常为独立或联排建筑，拥有较大居住空间与独立庭院。别墅设计高度重视居住的舒适性、私密性及个性化，在建筑外观上展现独特风格，内部装修采用高端材料与精致工艺，同时配备完善的配套设施，如私人车库、花园灌溉系统等。公共建筑工程服务于社会公共活动，具有广泛的社会影响。学校建筑设计围绕教学活动展开，教室需具备良好采光、良好通风与隔音效果，以保障教学环境适宜。合理规划教学区、行政区、运动区等功能分区，方便师生日常活动。例如，教学楼之间通过连廊连接，方便学生课间穿梭；操场布局在远离教学区的位置，减少体育活动对教学的干扰。医院建筑在功能布局与卫生要求上极为严格。不同科室之间需保持便捷联系，确保患者就医流程顺畅。为有效控制感染风险，医院严格划分清洁区、半污染区和污染区。手术室等关键区域对空气质量、温度湿度有精确控制标准，以保障手术安全。图书馆致力于营造安静、舒适的阅读环境，拥有宽敞的藏书空间，依据书籍类别合理规划书架布局，配备便捷的借阅系统，方便读者查找与借阅书籍。体育馆需满足各类体育赛事与活动场地需求，比赛场地尺寸、地面材质等符合专业标准，具备良好视线设计，确保观众能清晰观赛，同时规划完善的观众疏散通道，保障人员安全。剧院则以声学效果为核心设计要素，从建筑造型到内部装修，都围绕提升声音传播质量进行精心设计，使观众能获得最佳视听体验。工业建筑工程服务于工业生产活动，工厂厂房根据生产工艺不同分为多种类型。轻工业厂房，如电子厂厂房，对空间高度与地面荷载要求相对较低，但对室内环境洁净度、温湿度控制等有特殊要求。为满足生产需求，厂房内部采用特殊的空气净化系统，地面选用防静电材料，确保电子产品生产不受环境因素干扰。重工业厂房，如钢铁厂厂房，因需安装和运行大型机械设备，要求具备较高空间高度与强大地面承载能力。厂房结构设计要能承受巨大设备重量与生产过程中的振动荷载。仓库用于储存各类物资，根据储存物资的性质与特点设计各异。储存易燃易爆物品的仓库，需采用防火、防爆性能良好的建筑材料，配备完善的消防设施与通风系统，严格控制火源与电气设备，确保储存安全。基础设施工程是支撑社会正常运转的基础保障，道路工程是交通基础设施关键部分，城市道路注重行人与车辆通行便利性，合理设置人行道、车行道、交通信号灯等设施。路面设计考虑车辆行驶的舒适性与耐久性，定期维护以确保路况良好。公路连接不同城市与地区，依据交通流量与地形条件设计，在山区需修筑盘山公路适应地势起伏，在平原地区则注重直线段与弯道的合理搭配，保障行车安全与高效。桥梁工程用于跨越河流、山谷等障碍，梁桥结构简单，适用于跨度较小场景；拱桥利用拱结构承受较大压力，常用于中小跨度桥梁；斜拉桥与悬索桥可实现大跨度跨越，如港珠澳大桥，采用斜拉桥与悬索桥结合的方式，成功跨越了广阔的海域，建设过程攻克诸多复杂技术难题。隧道工程包括公路隧道、铁路隧道、城市地铁隧道等。施工时需解决通风、照明、排水及复杂地质条件带来的难题，如穿越断层、富水地层时，采用特殊支护与施工工艺，确保施工安全与隧道长期稳定。铁路工程涵盖铁路线路、车站等建设，对轨道平顺性、稳定性要求极高，以保障列车高速、安全运行。机场工程包含跑道、航站楼、导航设施等建设，跑道需具备足够强度与长度，满足飞机起降要求；航站楼合理规划旅客候机、登机、行李托运等流程，提供便捷服务；导航设施确保飞机安全起降与飞行。港口工程包括码头、防波堤等建设，码头用于船舶停靠、货物装卸与旅客上下船，根据不同船舶类型与货物吞吐量设计；防波堤抵御海浪侵袭，保护港口内设施与船舶安全。水利设施如水库、大坝、灌溉渠道等，用于水资源调配与利用。水库蓄水调节水资源时空分布；大坝保障蓄水安全；灌溉渠道将水资源输送到农田，保障农业生产用水。

二、按规模大小分类依据

建设工程按规模大小分类，有助于清晰界定工程的特性与管理要求，其分类依据涵盖多个关键方面。投资金额是重要的分类依据之一，大型工程通常涉及巨额资金投入。以大型水利枢纽工程为例，像三峡水利枢纽，其建设投资规模高达数千亿元。这类工程不仅要建设庞大的大坝、水电站厂房等主体建筑，还需配套建设一系列附属设施，如通航船闸、升船机等，各个环节都需要大量资金支持。在建设过程中，从前期的可行性研究、勘察设计，到施工阶段的材料采购、设备租赁、人员雇佣等，每一项工作都伴随着巨额资金的流动。中型工程的投资规模相对适中，一般在几百万元到上亿元之间。例如中型商业综合体项目，包含商场、写字楼、酒店等多种业态，其投资需考虑建筑结构、内部装修、设备购置和商业运营前期筹备等多方面费用。小型工程投资金额较小，常见的小型住宅建设或社区小型公共设施建设，投资可能仅在几十万元以内，主要用于基础建设、简单装修和基本设备采购。建设周期也是区分工程规模的显著标志，大型工程建设周期往往较长，可能持续数年甚至数十年。以高铁建设项目来说，从线路规划、征地拆迁，到轨道敷设、桥梁隧道建设、通信信号系统安装和后期调试，整个过程极为复杂，一般需要5~10年甚至更长时间。其间要协调众多部门与专业团队，应对各种复杂的地质条件和技术难题。中型工程建设周期相对较短，通常在1~3年左右。如普通的中型住宅小区建设，从项目启动、基础施工，到主体结构建设、外立面装修和配套设施建设，各环节虽需有序推进，但整体流程相对大型工程更为紧凑。小型工程建设周期短，像小型店铺装修工程，可能仅需数月就能完成。从拆除原有装修、水电改造，到墙面地面装修、设备安装，由于工程范围小，涉及工作内容相对简单，能够在较短时间内竣工交付。建筑面积在建设工程规模分类中也具有重要意义，大型建筑工程建筑面积庞大，例如超大型商业中心，建筑面积可达数十万平方米。这类商业中心不仅有大面积的购物区域，还配备大量停车位、餐饮区、娱乐设施等，为满足消费者多样化需求，空间布局极为复杂。大型写字楼同样如此，为容纳众多企业办公，需提供宽敞的办公空间、完善的公共服务区域和高效的垂直交通系统。中型建筑工程建筑面积一般在几千平方米到几万平方米之间。常见的中型医院，除了病房、门诊等基本功能区域，还设有手术室、检验科、影像科等专业科室，建筑面积需满足各类医疗服务开展和患者就医流线的需求。小型建筑工程建筑面积较小，如小型私人住宅，建筑面积可能仅几百平方米，功能相对简单，主要满足居住的基本需求，房间数量与空间布局相对紧凑。工程复杂程度也是衡量建设工程规模大小的关键因素，大型工程技术难度高、涉及专业领域广泛。以跨海大桥建设为例，不仅要面对复杂的海洋环境，如强风、巨浪、潮汐和腐蚀性海水，还要解决桥梁结构设计、深水基础施工、大型构件运输与安装等一系列复杂技术问题。工程建设需要桥梁工程、海洋工程、材料科学、地质工程等多个专业协同合作。中型工程复杂程度相对较低，但仍需多专业配合。例如中型污水处理厂建设，涉及建筑工程、给排水工程、环境工程等专业知识。在设计与施工过程中，要考虑污水处理工艺、设备选型与安装、建筑结构承载以及周边环境影响等因素。小型工程复杂程度较低，技术要求相对简单。如小型户外休闲广场建设，主要工作包括场地平整、地面铺装、简单景观设施安装等，施工过程中涉及的技术与专业知识相对单一。此外，工程对社会与环境的影响范围和程度也可作为规模分类的参考，大型工程对社会经济和环境影响深远。如大型机场建设，不仅带动周边地区的交通、商业、旅游等产业发展，还会改变区域的城市规划与发展格局。同时，机场建设过程中可能涉及大量土地征收、生态环境改变等问题，对周边生态系统、居民生活产生广泛影响。中型工程影响范围相对局限，如中型工业园区建设，主要对所在区域的产业结构调整、就业产生一定影响，对环境的影响也主要集中在园区及周边较小范围。小型工程对社会与环境的影响相对微弱，如社区小型绿化改造工程，主要作用于社区内部环境改善，对外部社会和环境的影响较小。

三、按投资主体分类形式

建设工程按投资主体分类，主要有政府投资、企业投资、个人投资和混合投资等形式，每种形式都在建设领域中发挥着独特作用，具有不同的特点与应用场景。政府投资的建设工程在社会发展中占据重要地位，政府投资多集中于公共基础设施建设、公益事业项目和关系国家安全和国民经济命脉的重大项目。在公共基础设施方面，如城市道路建设，政府投资旨在构建完善的城市交通网络，方便居民出行，促进区域间的经济联系与交流。道路建设涵盖主干道、次干道以及支路，不仅要保证道路的通行能力，还要考虑与周边环境的协调性，包括道路绿化、排水系统等配套设施建设。桥梁建设同样是政府投资的重点，无论是跨越江河的大型桥梁，还是城市内部连接不同区域的小型桥梁，其建设对于改善交通状况、拓展城市空间具有关键作用。在公益事业项目中，学校建设是重要部分。政府投资建设从幼儿园到高等院校的各类教育设施，为教育事业发展提供硬件基础。学校建设需满足教学功能需求，合理规划教室、实验室、图书馆、体育馆等功能区域，同时注重校园环境的营造，为师生创造良好的学习和工作环境。医院建设也是政府投资的关键领域，通过建设综合性医院、专科医院和基层医疗卫生机构，完善医疗服务体系，保障居民的健康权益。医院建设在设计上要考虑医疗流程的合理性，严格区分不同功能区域，如门诊区、住院区、医技区等，以提高医疗服务效率。对于关系国家安全和国民经济命脉的重大项目，如大型水利枢纽工程、能源基础设施建设等，政府投资发挥着主导作用。大型水利枢纽工程如三峡大坝，不仅具有防洪、发电功能，还兼顾航运、灌溉等多重效益，对国家的能源安全、水资源调配和经济社会可持续发展意义重大。能源基础设施建设中的核电站、大型水电站等项目，投资规模巨大、建设周期长、技术要求高，且关乎国家能源战略布局，需要政府从宏观层面进行统筹规划与投资建设。企业投资的建设工程具有较强的市场导向性，在工业领域，企业为扩大生产规模、提升生产效率，会投资建设工厂厂房。例如，制造业企业建设现代化的生产车间，根据生产工艺要求，合理规划厂房布局，配备先进的生产设备和自动化生产线。厂房建设注重满足生产流程的顺畅性，同时考虑物流运输、员工工作环境等因素。在商业领域，企业投资建设商场、写字楼、酒店等项目。商场建设旨在打造集购物、餐饮、娱乐为一体的商业综合体，通过合理规划商业空间，吸引品牌入驻，满足消费者多样化需求。写字楼建设则为企业提供办公场所，企业会根据市场需求和自身定位，建设不同档次、不同规模的写字楼，注重配套设施的完善，如智能化办公系统、停车场、餐饮服务等，以提升写字楼的竞争力。酒店建设同样如此，企业根据市场定位投资建设高端豪华酒店、商务型酒店或经济型酒店，在建筑设计、装修风格和服务设施配备上体现差异化，以满足不同客户群体的需求。此外，企业还会投资建设物流园区、数据中心等项目。物流园区建设为物流企业提供货物存储、分拣、配送等服务场所，通过合理布局仓库、运输通道、装卸设备等设施，提高物流运作效率。数据中心建设则满足企业对数据存储、处理和传输的需求，随着信息技术的发展，数据中心的建设规模扩大，技术水平不断提升，企业投资建设高性能的数据中心，配备先进的服务器、网络设备和制冷、供电系统等，以保障数据的安全、高效运行。个人投资的建设工程主要集中在住宅领域，一方面，个人购买土地后自建住宅，这种情况在农村地区较为常见，农民根据家庭人口数量、生活习惯和经济实力，设计并建造符合自身需求的住宅。住宅建设注重实用性和舒适性，从房屋的户型设计、建筑材料选择到内部装修，都体现个人的意愿和偏好。另一方面，在城市中，个人购买商品房后进行二次装修也属于个人投资建设的范畴。个人根据自身的审美和生活需求，对房屋进行个性化装修，包括墙面地面处理、门窗更换、室内家具布置等，以打造独特的居住空间。此外，个人还可能投资建设小型商业店铺，如开设便利店、小吃店等。这类店铺建设规模较小，个人根据经营项目的特点和需求，进行店面装修和设备购置，以满足商业经营的需要。混合投资的建设工程结合了多种投资主体的优势，在一些大型基础设施项目中，常采用政府与社会资本合作（PPP）模式，这是混合投资的典型形式。例如城市轨道交通建设，政府通过与企业合作，共同投资建设地铁线路。政府投入土地、政策等资源，企业则投入资金、技术和管理经验。在项目建设过程中，双方按照合作协议共同承担风险、共享收益。这种模式既减轻了政府的财政压力，又充分发挥了企业的市场活力和专业优势，提高了项目的建设效率和运营管理水平。在一些公共服务设施建设项目中，也会出现混合投资的情况。如公立医院与企业合作建设康复中心，公立医院提供医疗技术和专业人才，企业投入资金进行设施建设和运营管理，双方优势互补，为患者提供更优质的康复服务。此外，在一些旅游开发项目中，政府、企业和个人可能共同参与投资。政府负责基础设施建设和政策引导，企业投资建设旅游景区的核心景点、酒店等设施，个人则通过投资经营农家乐、民宿等参与旅游服务，形成多元化的投资格局，共同推动旅游产业的发展。

四、按施工性质分类要点

建设工程按施工性质分类，主要涵盖新建、改建、扩建、拆除与修缮这几大类型，每种类型在施工目标、流程及技术要求等方面都有独特要点。新建工程是从无到有开展的建设活动，在各类建筑项目中，新建住宅是常见类型。其施工要点首先在于前期规划与场地准备。前期规划阶段需依据周边环境、居民需求及相关规范，合理规划小区布局，确定楼座位置、间距及配套设施分布。场地准备阶段，进行场地平整、土方开挖，为后续基础施工创造条件。基础施工至关重要，依据地质条件选择合适的基础形式，如桩基础、筏板基础等。施工时严格把控钢筋绑扎、模板支设与混凝土浇筑质量，确保基础承载能力满足设计要求。主体结构施工按设计图纸进行，控制混凝土浇筑工艺，保证结构强度与稳定性。建筑外立面与内部装修施工，注重材料选择与施工工艺，打造美观且实用的居住空间。新建商业建筑施工同样复杂，除建筑结构施工外，需考虑商业运营特殊需求。如商场施工，要合理规划商业空间布局，预留足够公共通道与店铺空间。安装大量专业设备，如电梯、通风空调、消防系统等，确保设备安装调试符合标准，满足商业运营的安全与舒适要求。改建工程是对既有建筑进行改造，以适应新功能或提升性能。在既有建筑功能调整方面，如将旧厂房改建为创意产业园。施工要点在于对原有建筑结构的检测与评估，确定结构安全性及可改造性。保留可利用结构部分，对需改造部位进行加固或拆除重建。在空间布局调整上，依据创意产业园功能需求，重新划分办公、展示、休闲等区域，拆除不必要墙体，打通空间，增加采光与通风。同时，对建筑外立面进行改造，赋予其现代创意风格，提升建筑形象。对于既有建筑性能提升的改建，如老旧住宅节能改造。施工重点是外墙保温施工，选择合适的保温材料，采用粘贴、喷涂等工艺，确保保温层与墙体结合牢固，降低建筑能耗。更换节能门窗，提高门窗气密性与隔热性。对供暖、给排水系统进行改造，优化系统运行效率，提升住宅居住舒适度。扩建工程是在原有建筑基础上增加建筑面积或扩大规模，工业厂房扩建较为典型，施工前需对原有厂房结构进行详细检测，评估其承载能力能否满足扩建需求。若承载能力不足，先对原有结构进行加固处理。在扩建部分施工时，确保新老结构连接可靠，采用植筋、设置后浇带等技术手段，使新老混凝土协同工作。扩建部分的建筑功能，要与原有厂房功能相匹配，如生产流程延续性、物流运输便利性等。公共建筑扩建同样有诸多要点。如医院扩建，需考虑医院整体布局与医疗流程，避免施工对正常医疗秩序造成过大影响。在扩建区域施工时，合理安排施工顺序，优先建设与原有医院联系紧密的部分，如新建病房楼与既有门诊楼的连接通道。同时，注重医疗设备的安装与调试，保证扩建后医疗服务能力提升且服务质量不受影响。拆除工程是对既有建筑进行拆除作业，拆除前全面了解建筑结构、周边环境及地下管线分布等信息。制定详细拆除方案，依据建筑结构特点选择合适的拆除方法，如人工拆除、机械拆除、爆破拆除等。人工拆除适用于小型、结构简单且周边环境复杂的建筑，施工人员使用工具逐步拆除建筑构件。机械拆除采用挖掘机、起重机等设备，效率较高，常用于拆除一般建筑。爆破拆除则适用于大型、高层且周边环境允许的建筑，但爆破拆除需严格遵守爆破安全规程，精心设计爆破方案，控制爆破范围与震动、飞石等危害。拆除过程中，做好安全防护措施，设置警示区域，对拆除的建筑材料进行分类回收与处理，减少环境污染。修缮工程是对既有建筑进行修复与维护。在建筑结构修缮方面，针对结构出现的裂缝、变形、腐蚀等问题进行处理。如对混凝土结构裂缝，采用灌浆修补工艺，将专用灌浆材料注入裂缝，恢复结构整体性。对钢结构腐蚀部位，进行除锈、防腐处理，涂刷防腐涂料。建筑外观修缮注重恢复建筑原有风貌，如古建筑修缮。遵循"修旧如旧"原则，使用传统材料与工艺，对破损的墙体、屋顶、门窗等进行修复。对于现代建筑外观修缮，如外墙涂料脱落、瓷砖松动等问题，进行重新粉刷或更换处理，提升建筑美观度。同时，对建筑内部设施进行修缮，如水电线路维修、洁具更换等，保障建筑正常使用功能。

第三节　建设工程特性分析

一、建设周期长的表现

建设工程通常具有较长的建设周期，这一特性是由多种因素共同作用导致的。在建设工程的前期筹备阶段，大量工作需要细致开展，从而耗费大量时间。项目规划环节至关重要，需结合多方面因素综合考量。例如城市大型商业综合体建设，要考虑周边人口密度、消费能力、交通状况和城市整体商业布局等。通过详细的市场调研与数据分析，确定项目规模、业态组合和建筑风格等，这一过程可能需要数月甚至数年时间。紧接着是项目可行性研究，涵盖技术、经济、环境等多个维度。在技术可行性方面，需评估采用的建筑技术、施工工艺在当前条件下是否可行，如超高层建筑施工中，对垂直运输设备、深基坑支护技术的可行性论证需严谨分析。经济可行性研究要精确核算项目建设成本、运营成本和预期收益，确保项目在经济上合理可行。环境影响评估也不可或缺，分析项目建设对周边生态环境、空气质量、噪声等方面的影响，并制定相应的环保措施，这一系列评估工作流程烦琐，审批周期较长。此外，建设工程还涉及大量的征地拆迁工作，若项目选址在既有建成区，则协调居民搬迁、企业安置等事宜难度大、耗时长，常因各方利益协调问题导致进度拖延。进入施工建设阶段，建设工程的复杂性与规模性决定了其漫长的建设周期。从基础工程开始，不同地质条件下的基础施工方法差异大且耗时久。在软土地基上建设高层建筑，可能需采用桩基础，打桩过程要严格控制桩的垂直度、入土深度等参数，每根桩的施工都需一定时间，众多桩基础施工累加起来，耗时可观。主体结构施工同样是个长期过程，以混凝土结构为例，每层楼的施工需依次进行钢筋绑扎、模板支设、混凝土浇筑及养护等工序。混凝土养护需满足一定的温度、湿度条件，达到设计强度要求后才能进行后续施工，一般每层楼施工周期在数天至数周不等，对于高层或超高层建筑，主体结构施工可能持续数年。建筑外立面施工与内部装修工程也需耗费大量时间。外立面装饰如幕墙安装，需精确测量、安装幕墙构件，保证幕墙的平整度、密封性等，施工工艺复杂，且受天气等外部因素影响大。内部装修涵盖墙面地面处理、门窗安装、电气与给排水系统安装等多项工作，不同工种交叉作业，协调难度大，为保证装修质量，各工序施工需按顺序稳步推进。建设工程施工过程中，还面临诸多不确定性因素，进一步延长建设周期。天气因素影响显著，暴雨、暴雪、大风等恶劣天气会导致室外施工无法正常进行，如在雨季，土方开挖、基础施工等工作可能因场地积水、土壤松软而被迫中断。材料供应问题也不容忽视，若建筑材料供应商出现生产延误、运输受阻等情况，将导致施工现场材料短缺，工程被迫停工等待。此外，施工过程中可能遇到设计变更，这可能是由于前期设计考虑不周、业主需求调整或政策法规变化等原因。设计变更需重新进行设计图纸修改、审批，施工单位也需调整施工方案，重新组织施工，这一系列流程会严重影响工程进度，导致建设周期延长。在建设工程的后期验收阶段，同样需要耗费一定时间以确保工程质量达标。工程竣工后，需进行多项专业验收，如建筑结构验收，通过专业检测设备对建筑结构的强度、稳定性等进行检测，确保结构安全。消防验收检查消防设施的配备、消防通道的设置等是否符合相关标准。环保验收评估项目在运营过程中对环境的影响是否达到环保要求。只有通过所有验收环节，工程才能正式交付使用，而这些验收工作往往需要多个部门协同参与，流程复杂，也在一定程度上拉长了建设工程的整体周期。

二、投资规模大的影响

建设工程投资规模大，这一特性贯穿于建设工程的全生命周期，从项目的初步规划到最终交付使用，每一个环节都需要大量资金的投入。在建设工程的前期阶段，项目规划与可行性研究就需要投入可观的资金。在进行项目规划时，需要聘请专业的城市规划师、建筑设计师等，对项目的选址、功能布局、建筑风格等进行精心设计。例如，规划一座大型城市综合体，不仅要考虑商业、办公、居住等多种功能的合理分区，还要结合周边的交通、环境等因素，制定出详细且科学的规划方案，这一过程的设计费用往往高达数百万甚至上千万元。而可行性研究同样不可或缺，它涵盖了技术、经济、环境等多个方面的深入分析。技术可行性研究需要专业的工程技术团队对项目所采用的技术方案、施工工艺等进行论证，确保其在现有技术条件下能够顺利实施，这涉及大量的技术咨询费用。经济可行性研究则要对项目的建设成本、运营成本、预期收益等进行精确核算，为此需要进行广泛的市场调研，收集大量的数据并进行分析，这也需要投入大量资金。环境影响评估同样需要专业机构进行评估并出具报告，以确保项目符合环保要求，这一过程同样需要不菲的费用。进入施工建设阶段，投资规模进一步增大。土地购置费用是其中的重要组成部分。在城市中心或繁华地段进行项目建设，土地价格往往十分高昂。例如，在一线城市的核心商圈建设写字楼，每平方米的土地成本可能高达数万元甚至更高，整个项目的土地购置费用可能达到数亿元甚至数十亿元。建筑材料的采购也需要大量资金。建设工程所需的建筑材料种类繁多，包括钢材、水泥、木材、玻璃、石材等。以钢材为例，大型建筑项目可能需要数千吨甚至上万吨钢材，钢材价格受市场供需关系影响波动较大，采购成本不容小觑。水泥作为混凝土的主要原料，其用量也非常大，同样需要大量资金投入。此外，施工设备的购置与租赁费用也占据了较大比重。为了完成各种复杂的施工任务，建设工程需要使用起重机、挖掘机、混凝土搅拌机等大型施工设备。一些大型起重机的购置成本高达数百万元，而对于一些小型施工企业来说，租赁设备也是一笔不小的开支。施工人员的薪酬支出也是投资的重要部分。建设工程需要大量的施工人员，包括建筑工人、技术人员、管理人员等，根据工程规模和施工周期的不同，人员薪酬支出可能达到数千万元甚至数亿元。在建设工程中，设备采购也是一项重要的投资。一些工业建筑项目，如工厂厂房建设，需要购置大量的生产设备。这些设备不仅价格昂贵，而且技术含量高，需要根据生产工艺的要求进行定制。例如，汽车制造工厂的生产线设备，从冲压设备、焊接机器人到涂装设备等，一套完整的生产线设备投资可能高达数亿元甚至数十亿元。一些公共建筑项目，如医院、学校等，也需要购置大量的专业设备。医院需要购置先进的医疗设备，如核磁共振成像仪、CT 扫描仪、手术器械等，这些设备的价格都非常昂贵，一台高端的核磁共振成像仪价格可能超过千万元。学校则需要购置教学设备、实验设备等，以满足教学和科研的需求，这些设备的投资也不容忽视。建设工程的后期维护同样需要持续的资金投入，建筑物在使用过程中，需要定期进行维护和保养，以确保其结构安全和使用功能正常。维护保养工作包括建筑物外立面的清洁与修缮、内部设施的维修与更换、设备的保养与维护等。例如，高层建筑物的外立面需要定期进行清洗和检查，以防止外墙脱落等安全事故的发生，这一过程需要专业的清洁公司和设备，费用较高。建筑物内部的电梯、空调、给排水等设备也需要定期进行维护和保养，以延长其使用寿命，这些设备的维护保养费用每年可能达到数十万元甚至上百万元。此外，随着时间的推移，建筑物可能需要进行改造和升级，以适应新的使用需求或技术标准，这也需要投入大量资金。

三、技术复杂性的体现

建设工程的技术复杂性贯穿于项目的全生命周期，从前期规划设计到具体施工建设，再到后期维护管理，涉及众多专业技术领域，且各环节相互关联、相互影响。在规划设计阶段，建设工程需综合考虑多种因素，运用多学科知识进行统筹规划。以城市综合交通枢纽建设为例，交通规划师要依据城市的交通流量、人口分布、未来发展趋势等，合理规划枢纽的布局，确定各类交通方式的衔接方案，如轨道交通、城市公交、长途客运、出租车等如何高效换乘，这需要深厚的交通工程专业知识。建筑设计师则要根据交通规划，设计出功能合理、造型美观的建筑方案，既要满足大量人流、车流的集散需求，又要考虑建筑的空间利用、采光通风等因素，涉及建筑设计、结构力学、建筑物理等多个专业领域。同时，为了确保项目对周边环境的影响最小化，环境工程师要进行环境影响评估，运用环境科学、生态学等知识，分析项目建设对大气、水、土壤等环境要素的影响，并提出相应的环保措施。这些不同专业的规划设计工作相互交织，任何一个环节出现偏差，都可能影响整个项目的可行性与功能性。施工建设阶段的技术复杂性更为突出，基础工程施工面临多种地质条件的挑战。在软土地基上建设高层建筑，为保证建筑物的稳定性，常采用桩基础。选择合适的桩型、确定桩的长度和直径、控制打桩的垂直度和入土深度等，都需要精湛的岩土工程技术。例如，在沿海地区的深厚软土地层中，可能需要采用超长灌注桩，施工过程中要解决泥浆护壁、钢筋笼下放、混凝土浇筑等一系列技术难题，以确保桩身质量。在岩石地基上施工，爆破技术的应用至关重要，要精确控制爆破参数，保证岩石破碎效果的同时，避免对周边建筑物和环境造成破坏。主体结构施工涉及复杂的施工工艺和技术要求，在混凝土结构施工中，混凝土的配合比设计是关键技术之一。要根据工程部位、设计强度等级、耐久性要求等，精确确定水泥、骨料、外加剂等材料的用量，以保证混凝土的工作性能和力学性能。在大体积混凝土浇筑时，为防止混凝土因水化热产生裂缝，需要采取温控措施，如预埋冷却水管、控制浇筑温度、加强保温保湿养护等，这需要掌握混凝土的热学性能和温度应力计算方法。对于钢结构施工，构件的制作精度要求极高，从钢材的切割、焊接到构件的组装，每一道工序都有严格的质量标准。例如，大型桥梁的钢结构箱梁制作，焊接质量直接影响结构的承载能力，需要采用先进的焊接设备和工艺，如二氧化碳气体保护焊、埋弧焊等，并进行严格的焊缝检测，包括外观检测、无损探伤检测等。建筑装饰装修施工同样蕴含复杂技术，在室内精装修中，墙面、地面、天花板的装饰材料种类繁多，不同材料的施工工艺各不相同。如石材墙面干挂工艺，要精确计算挂件的受力，确保石材安装牢固，同时要保证石材的拼接缝美观、整齐。对于一些特殊空间的装修，如医院的手术室、实验室等，不仅要考虑装饰效果，更要满足严格的功能要求，如手术室需要具备良好的洁净度、无菌环境，这就要求采用特殊的装修材料和施工工艺，如采用抗菌、易清洁的墙面材料，严格控制施工过程中的灰尘和微生物污染。随着科技的不断进步，建设工程领域不断引入新技术、新材料、新工艺，进一步增加了技术复杂性。例如，建筑信息模型（BIM）技术在建设工程中的应用越来越广泛。通过建立三维信息模型，将建筑的几何信息、物理信息、功能信息等整合在一起，实现设计、施工、运营等各阶段的信息共享和协同工作。在施工过程中，利用 BIM 技术可以进行虚拟施工模拟，提前发现设计和施工中的问题，优化施工方案，提高施工效率和质量。但要熟练应用 BIM 技术，需要相关人员掌握计算机技术、建模技术、工程管理知识等多方面技能。此外，新型建筑材料如高性能混凝土、纤维增强复合材料等的应用，也需要施工人员掌握其特性和施工要点，以充分发挥材料的优势。

四、质量要求高的内涵

建设工程质量要求高，这是由其在社会经济生活中的重要地位和所涉及的多方面利益所决定的。从项目的规划设计，到施工建设的每一个环节，直至项目建成后的使用阶段，质量始终是最为关键的考量因素。在规划设计阶段，精准且全面的设计是保障工程质量的基础。以大型商业建筑为例，设计不仅要满足商业运营的功能需求，如合理规划店铺布局、人流物流通道等，还要确保建筑结构的安全性与稳定性。建筑结构工程师需依据建筑的高度、跨度、使用功能和所在地区的地质条件、抗震设防要求等，精确计算并设计建筑的结构体系，包括梁、板、柱等结构构件的尺寸、配筋等。任何设计上的失误或偏差，都可能在后续施工及使用过程中引发严重的质量问题。例如，若对建筑的抗震设计考虑不周，在遭遇地震等自然灾害时，建筑物将面临严重的安全隐患，可能导致建筑结构破坏甚至倒塌，危及使用者的生命财产安全。同时，建筑设计的给排水、电气、暖通等各专业设计也需紧密配合，确保系统的正常运行与高效使用。如给排水设计中，若管径计算不准确，可能导致用水高峰期水压不足或排水不畅，影响建筑的正常使用功能，这同样属于质量问题范畴。施工建设阶段是将设计转化为实体工程的关键环节，对质量要求极为严格。施工单位需严格按照设计图纸和相关规范进行施工操作。在材料采购环节，必须确保所采购的建筑材料质量合格。建筑钢材的强度、韧性等力学性能需符合设计要求，否则将影响建筑结构的承载能力；水泥的凝结时间、强度等级等指标要达标，以保证混凝土的质量。对于混凝土施工，从配合比设计到搅拌、运输、浇筑、振捣、养护等每一个步骤都有严格的质量控制标准。配合比要根据工程实际情况精确设计，确保混凝土的工作性能和强度满足要求；搅拌过程中要保证各种材料混合均匀；运输过程中要防止混凝土离析；浇筑时要控制浇筑速度和高度，避免出现冷缝；振捣要密实，确保混凝土充满模板的各个角落，避免出现蜂窝、麻面等缺陷；养护则要保证混凝土在适宜的温度和湿度条件下硬化，以达到设计强度。在钢筋工程施工中，钢筋的加工尺寸、连接方式、锚固长度等都必须符合规范要求。钢筋的焊接或机械连接质量直接影响钢筋骨架的整体性和结构的安全性，若连接不可靠，在受力时钢筋可能会从连接处断裂，导致结构破坏。质量标准规范在建设工程质量把控中起着核心作用，国家和行业制定了一系列详尽的质量标准和规范，涵盖建设工程的各个方面。从建筑工程施工质量验收统一标准，到各类专业工程如地基与基础工程、主体结构工程、建筑装饰装修工程等的质量验收规范，都明确规定了施工过程中的质量要求和验收标准。这些标准和规范是建设工程质量的底线，任何建设项目都必须严格遵守。例如，在地基基础工程中，对于不同类型的地基处理方法，如换填垫层法、强夯法、桩基础法等，都规定了相应的施工工艺参数和质量检验指标。以桩基础为例，桩的承载力检测、桩身完整性检测等都有明确的检测方法和合格标准，只有通过这些检测并符合标准要求，才能进入下一道工序施工。建设工程的质量控制流程严谨且全面，施工单位内部设有完善的质量管理体系，从项目经理到一线施工人员，都有明确的质量职责。施工过程中实行"三检"制度，即自检、互检和专检。施工人员在完成每一道工序后首先进行自检，确保自己的施工质量符合要求；同一班组或不同班组之间进行互检，相互监督、相互学习；专业质量检查人员进行专检，对施工质量进行全面检查和验收。此外，建设单位通常会聘请专业的监理单位对工程质量进行全程监督。监理人员依据设计文件、施工规范和监理合同，对施工过程进行旁站、巡视和平行检验。在关键工序施工时，如混凝土浇筑、防水工程施工等，监理人员要进行旁站监督，确保施工过程符合规范要求；在日常施工中进行巡视检查，及时发现质量问题并要求施工单位整改；对一些重要的材料、构配件和工程实体质量进行平行检验，以第三方的角度对施工质量进行验证。一旦建设工程出现质量问题，后果往往极其严重。从人员生命安全角度看，如房屋建筑出现质量问题导致倒塌，将直接危及居住者的生命安全；桥梁工程质量缺陷可能在使用过程中发生垮塌，造成大量人员伤亡和财产损失。在经济方面，质量问题可能导致工程返工，增加建设成本，延误工期，给建设单位、施工单位等带来巨大的经济损失。同时，质量不合格的工程在使用过程中可能需要频繁维修，增加运营成本，降低工程的使用寿命，造成资源的浪费。从社会影响来看，重大建设工程质量事故会引发社会公众的关注和担忧，影响政府和相关企业的公信力，对社会稳定产生负面影响。

第四节　建设工程发展趋势洞察

一、绿色环保发展方向

在全球环保意识日益增强的大背景下，建设工程领域的绿色环保发展方向越发凸显。从项目的起始规划到最终投入使用，各个阶段都在积极践行绿色环保理念，降低对环境的影响，实现资源的高效利用与可持续发展。在建设工程的设计阶段，绿色环保理念贯穿始终。建筑朝向的合理规划成为重要考量因素。设计师会依据当地的气候条件与太阳辐射规律，精心设计建筑朝向，最大限度利用自然采光，减少人工照明能耗。例如在北方地区，建筑多采用坐北朝南的布局，冬季可充分接收阳光热量，夏季则能有效避免阳光直射，降低室内温度调节所需的能源消耗。自然通风设计同样关键，通过合理设置门窗位置、大小及建筑内部空间布局，引导自然风在建筑内顺畅流通，改善室内空气质量，减少对机械通风设备的依赖。此外，高效保温隔热材料的广泛应用是绿色设计的显著特征。外墙保温材料的使用，能有效阻止热量在建筑内外的传递，降低冬季供暖和夏季制冷的能耗。如聚苯板、岩棉板等保温材料，具有良好的保温性能和防火性能，被大量应用于建筑外墙保温系统。门窗采用断桥铝型材搭配中空玻璃，大大提高了门窗的隔热、隔音性能，减少热量散失。施工阶段是践行绿色环保发展方向的关键环节，节能灯具与节能施工设备的广泛使用，显著降低了施工过程中的能源消耗。传统的高能耗卤钨灯逐渐被 LED 节能灯具取代，LED 节能灯具具有发光效率高、寿命长等优点，可大幅降低施工现场的照明能耗。节能型施工设备，如节能型起重机、节能型混凝土搅拌机等，通过优化设备的动力系统和工作流程，提高能源利用效率。同时，施工废弃物管理成为绿色施工的重要内容。施工单位对废弃混凝土、废弃钢材、废弃木材等废弃物进行分类回收与再利用。废弃混凝土经过破碎、筛分等处理后，可作为再生骨料用于生产再生混凝土或其他建筑材料；废弃钢材可回炉重炼，重新加工成建筑所需的钢材制品；废弃木材经过处理后，可用于制作临时模板或其他木制品。这种废弃物的循环利用模式，既减少了废弃物对环境的污染，又降低了对自然资源的依赖。此外，施工过程中的扬尘、噪声污染控制也备受关注。施工现场采用洒水降尘、设置围挡等措施，减少扬尘对周边环境和居民的影响；合理安排施工时间，选用低噪声施工设备，采用降噪技术，降低施工噪声。建设工程投入运营后，智能化能源管理系统发挥着重要作用。通过在建筑内安装各类传感器，实时监测建筑的能源消耗情况，包括电力、燃气、水资源等。智能控制系统根据监测数据，自动调节建筑内的照明、空调、通风等设备的运行状态，实现能源的高效利用。例如，在人员活动较少的区域，自动降低照明亮度或关闭部分灯具；根据室内外温度和湿度变化，自动调节空调系统的运行模式，维持室内舒适环境的同时，降低能源消耗。同时，雨水收集与利用系统在绿色建筑运营中得到广泛应用。通过在建筑屋面、地面设置雨水收集装置，将雨水收集起来，经过沉淀、过滤等处理后，用于建筑的景观灌溉、道路冲洗、卫生间冲厕等非饮用用途，提高水资源的利用效率，减少对市政供水的依赖。在材料选用方面，建设工程越来越倾向于使用绿色环保材料。可再生材料的应用逐渐增多，如竹材，生长速度快，是一种可持续的建筑材料，可用于建筑结构、室内装修等方面。以竹材为原料制作的地板、家具等，具有天然的纹理和良好的物理性能，且在生产过程中能耗较低。此外，可降解材料也在建筑领域崭露头角，一些新型的可降解塑料被用于建筑包装材料或临时建筑构件，使用后可在自然环境中分解，减少废弃物的长期堆积。同时，本地材料的优先选用成为绿色环保发展的趋势之一。使用本地材料可减少材料运输过程中的碳排放，降低运输成本，同时也有利于促进当地经济发展。例如，在山区建设项目中，优先选用当地的石材作为建筑材料，既减少了长途运输对环境的影响，又能体现地方特色。

二、数字化智能化趋势

在当今科技飞速发展的时代，数字化智能化已成为建设工程领域不可阻挡的发展趋势，深刻改变着建设工程从规划设计到运营维护的全生命周期。在设计环节，数字化智能化技术为设计师提供了强大的工具与全新的设计思路。BIM 技术首当其冲，它构建起三维信息模型，将建筑的几何、物理和功能信息整合。设计师利用 BIM 技术在虚拟环境中进行多专业协同设计。不同专业设计师可在同一模型上实时协作，如建筑设计师调整建筑布局时，结构工程师能即刻看到对结构体系的影响，给排水、电气等专业设计师也能同步知晓对自身设计的关联变化，从而提前发现设计冲突与问题，大幅优化设计方案。以往在二维图纸上难以察觉的设计碰撞，借助 BIM 技术能直观呈现，避免在施工阶段因设计变更带来的工期延误与成本增加。不仅如此，参数化设计软件也广泛应用。设计师通过设定参数，可快速生成多种设计方案，并对方案进行性能模拟分析，如采光模拟、通风模拟等，依据模拟结果精准调整设计，使设计成果更符合绿色环保理念与人性化需求。在施工阶段，数字化智能化技术极大提升了施工效率与质量。基于 BIM 模型的虚拟施工模拟成为现实。施工单位依据设计阶段的 BIM 模型，结合施工进度计划，在虚拟环境中模拟施工全过程。提前预演各施工工序的衔接，合理安排施工顺序，精准调配人力、材料、设备等资源，避免在施工过程中出现资源浪费与窝工现象。例如，在大型建筑项目中，通过虚拟施工模拟，施工单位可提前规划大型设备的进场时间与停放位置，优化材料堆放场地，确保施工现场井然有序。同时，智能施工设备不断涌现。智能塔吊能精准控制吊运位置与重量，提高吊运安全性与效率；自动化混凝土浇筑设备可依据设定参数，均匀、高效地浇筑混凝土，保证浇筑质量。此外，3D 打印技术在施工中的应用也逐渐拓展，可打印复杂的建筑构件，实现现场快速制造，减少构件运输与库存成本。建设工程管理环节，数字化智能化助力实现高效管理。项目管理软件功能日益增多，集成了进度管理、成本管理、质量管理、安全管理等多个模块。通过实时采集项目数据，以直观图表形式呈现项目进展，管理者能随时掌握项目动态，及时发现偏差并采取纠正措施。如在进度管理方面，软件依据实际施工进度与计划进度对比，自动生成进度偏差分析报告，提醒管理者关注关键线路上的工作延误情况。大数据分析技术也应用于项目管理。收集大量历史项目数据，涵盖成本、工期、质量等方面，通过数据分析挖掘其中规律，为新项目提供决策支持。例如，根据过往类似项目成本数据，预测新项目成本，制定合理预算。同时，借助物联网技术，对施工现场实现智能化监控。在施工设备、材料和人员身上安装传感器，实时采集设备运行状态、材料库存数量、人员位置等信息，上传至管理平台，管理者可远程监控施工现场，及时处理异常情况。进入运营阶段，数字化智能化让建筑运营维护更高效便捷。智能化能源管理系统通过传感器实时监测建筑能源消耗，自动调控照明、空调、通风等设备运行状态，实现能源的高效利用。如根据室内人员活动情况与环境参数，自动调节照明亮度与空调温度，降低能耗。同时，基于 BIM

模型的设施管理系统，为建筑运营维护提供精准信息。在建筑设施出现故障时，通过 BIM 模型可快速定位故障位置，查询设施的详细信息，如设备型号、安装时间、维修记录等，便于维修人员制定维修方案，缩短维修时间。此外，智能安防系统利用视频监控、人脸识别、入侵检测等技术，保障建筑安全。实时监测建筑周边与内部安全状况，发现异常及时报警，为建筑使用者提供安全环境。

三、装配式建筑发展动态

在当前建设工程领域，装配式建筑发展势头强劲，发展动态备受关注。从市场规模来看，装配式建筑市场呈现出快速扩张的态势。在国内，随着城市化进程的加快和对建筑品质和建设效率要求的不断提高，装配式建筑市场规模逐年扩大。众多大型建筑企业纷纷布局装配式建筑业务，积极建设装配式建筑生产基地。例如，一些龙头建筑企业在全国多个地区投资建设工厂，实现预制构件的规模化生产，以满足日益增长的市场需求。在国际上，发达国家如美国、日本、德国等，装配式建筑已占据相当大的市场份额。美国的装配式建筑在住宅领域应用广泛，标准化的预制构件使得房屋建设周期大幅缩短，同时保证了建筑质量的稳定性。日本由于地震频发，对建筑的抗震性能要求极高，装配式建筑凭借其在抗震设计和施工方面的优势，在日本建筑市场中占据重要地位，尤其是在灾后重建项目中发挥了关键作用。在技术创新方面，装配式建筑不断取得突破。预制构件的生产工艺日益精进，生产精度大幅提升。在混凝土预制构件生产中，采用先进的自动化生产线，从钢筋加工、模具安装、混凝土浇筑到构件养护，每个环节都实现了精准控制。例如，通过高精度的钢筋加工设备，能够将钢筋的加工误差控制在极小范围内，确保预制构件的结构性能。同时，新型连接技术的研发与应用为装配式建筑的发展提供了有力支持。传统的装配式建筑连接方式存在一些弊端，如连接节点的抗震性能不足等。如今，研发出的新型连接技术，如灌浆套筒连接、焊接连接等，有效提高了预制构件之间连接的可靠性和整体性。在一些高层建筑的装配式结构中采用的灌浆套筒连接技术，使预制柱与预制梁之间的连接能够承受较大的荷载和地震力，保障了建筑结构的安全。此外，BIM 技术在装配式建筑中的应用越发深入。利用 BIM 技术，能够对装配式建筑的设计、生产、运输、安装等全流程进行数字化管理。在设计阶段，通过 BIM 模型可以直观地展示预制构件的拆分方案、连接方式和整体建筑效果，便于设计师进行优化设计。在生产阶段，根据 BIM 模型生成的生产数据，能够指导预制构件的自动化生产，提高生产效率和质量。在安装阶段，借助 BIM 模型进行施工模拟，提前规划安装顺序和施工工艺，确保安装过程的顺利进行。政策支持也是推动装配式建筑发展的重要因素，政府出台了一系列鼓励政策，在土地供应、财政补贴、税收优惠等方面给予支持。在土地供应方面，一些地方政府优先保障对装配式建筑项目的土地供应，并在土地出让条件中明确装配式建筑的比例要求。例如，规定在某些区域内，新出让土地的住宅项目中装配式建筑的比例不得低于一定数值，这促使开发商积极采用装配式建筑技术。在财政补贴方面，政府对符合条件的装配式建筑项目给予资金补贴，以降低企业的建设成本。部分地区对采用装配式建筑技术且装配率达到一定标准的项目，按照建筑面积给予每平方米一定金额的补贴，激发了企业发展装配式建筑的积极性。在税收优惠方面，对装配式建筑企业在增值税、所得税等方面给予优惠政策。例如，对装配式建筑企业的预制构件生产环节，给予一定的增值税减免，降低企业的运营成本。然而，装配式建筑在发展过程中也面临一些挑战。一方面，装配式建筑的成本相对较高。尽管随着生产规模的扩大和技术的进步，装配式建筑的成本有所下降，但与传统现浇建筑相比，仍存在一定差距。预制构件的生产需要建设专门的工厂，购置先进的生产设备，这在前期需要大量的资金投入。而且，预制构件的运输成本也较高，由于其体积较大、重量较重，因此运输过程中需要特殊的运输设备和防护措施。另一方面，专业人才短缺制约了装配式建筑的发展。装配式建筑涉及设计、生产、施工等多个环节，每个环节都需要具备专业知识和技能的人才。目前，在设计领域，熟悉装配式建筑设计规范和流程的设计师相对较少；在生产环节，能够熟练操作自动化生产设备的技术工人不足；在施工阶段，掌握装配式建筑安装技术的施工人员短缺。这些人才问题导致装配式建筑在实际实施过程中，容易出现设计不合理、生产效率低下、施工质量不达标等问题。

四、行业标准与规范演进

在建设工程领域，行业标准与规范始终处于动态演进之中，以适应不断变化的技术、社会需求和环境要求。从不同工程领域来看，建筑工程标准持续更新。在建筑结构设计方面，随着建筑高度不断增加和新结构形式的出现，设计规范不断优化。例如，针对超高层建筑，规范对结构的抗震、抗风性能要求越发严格。新规范明确规定了在不同地震设防烈度和建筑场地条件下，超高层建筑结构体系选型、构件设计参数需满足相应的抗震设防标准。同时，对新型结构材料的应用标准也在逐步完善，如高性能钢材、纤维增强复合材料等，规范详细规定了这些材料在建筑结构中的使用范围、设计方法及施工工艺要求，确保结构安全可靠。在建筑防火设计领域，标准紧跟建筑功能多样化和新材料应用的步伐。随着商业综合体、大型商场等人员密集场所的增多，和新型建筑装饰材料的广泛使用，防火规范对建筑防火分区划分、疏散通道设置、消防设施配置等方面进行了细化和更新。例如，对采用新型可燃装饰材料的建筑，提高了防火等级要求，增加了防火分隔措施和火灾自动报警系统的设置要求，以保障人员生命财产安全。土木工程领域的标准同样在不断演进，在道路工程方面，随着交通流量增长和车辆载重增加，道路设计标准不断提高。对道路路面结构强度、耐久性和抗滑性能等指标提出了更高要求。例如，在高速公路建设中，规范对路面基层材料的抗压强度、抗疲劳性能等指标进行了严格规定，以适应重载交通需求。同时，随着智能交通系统的发展，道路工程标准也融入了相关内容，如对道路通信、监控设施的设置要求，以实现交通流量监测、智能交通信号控制等功能。桥梁工程标准也在持续完善，随着桥梁跨度不断增大、建设环境日益复杂，规范对桥梁结构设计、施工和维护提出了更高标准。对于跨海大桥、山区复杂地形桥梁等特殊桥梁工程，规范详细规定了基础设计、结构抗震、抗风稳定性和施工过程中的监测要求等内容，确保桥梁在各种恶劣环境下的安全运营。新技术的出现也推动着行业标准与规范的变革，以 BIM 技术为例，随着其在建设工程领域的广泛应用，相关标准规范应运而生。BIM 技术标准涵盖了模型的建立、数据存储与交换、应用流程等方面。规范规定了 BIM 模型的信息深度等级，明确不同阶段、不同参与方应创建和使用的模型信息内容。例如，在设计阶段，设计师需按照标准创建包含建筑几何信息、功能信息和初步结构分析信息等的 BIM 模型；在施工阶段，施工单位依据标准对模型进行深化，添加施工进度、资源配置等信息。同时，对 BIM 模型数据的存储格式、数据交换接口等也制定了统一标准，以实现不同软件之间的数据共享和协同工作。此外，3D 打印技术在建设工程中的应用也促使相关标准规范的研究与制定。目前，针对 3D 打印建筑材料性能、打印工艺控制、建筑结构安全性等方面的标准正在逐步完善，以确保 3D 打印技术在建设工程中的安全、合理应用。环保要求的提升也是行业标准与规范演进的重要驱动力，在绿色建筑标准方面，随着全球对环境保护和可持续发展的重视，相关标准不断升级。绿色建筑标准从建筑节能、节水、节地、节材和室内环境质量等多个维度提出了更高要求。例如，在建筑节能方面，规范对建筑围护结构的保温隔热性能、建筑设备的能效等级等指标进行了严格规定，要求新建建筑必须达到更高的节能标准。在节水方面，对建筑给排水系统的节水器具选用、雨水收集利用系统的设置等提出了明确要求。同时，绿色建筑标准还对建筑全生命周期的环境影响进行评估，推动建设工程向绿色、可持续方向发展。在施工过程中的环保标准也在不断完善，对施工现场的扬尘、噪声、污水排放等污染控制提出了更严格的要求。例如，规定施工现场必须采取有效的洒水降尘措施，对施工噪声的排放时间和限值进行明确规定，施工污水必须经过处理达标后才能排放，以减少施工活动对周边环境的影响。

第二章 建筑工程施工技术要点

第一节 地基与基础工程

一、土方开挖要点

土方开挖在地基与基础工程中占据着基础性地位，施工质量直接关联到后续地基处理与基础施工的顺利开展，需要严格把控各个要点。施工前的准备工作至关重要，首先要全面收集并深入研究施工图纸与地质勘察报告。施工图纸详细标注了基础的位置、尺寸、标高和开挖边界等关键信息，是指导土方开挖的重要依据。地质勘察报告则揭示了场地的地质条件，包括土层分布、土壤性质、地下水位等情况，这些信息对于合理规划开挖方案、选择适宜的施工设备和采取有效的安全防护措施起着决定性作用。基于这些资料，施工人员需精确计算土方开挖量，确定开挖的深度、范围和坡度。同时，要根据工程规模、场地条件和工期要求，合理选用开挖机械。大型建筑项目通常选用大型挖掘机，具有挖掘能力强、作业效率高的优势，能够快速完成大面积的土方开挖任务。而在一些小型工程或场地狭窄、施工条件受限的区域，小型挖掘设备配合人工挖掘则更为合适，人工挖掘能够更好地控制挖掘精度，避免对周边已建结构或地下管线造成损坏。在土方开挖过程中，严格控制开挖顺序与速度是确保施工安全与质量的关键。应遵循分层分段开挖的原则，严禁超挖或欠挖。分层开挖能够有效控制土体的稳定性，避免因一次性开挖深度过大而导致土体失衡。每层开挖的厚度需根据土壤性质、开挖设备和支护结构的承载能力等因素合理确定，一般情况下，每层开挖厚度不宜超过3m。分段开挖则有助于合理安排施工流程，提高施工效率，同时便于对边坡进行及时支护和监测。开挖速度也需谨慎控制，对于软土地基，由于其土体强度较低、抗变形能力差，过快的开挖速度容易引发土体的侧向位移、滑坡等失稳现象，因此要放慢开挖速度，并加强对边坡的实时监测。在接近基底设计标高时，为防止机械开挖对基底土层造成扰动，影响地基的承载能力，应停止机械开挖，改用人工开挖。人工开挖的深度一般控制在距基底设计标高 20~30cm，通过人工细致的挖掘，能够确保基底土层的天然结构不被破坏，维持地基土的原有承载性能。做好排水措施对于土方开挖工程的顺利进行至关重要，在基坑周边设置截水沟和集水井是常用的排水方法。截水沟应设置在基坑边缘一定距离处，其作用是拦截地表水，防止雨水流入基坑。截水沟的尺寸和坡度要根据当地的降雨量、汇水面积等因素进行设计，确保能够及时有效地排除地表水。集水井则布置在基坑底部的较低处，用于汇集基坑内的积水。集水井的数量和深度要根据基坑的大小、地下水位的高低和涌水量的大小来确定。采用水泵将集水井内的积水抽出，排至施工现场外的排水系统。在开挖过程中，要密切关注地下水位的变化情况，如当地下水位较高时，可能需要采取井点降水等措施，降低地下水位，确保基坑在干燥的环境下进行施工。井点降水是通过在基坑周边设置井点管，利用抽水设备将地下水抽出，使地下水位降至基坑底面以下一定深度，从而保证基坑开挖和基础施工的安全。边坡防护也是土方开挖过程中不可忽视的环节，合理确定边坡坡度是边坡防护的基础。边坡坡度应根据土壤性质、开挖深度和周边环境等因素综合确定。一般来说，砂土的边坡坡度相对较缓，通常为 1∶1.25 至 1∶1.5，以保证边坡的稳定性；而黏性土的边坡坡度可适当较陡，一般为 1∶0.75 至1∶1。在坡顶和坡脚设置截水沟和排水沟，不仅能够排除地表水，还能减少水流对边坡的冲刷，保护边坡土体不受侵蚀。对于高度较大或土质较差的边坡，还需采取进一步的防护措施，如挂网喷射混凝土、铺设土工织物等。挂网喷射混凝土是在边坡表面铺设钢筋网，然后喷射混凝土，形成一层坚固的防护层，增强边坡的抗风化、抗冲刷能力。土工织物则具有过滤、排水和加筋等作用，能够有效提高边坡的稳定性。同时，在土方开挖过程中，要加强对边坡的监测，通过设置观测点，定期观测边坡的位移、沉降等情况，及时发现边坡的异常变化，采取相应的处理措施，确保施工安全。

二、地基处理要点

地基处理是地基与基础工程的核心环节，关乎建筑整体的稳定性与安全性，需精准把控诸多要点。换填垫层法是常见的浅层软弱地基处理手段，施工伊始，要依据设计要求，精准确定需挖除的软弱土层范围与深度。挖除作业务必彻底，保证将不符合承载要求的软弱土全部清除。换填材料的选择至关重要，砂垫层宜选用颗粒均匀和洁净的中、粗砂，含泥量严格控制在5%以内，因其具有良好的透水性与压实性，能有效提升地基强度。碎石垫层则要求碎石粒径适中，质地坚硬，级配良好，以保障垫层的密实度与承载能力。灰土垫层中，石灰与土的比例要严格遵循设计配合比，通常石灰与土的体积比为3∶7或2∶8，充分搅拌均匀，使石灰与土发生化学反应，增强垫层的稳定性。换填材料铺设时，分层作业是关键，每层铺设厚度一般控制在20~30cm，借助平板振动器、蛙式打夯机等设备，按照规定的压实遍数进行夯实。每完成一层施工，必须及时进行压实度检测，采用环刀法、灌砂法等检测手段，确保压实度达到设计标准，只有检测合格，方可进行下一层铺设，以此保障整个换填垫层的质量与承载性能。强夯法适用于处理碎石土、砂土、低饱和度的粉土与黏性土等多种地基，施工前，通过详细的地质勘察与试夯试验，确定强夯参数。夯击能依据地基土的性质与加固深度要求选定，一般在1000~8000kN·m之间。夯击次数需根据现场试夯情况确定，以夯坑周围土体不再发生较大隆起、最后两击的平均夯沉量不超过规定值为准，通常为6~10击。夯点间距要综合考虑地基土的性质、夯击能大小等因素，一般为5~9m，保证夯击作用能有效叠加，使地基土得到均匀加固。强夯施工时，起重机就位后，务必确保夯锤精准对准夯点位置，提升夯锤至预定高度后，让其自由落下夯击地基土。夯击过程中，密切观察夯坑深度、周围土体隆起情况和设备运行状况。若发现夯坑过深、土体隆起异常或设备出现故障，应立即停止施工，分析原因并采取相应措施。完成一遍夯击后，使用推土机将夯坑填平，接着进行下一遍夯击，一般需进行 2~3 遍夯击。夯击结束后，采用标准贯入试验、静力触探等检测方法，对地基承载力、密实度等指标进行检测，判断地基是否达到设计要求的加固效果。桩基础法在建筑工程中应用广泛，预制桩施工时，桩身质量是关键。预制桩在工厂生产过程中，要严格控制原材料质量、混凝土配合比和生产工艺，确保桩身混凝土强度达到设计等级，桩身无裂缝、蜂窝、麻面等缺陷。打桩前，全面检查桩锤、桩架等设备，保证设备性能良好，运行稳定。打桩过程中，借助经纬仪或线锤，严格控制桩的垂直度，偏差不得超过 0.5%。采用静压法施工时，精确控制压桩力与压桩速度，防止桩身因压力过大或速度过快而断裂。灌注桩施工时，泥浆护壁是保障成孔质量的重要环节。制备符合要求的泥浆，控制泥浆的比重在 1.1~1.3 之间，黏度为 18~22s，含砂率不超过 4%。钻孔过程中，始终保持泥浆面高于地下水位一定高度，利用泥浆的护壁作用，防止孔壁坍塌。钢筋笼下放时，确保其位置准确，固定牢固，避免在混凝土浇筑过程中发生位移。混凝土浇筑采用导管法，控制好浇筑速度与浇筑高度，连续浇筑，防止出现断桩、缩颈等质量缺陷，保证灌注桩的完整性与承载能力。深层搅拌法常用于处理软土地基，施工前，根据地基土的性质与设计要求，确定固化剂的种类、配合比和搅拌深度。固化剂一般采用水泥或石灰，水泥掺量通常为被加固土重的 10%~20%。深层搅拌机械就位后，调平机身，使搅拌轴保持垂直。预搅下沉时，控制下沉速度在 0.5~1.0m/min，确保搅拌头能充分切碎土体。提升喷浆搅拌时，严格按设计确定的提升速度与喷浆量进行作业，保证固化剂与土体均匀混合。为提高搅拌效果，可进行复搅，即再次将搅拌头下沉至设计深度，然后提升搅拌至孔口。施工过程中，密切关注机械运行参数，如电流、电压、提升速度等，确保施工质量稳定。施工完成后，通过取芯试验、标准贯入试验等方法，检测桩身强度、桩身完整性和复合地基承载力等指标，验证深层搅拌法的加固效果是否满足设计要求。

三、基础施工要点

　　基础施工在地基与基础工程中是极为关键的环节，其施工质量直接关乎整个建筑工程的稳定性与安全性，需要严格把控众多要点。独立基础施工时，精准放线定位是首要任务。依据设计图纸，利用测量仪器准确确定基础的平面位置与标高，确保基础位置无误。钢筋绑扎环节，要严格按照设计要求选用钢筋规格与数量，确保受力钢筋的间距、锚固长度和连接方式符合规范。例如，受力钢筋的锚固长度在一般情况下需满足受拉钢筋基本锚固长度的要求，且在抗震设防地区，还要符合相应的抗震锚固长度的规定。钢筋连接可采用绑扎搭接、焊接或机械连接等方式，无论采用哪种方式，都要保证连接质量可靠，如绑扎搭接时，搭接长度要足够且绑扎牢固，避免出现松脱现象。模板安装也不容忽视，模板应具有足够的强度、刚度和稳定性，以承受混凝土浇筑时的侧压力和施工荷载。模板拼接要严密，防止漏浆，影响混凝土成型质量。模板安装完成后，需对其位置、标高和垂直度进行复核，确保符合设计要求。混凝土浇筑从基础一端开始，采用分层浇筑方式，每层厚度控制在 30~50cm 为宜，使用插入式振捣器振捣，振捣时要快插慢拔，使振捣点均匀分布，确保混凝土振捣密实，避免出现蜂窝、麻面等缺陷。浇筑完成后，及时进行养护，保持混凝土表面湿润，普通硅酸盐水泥拌制的混凝土养护时间不少于 7 天，以保证混凝土强度的正常增长。条形基础施工，同样要做好精确的放线工作，明确基础的中心线与边线位置。钢筋工程中，除满足一般钢筋施工要求外，对于基础梁钢筋与底板钢筋的连接，要特别注意其节点构造。基础梁钢筋应按照设计要求锚固在底板钢筋中，确保结构传力可靠。模板安装要保证基础的截面尺寸准确，在浇筑混凝土时不变形、不漏浆。混凝土浇筑可沿基础长度方向采用分段分层浇筑法，逐段向前推进，振捣过程中要注意避免振捣棒触碰到钢筋与模板，保证混凝土的浇筑质量。筏板基础施工，钢筋布置较为复杂。由于筏板基础通常承受较大的荷载，钢筋用量多且规格大。要严格按照设计图纸布置上下层钢筋，为保证上层钢筋的位置准确，需设置足够数量的马凳筋，马凳筋的间距一般不大于 1m。对于大体积混凝土筏板，控制混凝土的水化热是施工的关键。水化热产生的高温可能导致混凝土内部与表面温差过大，从而引发裂缝。可采取选用低热水泥、添加缓凝减水剂、预埋冷却水管等措施。混凝土浇筑一般采用斜面分层浇筑法，从一端向另一端推进，每层厚度控制在 30~50cm，加强振捣，保证混凝土的密实度。在浇筑过程中，要做好混凝土的测温工作，实时监测混凝土内部与表面的温度，控制温差不超过 25℃，当温差接近限值时，及时采取保温或降温措施，如覆盖保温材料、循环冷却水等。桩基础施工、预制桩施工时，桩身的吊运与锤击过程要严格控制。吊运时，吊点位置应符合设计要求，避免桩身因受力不均而产生裂缝。锤击法施工时，要选择合适的桩锤，控制锤击的落距与频率，防止桩身受损。静压法施工则要精确控制压桩力与压桩速度，确保桩身垂直下沉且达到设计标高与终压值。灌注桩施工时，泥浆护壁是保证成孔质量的重要环节。泥浆的性能指标如比重、黏度、含砂率等要符合要求，一般泥浆比重控制在 1.1~1.3 之间，黏度为 18~22s，含砂率不超过 4%。钻孔过程中，保持泥浆面高于地下水位一定高度，防止孔壁坍塌。钢筋笼下放时，要确保其垂直且居中，固定牢固，避免在混凝土浇筑时发生位移。混凝土浇筑采用导管法，导管底部距孔底距离一般控制在 30~50cm，首批混凝土灌注量要保证能埋住导管底部不小于 1m，在浇筑过程中，连续灌注，控制好浇筑速度，防止出现断桩、缩颈等质量问题。

四、基坑支护要点

基坑支护在地基与基础工程中占据关键地位，其施工质量直接关系到基坑周边环境安全和基础施工的顺利进行，需严格把控众多要点。放坡支护是较为常见且经济的支护方式，适用于地质条件较好、基坑深度较浅的情况。在确定放坡坡度时，需综合考虑场地的土质特性、地下水位状况和周边环境因素。对于砂土，因其颗粒间黏聚力小，稳定性相对较差，所以放坡坡度一般较为平缓，通常为 1:1.25~1:1.5；而黏性土由于具有一定的黏聚力，放坡坡度可适当陡一些，多在 1:0.75~1:1 之间。在坡顶和坡脚设置截水沟与排水沟是必不可少的措施。坡顶截水沟用于拦截地表水，防止雨水大量流入基坑，其截面尺寸和坡度应根据当地降雨量、汇水面积等因素合理设计，确保排水顺畅。坡脚排水沟则负责收集基坑内的积水，并将其引至集水井。集水井应布置在基坑底部的较低处，数量和深度依据基坑大小、涌水量等确定，通过水泵将集水井内的积水及时抽出，保证基坑内无积水，维持干燥的施工环境。此外，为增强边坡的稳定性，可对边坡进行防护处理。对于土质较好、边坡高度不大的情况，可采用挂网喷射混凝土的防护方式。先在边坡表面铺设钢筋网，钢筋网的网格尺寸和钢筋直径应符合设计要求，一般网格尺寸为150mm×150mm～200mm×200mm，钢筋直径为6～8mm。然后喷射混凝土，混凝土强度等级通常不低于C20，喷射厚度为50～100mm，使钢筋网与混凝土共同作用，提高边坡的抗风化、抗冲刷能力。在一些对环境保护要求较高的区域，还可铺设土工织物，土工织物具有过滤、排水和加筋等多重功能，能有效阻止土颗粒的流失，增强边坡土体的稳定性。桩支护包括灌注桩支护和钢板桩支护等形式，灌注桩支护施工时，保证桩的垂直度是关键。在成孔过程中，通过使用经纬仪或其他垂直度监测设备，实时监测桩孔的垂直度，偏差一般控制在1%以内。桩身质量也至关重要，要严格控制混凝土的配合比，确保混凝土的强度等级符合设计要求。同时，在灌注混凝土时，要防止出现断桩、缩颈等质量问题。桩间距需严格按照设计要求布置，一般根据基坑的深度、土质情况以及周边环境确定，常见的桩间距在1.2～2.0m之间。钢板桩支护施工时，钢板桩的打入顺序和垂直度控制尤为重要。通常采用屏风式打入法，先将若干根钢板桩成排打入土中，形成屏风墙，然后再依次将中间的钢板桩打入。在打入过程中，利用导向架等设备控制钢板桩的垂直度，偏差不超过0.5%。为增强钢板桩支护结构的整体稳定性，在桩顶设置冠梁，冠梁一般采用钢筋混凝土结构，其截面尺寸和配筋根据计算确定。冠梁将钢板桩连接成一个整体，能够有效传递和分配土压力，提高支护结构的抗弯能力。锚杆支护施工时，钻孔是首要环节，钻孔的深度、角度和间距要严格符合设计要求。钻孔深度应确保锚杆能有效锚固在稳定的土层或岩层中，一般比设计锚固长度长0.5～1.0m。钻孔角度根据基坑的坡度和锚杆的设计拉力方向确定，通常与水平面成15°～35°夹角。锚杆间距由土体的性质、基坑深度和锚杆的承载能力等因素确定，一般为 1.5~3.0m。钻孔完成后，插入锚杆，锚杆的材质和规格要符合设计要求，常见的有钢筋锚杆、钢绞线锚杆等。接着灌注水泥砂浆，水泥砂浆的配合比要严格控制，一般水泥与砂的质量比为 1:1~1:2，水灰比为 0.4~0.5。灌注过程中，要确保砂浆饱满，充满锚杆与孔壁之间的空隙，使锚杆与土体紧密结合，提供足够的锚固力。在锚杆施工完成后，需对锚杆进行张拉锁定，施加预应力。预应力的大小根据设计要求确定，一般为锚杆设计拉力的 0.6~0.8 倍。通过张拉锁定，锚杆在土体中提前发挥作用，提高支护结构的整体稳定性。地下连续墙支护常用于深基坑和对周边环境要求较高的工程，在施工前，要进行详细的地质勘察，了解土层分布、地下水位等情况，以便确定合适的施工工艺和参数。成槽是地下连续墙施工的关键工序，采用成槽机进行成槽作业，成槽过程中要控制好泥浆的性能指标，泥浆的比重一般控制在 1.05~1.20 之间，黏度为 20~30s，含砂率不超过 4%。泥浆的作用是护壁，防止槽壁坍塌。同时，要严格控制成槽的垂直度，偏差不超过 0.5%。钢筋笼的制作和下放也十分重要，钢筋笼的尺寸和配筋要符合设计要求，在制作过程中，要保证钢筋的连接质量和钢筋笼的整体刚度。下放钢筋笼时，要确保其垂直且准确就位，避免碰撞槽壁。混凝土浇筑采用导管法，导管的直径一般为 200~300mm，导管底部距槽底距离为 300~500mm。首批混凝土的灌注量要保证能埋住导管底部不小于 1 米，在浇筑过程中，要连续灌注，控制好浇筑速度，防止出现堵管、断桩等质量问题。

第二节　主体结构施工

一、混凝土结构施工要点

建设工程主体结构施工中的混凝土结构施工，涵盖多个关键要点，每一个环节都对混凝土结构的质量起着决定性作用。在原材料选用方面，水泥作为混凝土的胶凝材料，其品种与强度等级的选择至关重要。普通硅酸盐水泥因其性能稳定、水化热适中，在一般建筑工程中应用广泛。但对于大体积混凝土结构，为降低水化热，防止混凝土因温度应力而产生裂缝，常选用低热水泥，如矿渣硅酸盐水泥。水泥的强度等级应与混凝土设计强度等级相匹配，一般情况下，配制 C30～C50 强度等级的混凝土，宜选用 42.5 级水泥。骨料分为粗骨料和细骨料。粗骨料多采用碎石或卵石，其粒径、级配和含泥量需严格控制。用于混凝土结构的粗骨料粒径一般为 5～40mm，良好的级配能使骨料在混凝土中紧密堆积，减少水泥用量，提高混凝土的强度和耐久性。含泥量过高会降低骨料与水泥石的黏结力，影响混凝土强度，因此粗骨料含泥量应不超过 1%。细骨料通常采用天然砂或机制砂，以中砂为宜，其细度模数一般在 2.3～3.0 之间，含泥量不超过 3%。外加剂在混凝土中虽用量较少，但能显著改善混凝土的性能。减水剂可在不增加用水量的情况下，提高混凝土的流动性，便于施工操作，同时能减少水泥用量，提高混凝土强度。缓凝剂则用于延长混凝土的凝结时间，适用于大体积混凝土浇筑或高温环境下施工，防止混凝土在浇筑过程中过早凝结。混凝土配合比设计是确保混凝土质量的关键环节，需根据工程部位、设计强度等级、耐久性要求和施工工艺等因素综合确定。设计配合比时，首先要确定水灰比，水灰比是影响混凝土强度的关键因素，一般情况下，水灰比越小，混凝土强度越高，但水灰比过小会影响混凝土的工作性能。通过试验确定满足设计强度和工作性能要求的水灰比。然后确定水泥用量，根据水灰比和用水量计算得出。水泥用量不宜过少，否则会影响混凝土的强度和耐久性；也不宜过多，以免导致混凝土水化热过大，增加裂缝风险。骨料用量根据骨料的堆积密度和空隙率计算确定，以保证骨料在混凝土中形成紧密堆积结构。外加剂的掺量则根据其产品说明书和试验结果确定，以达到改善混凝土性能的目的。配合比设计完成后，需进行试配和调整，通过试拌混凝土，检验其工作性能和强度是否满足要求，如有偏差，及时调整配合比。混凝土搅拌与运输过程对混凝土质量也有重要影响，搅拌时，要确保各种原材料充分混合均匀。采用强制式搅拌机，其搅拌效率高、搅拌质量好。搅拌时间根据搅拌机类型、混凝土坍落度要求和原材料特性确定，一般强制式搅拌机搅拌时间不少于 90s。搅拌过程中，要严格控制原材料的计量精度，水泥、骨料、水和外加剂的计量误差应控制在规定范围内，如水泥计量误差不超过±2%，骨料计量误差不超过±3%，水和外加剂计量误差不超过±1%。混凝土运输过程中，要防止离析和坍落度损失。采用搅拌运输车运输，在运输过程中，罐体保持匀速转动，使混凝土在运输过程中持续搅拌，防止骨料下沉。运输时间不宜过长，避免混凝土坍落度损失过大，影响浇筑施工。到达施工现场后，若混凝土坍落度不符合要求，严禁随意加水，可采用二次搅拌或添加适量减水剂等方法进行调整，但需经试验验证其对混凝土性能无不良影响。混凝土浇筑与振捣是混凝土结构施工的关键工序，浇筑前，要对模板、钢筋进行检查，确保模板安装牢固、拼缝严密，钢筋规格、数量、位置符合设计要求。清理模板内的杂物和积水，防止影响混凝土浇筑质量。混凝土浇筑应分层进行，每层浇筑厚度根据振捣设备确定，采用插入式振捣器时，每层浇筑厚度不宜超过振捣棒作用部分长度的1.25倍，一般不超过500mm，以保证混凝土能够振捣密实。浇筑顺序应根据结构特点和施工方案确定，一般从低处向高处、从一端向另一端进行浇筑。在浇筑大体积混凝土时，为防止混凝土因水化热产生裂缝，可采取分层分段浇筑、设置后浇带等措施，控制混凝土内部温度。振捣是保证混凝土密实的关键，采用插入式振捣器时，要快插慢拔，振捣点应均匀布置，振捣间距不宜大于振捣棒作用半径的1.5倍，振捣时间以混凝土表面不再出现气泡、泛浆为准，避免漏振和过振。对于平板结构，可采用平板振捣器进行振捣，振捣器应缓慢移动，确保混凝土表面振捣均匀。混凝土养护对其强度增长和耐久性至关重要，养护的目的是保持混凝土表面湿润，使水泥充分水化。普通混凝土养护时间不少于7天，对于有抗渗要求或掺有缓凝型外加剂的混凝土，养护时间不少于14天。养护方法有自然养护和蒸汽养护等。自然养护时，在混凝土浇筑完成后，及时覆盖保湿材料，如草帘、麻袋等，并定期洒水，保持混凝土表面湿润。蒸汽养护适用于预制构件生产等情况，通过控制蒸汽温度和养护时间，加速混凝土强度增长。在养护过程中，要注意控制养护温度，避免混凝土表面温度与内部温度温差过大，一般控制温差不超过25℃，防止混凝土因温度应力产生裂缝。

二、钢结构施工技术要点

建设工程主体结构施工中的钢结构施工，涉及多个关键技术要点，对保障建筑结构的安全性与稳定性起着决定性作用。在原材料把控方面，钢材的质量是基础。常用的建筑钢材有 Q235、Q345 等，不同型号钢材的强度、韧性等性能有所差异，需依据工程设计要求精准选用。采购钢材时，要严格审查供应商资质，确保钢材来源可靠。每批钢材进场后，必须进行质量检验，包括力学性能检测，如拉伸试验测定屈服强度、抗拉强度，冲击试验检测钢材韧性，确保各项指标符合国家标准与设计要求。同时，对钢材的外观进行检查，查看是否存在裂纹、气泡、夹渣等缺陷，若有此类问题，坚决不予使用。连接材料同样关键，如焊接材料，不同的钢材需匹配相应的焊条、焊丝与焊剂。例如，Q235 钢材与 Q345 钢材焊接时，应选用合适的低氢型焊条，以保证焊接接头的强度与韧性。焊接材料进场时，要检查其质量证明文件，对焊条的药皮完整性、焊丝的表面质量等进行外观检查，确保焊接材料质量可靠。构件制作过程需严格控制精度，钢材切割是第一步，常用的切割方法有气割、等离子切割等。气割适用于厚度较大的钢材，切割前要调整好氧气与乙炔的压力，保证切割面平整光滑，切口的垂直度偏差控制在规定范围内，一般不超过钢材厚度的 5% 且不大于 2mm。等离子切割则适用于不锈钢等特种钢材，切割精度更高。切割后的钢材边缘要进行打磨处理，去除毛刺与氧化铁等杂质。钢材弯曲成型时，要根据设计要求的曲率半径，采用合适的弯曲设备，如卷板机等。弯曲过程中，要控制好弯曲速度与压力，防止钢材出现裂纹或过度变形问题。对于复杂形状的构件，常采用模具压制的方法成型，确保构件形状符合设计图纸。构件组装时，按照设计要求的尺寸与连接方式进行，采用定位焊固定各部件位置，定位焊的焊缝长度、间距与高度要符合规范，一般定位焊缝长度为 50~100mm，间距为 300~500mm，高度不超过设计焊缝高度的 2/3。组装完成后，对构件的整体尺寸进行测量，偏差要控制在允许范围内，如梁、柱构件的长度偏差不超过 ±5mm，截面尺寸偏差不超过 ±3mm。焊接工艺是钢结构施工的核心技术之一。焊接前，对焊接部位进行清理，去除油污、铁锈等杂质，保证焊接质量。选择合适的焊接方法，如手工电弧焊、二氧化碳气体保护焊、埋弧焊等。手工电弧焊灵活性强，适用于各种位置的焊接，但对焊工技术要求较高；二氧化碳气体保护焊效率高、成本低，常用于钢结构的现场焊接；埋弧焊则适用于长焊缝的焊接，焊接质量稳定。在焊接过程中，严格控制焊接参数，包括焊接电流、电压、焊接速度等。不同的焊接方法与钢材厚度对应不同的焊接参数，如二氧化碳气体保护焊焊接 8mm 厚的 Q345 钢材时，焊接电流一般为 200~250A，电压为 24~28V，焊接速度控制在 30~50cm/min。同时，要注意焊接顺序，对于大型钢结构构件，合理的焊接顺序能减少焊接变形，一般先焊收缩量大的焊缝，后焊收缩量小的焊缝，对称分布的焊缝同时施焊。焊接完成后，对焊缝进行外观检查，查看是否存在气孔、裂纹、未焊透等缺陷，对重要焊缝还需进行无损探伤检测，如超声波探伤、射线探伤等，确保焊缝质量符合设计要求。钢结构安装流程需精心规划，安装前，对基础进行检查，确保基础的轴线位置、标高以及地脚螺栓的位置、长度等符合设计要求。基础顶面的平整度偏差不超过 3mm，地脚螺栓的位置偏差不超过 2mm。钢结构构件运输到现场后，按照安装顺序分类存放，避免构件变形与损坏。安装时，采用合适的起重设备，根据构件重量与安装高度选择塔吊、汽车吊等。构件起吊时，合理设置吊点，确保构件在起吊过程中保持平衡，避免发生倾斜或晃动。对于大型构件，可采用双机或多机抬吊的方式。构件就位后，进行初步校正，调整构件的垂直度、水平度与位置偏差，使偏差控制在允许范围内。然后进行临时固定，采取缆风绳、支撑等措施，确保构件在最终固定前的稳定性。最终固定采用焊接或高强度螺栓连接等方式，焊接固定时，焊接质量要求与构件制作时相同；高强度螺栓连接时，要控制好螺栓的拧紧扭矩，使用扭矩扳手进行操作，确保螺栓紧固力符合设计要求，一般高强度螺栓的拧紧扭矩偏差不超过±10%。质量检测贯穿钢结构施工全过程，除对原材料与焊缝进行检测外，对钢结构的整体安装质量也需进行严格检测。使用全站仪、水准仪等测量仪器，检测钢结构的整体垂直度、水平度和各构件之间的连接尺寸。钢结构整体垂直度偏差不超过 H/1000（H 为钢结构总高度）且不大于 25mm，水平度偏差不超过 L/1000

（L 为测量长度）且不大于 20mm。对高强度螺栓连接的钢结构，要进行扭矩检测，随机抽取一定比例的螺栓进行检查，确保螺栓拧紧扭矩符合要求。通过全面、严格的质量检测，及时发现并解决施工过程中出现的问题，保证钢结构施工质量。

三、砌体结构施工工艺

在建设工程主体结构施工中，砌体结构施工工艺包含多个关键环节，各环节紧密相扣，共同决定砌体结构的质量与稳定性。施工准备工作是砌体结构施工的基础，首先要熟悉施工图纸，明确砌体的位置、尺寸、构造要求等信息，依据图纸制定详细的施工方案，规划施工顺序与施工方法。同时，对施工现场进行清理，确保场地平整、无杂物，为砌体施工创造良好条件。搭建临时设施，如工人休息区、材料堆放区等，合理安排材料堆放位置，便于施工取用。准备施工所需的工具，包括瓦刀、抹子、靠尺、线坠、皮数杆等，对工具进行检查与调试，保证其性能良好，精度满足施工要求。材料要求在砌体结构施工中至关重要，砖的品种、规格、强度等级必须符合设计要求。常见的砖有普通烧结砖、混凝土多孔砖、蒸压加气混凝土砌块等。普通烧结砖应外观完整，无缺棱掉角、裂缝等缺陷，强度等级一般有 MU10、MU15、MU20 等，用于不同受力部位的砌体结构。混凝土多孔砖具有自重轻、保温隔热性能好等优点，其孔洞率一般不低于 25%，强度等级也有多种，需根据设计选用。蒸压加气混凝土砌块则常用于非承重墙体，其容重较轻，一般在 $300\sim800kg/m^3$ 之间，强度等级通常为 A2.5、A3.5 等，在使用前要防止受潮，避免影响砌块性能。砌筑砂浆的配合比要根据设计强度等级与施工实际情况通过试验确定。水泥应选用质量稳定的普通硅酸盐水泥或矿渣硅酸盐水泥，其强度等级一般为 32.5 或 42.5。砂宜采用中砂，含泥量不超过 5%，使用前要过筛，去除杂质。外加剂的使用要根据设计要求与施工工艺确定，如为改善砂浆和易性可添加适量的石灰膏、电石膏等。砌筑流程严格遵循一定规范，砌筑前，砖应提前 1~2 天浇水湿润，普通烧结砖的含水率宜控制在 10%~15%，混凝土多孔砖和蒸压加气混凝土砌块的含水率应符合相关标准，避免因砖过干或过湿影响砌筑质量。根据皮数杆进行排砖撂底，确定砌筑的组砌方法，如一顺一丁、梅花丁等，保证砌体上下错缝、内外搭砌，错缝长度一般不小于 60mm。砌筑时，先铺砂浆，砂浆厚度要均匀，一般为 8~12mm，然后放置砖块，用瓦刀轻轻敲击，使砖块与砂浆紧密结合，保证灰缝饱满度。水平灰缝的饱满度不得低于 80%，竖向灰缝宜采用挤浆或加浆方法，使其饱满，不得出现透明缝、瞎缝和假缝。砌筑过程中，要随时用靠尺和线坠检查墙体的垂直度和平整度，墙体垂直度偏差在每层不超过 5mm，全高不超过 10mm，平整度偏差不超过 8mm。当砌筑高度超过 1.2m 时，应搭设脚手架，确保施工安全。对于门窗洞口，要按照设计要求预留，洞口尺寸偏差控制在规定范围内，一般宽度偏差不超过±5mm，高度偏差不超过±10mm。门窗洞口两侧应按规定设置预埋木砖或混凝土块，以便安装门窗框。构造措施是保证砌体结构整体性与稳定性的重要手段，在砌体转角处和交接处应同时砌筑，严禁无可靠措施的内外墙分砌施工。对不能同时砌筑而又必须留置的临时间断处应砌成斜槎，斜槎水平投影长度不应小于高度的 2/3。当留置直槎时，应设置拉结钢筋，拉结钢筋的数量为每 120mm 墙厚放置 1 根直径 6mm 的钢筋，间距沿墙高不应超过 500mm，埋入长度从留槎处算起每边均不应小于 500mm，对抗震设防烈度 6 度、7 度地区，不应小于 1000mm，末端应有 90°弯钩。在墙体内设置构造柱，构造柱的位置、尺寸、配筋要符合设计要求。构造柱与墙体的连接处应砌成马牙槎，马牙槎应先退后进，每槎高度不宜超过 300mm，沿墙高每 500mm 设置 2 根直径 6mm 的水平拉结钢筋，每边伸入墙内不宜小于 1m。圈梁的设置也能增强砌体结构的整体性，圈梁应连续封闭，截面尺寸、配筋及混凝土强度等级要符合设计要求。质量控制贯穿砌体结构施工全过程，对原材料进行严格检验，每批砖、水泥、砂等材料进场后，必须有质量证明文件，并按规定进行抽样复试，合格后方可使用。在砌筑过程中，加强对砌筑质量的检查，包括灰缝厚度、饱满度、墙体垂直度和平整度等，发现问题及时整改。对构造措施的实施情况进行检查，确保拉结钢筋、构造柱、圈梁等符合设计要求。砌体结构施工完成后，按照相关标准进行验收，检查砌体的外观质量、尺寸偏差和砌体的强度等。外观质量要求砌体表面平整，无明显裂缝、缺棱掉角等缺陷；尺寸偏差应在允许范围内；砌体强度通过现场抽样检测确定，如采用回弹法、贯入法等检测方法，确保砌体结构的质量满足设计与规范要求。

四、装配式结构施工要点

在建设工程主体结构施工中，装配式结构施工要点覆盖从预制构件生产到最终安装完成的各个阶段。预制构件生产是装配式结构施工的源头环节，在原材料选择上，需严格把关。混凝土所用水泥、骨料、外加剂等必须符合相应标准。水泥通常选用品质稳定的普通硅酸盐水泥，以确保混凝土强度增长稳定。骨料的粒径、级配要精准控制，粗骨料粒径适宜范围有助于增强混凝土的密实度与强度。外加剂的添加需依据设计要求和施工工艺确定，如减水剂可改善混凝土工作性能，提高流动性的同时减少用水量，进而提升混凝土强度和耐久性。钢筋作为预制构件的重要受力材料，其规格、型号必须与设计一致，且应具备良好的力学性能，进场时需附带质量证明文件并进行抽样检验。在生产过程中，模具的质量至关重要。模具应具有足够的强度、刚度和精度，以保证预制构件的尺寸准确。模具的组装与拆卸要规范操作，防止变形损坏。在混凝土浇筑前，模具内表面应清理干净，并涂刷脱模剂，确保构件顺利脱模且表面平整光滑。混凝土浇筑时，采用合适的振捣方式，如插入式振捣棒或平板振捣器，确保混凝土振捣密实，避免出现蜂窝、麻面等缺陷。振捣过程中要控制振捣时间和频率，防止过振或漏振。构件成型后，按照规定的养护制度进行养护，可采用自然养护或蒸汽养护等方式。自然养护时，保持构件表面湿润，养护时间根据水泥品种和气温条件确定；蒸汽养护则需严格控制升温、恒温、降温速率，加速混凝土强度增长，确保构件在规定时间内达到设计强度要求。预制构件运输与存放环节同样关键，运输前，根据构件尺寸、重量选择合适的运输车辆，并对车辆进行检查，确保车况良好。构件装车时，采用可靠的固定措施，如使用专用夹具、绳索等，防止构件在运输过程中发生位移、碰撞。在运输过程中，保持平稳行驶，避免急刹车、急转弯等情况，减少构件受到的震动和冲击。对于大型或异形构件，必要时需制定专项运输方案，确保运输安全。构件存放场地应平整、坚实，排水良好。按照构件类型、规格、安装顺序分类存放，设置清晰标识。存放时，采用合理的支垫方式，确保构件受力均匀，避免因支垫不当导致构件变形。对于叠放的构件，要控制叠放层数，一般不宜超过规定层数，且层与层之间应设置垫木，垫木位置应上下对齐，防止构件受压损坏。现场吊装是装配式结构施工的核心工序之一。吊装前，对施工现场进行清理，确保吊装作业区域无障碍物。检查吊装设备的性能，包括起重机的起吊能力、稳定性，吊具的安全性等。依据施工方案确定合理的吊装顺序，一般遵循先竖向构件后水平构件、先低后高的原则。在构件起吊前，对构件进行全面检查，包括外观质量、预埋件位置及数量等。对关键部位的预埋件，如用于连接的套筒、螺栓等，要检查其是否有损坏、变形，确保预埋件质量合格。在起吊过程中，合理设置吊点，保证构件在吊运过程中保持平衡，避免倾斜或晃动。采用专业的吊具，如钢梁、吊索具等，确保吊具与构件连接牢固。在构件就位时，要精确控制构件的位置和垂直度，通过经纬仪、水准仪等测量仪器进行观测，偏差控制在允许范围内。对于竖向构件，垂直度偏差一般不超过规定数值；对于水平构件，如预制楼板，要控制好板的标高和平整度。构件就位后，及时进行临时固定，采用斜撑、缆风绳等措施，确保构件在最终固定前的稳定性。构件连接是装配式结构形成整体的关键步骤，常见的连接方式有灌浆套筒连接、焊接连接、螺栓连接等。灌浆套筒连接时，严格控制灌浆料的配合比，按照产品说明进行配制，确保灌浆料的强度、流动性等性能符合要求。灌浆前，清理套筒和钢筋表面的杂物、油污，保证连接部位清洁。采用专用的灌浆设备进行灌浆，确保灌浆过程连续、饱满，从下口灌浆，待上口溢出浆料后，及时封堵。焊接连接时，根据构件材质和设计要求选择合适的焊接工艺和焊接材料。焊接前，对焊接部位进行预热，控制预热温度。在焊接过程中，严格控制焊接电流、电压、焊接速度等参数，确保焊接质量。焊接完成后，对焊缝进行外观检查，查看是否有气孔、裂纹、夹渣等缺陷，对于重要部位的焊缝，还需进行无损探伤检测，如超声波探伤、射线探伤等。螺栓连接时，选择符合设计要求的高强度螺栓，按照规定的拧紧扭矩进行拧紧，采用扭矩扳手进行操作，确保螺栓紧固力均匀、符合设计值。在拧紧过程中，分初拧、终拧等步骤进行，避免因一次拧紧到位导致螺栓受力不均。

第三节　建筑装饰装修

一、内外墙装饰施工工艺

在建筑装饰装修中，内外墙装饰施工工艺涵盖多个关键环节，从基层处理到最终装饰面层完成，每一步都对装饰效果和建筑质量有着重要影响。基层处理是内外墙装饰施工的基础工作，对于混凝土墙面，首先要清理表面的油污、脱模剂等杂质，可采用专用清洁剂进行清洗，确保墙面干净。随后，对墙面进行界面处理，常用的方法是涂刷界面剂，增强基层与后续装饰材料的黏结力。对于砌体墙面，需检查墙面的平整度和垂直度，对凹凸不平的部位进行修补或剔凿。对于不平整偏差较小的部位，可用水泥砂浆进行修补；对于偏差较大的部位，则需先剔凿至合适尺寸，再用水泥砂浆分层修补。同时，对于不同材料基体交接处，如混凝土柱与砌体墙交接部位，要挂设钢丝网，钢丝网的宽度一般不小于200mm，防止因材料收缩差异产生裂缝。在基层处理完成后，要对墙面进行浇水湿润，使墙面达到适宜的含水率，避免因墙面过于干燥导致后续抹灰层或涂饰层失水过快，出现空鼓、开裂等问题。抹灰工程是内外墙装饰的重要环节，在抹灰前，要根据墙面平整度和设计要求，确定抹灰厚度，并在墙面上做灰饼、冲筋，控制抹灰层的平整度和垂直度。灰饼间距一般为1.5~2m，冲筋宽度约为50mm。抹灰一般分底层、中层和面层进行。底层抹灰主要起黏结作用，厚度控制在5~7mm，对于砖墙，底层抹灰可采用1∶3水泥砂浆；对于混凝土墙，为增强黏结力，可在水泥砂浆中掺入适量的界面剂。中层抹灰用于找平，厚度约为7~9mm，材料与底层相同。面层抹灰要保证表面平整、光滑，厚度一般为2~5mm。在抹灰过程中，每层抹灰间隔时间要合理，需待前一层抹灰终凝后再进行下一层施工，避免出现脱层现象。同时，要注意抹灰的操作手法，如底层抹灰应压实，中层抹灰要搓平，面层抹灰要压光，确保抹灰层的质量。涂饰工程是内外墙装饰常用的工艺，在涂饰前，基层应干燥，含水率不超过10%，且表面平整、清洁。对于乳胶漆涂饰，一般采用滚涂或喷涂方式。滚涂时，要选用合适的滚筒，根据墙面情况和乳胶漆的特性，选择绒毛长度适中的滚筒，以保证滚涂效果。滚涂过程中，要保证滚刷用力均匀，避免出现流坠、漏刷现象，按照从上到下、从左到右的顺序进行滚涂，相邻滚涂区域要有一定的搭接宽度，一般为10~15mm。喷涂时，要控制好喷枪的压力和距离，喷枪压力一般为0.3~0.5MPa，喷枪与墙面距离保持在200~300mm，通过调整喷枪的角度和移动速度，确保涂层均匀。对于真石漆涂饰，施工工艺相对复杂。首先要喷涂底漆，底漆的作用是增强涂层附着力，一般采用专用喷枪进行喷涂，底漆干燥后，再喷涂真石漆。真石漆的喷涂通过调整喷枪的口径和气压，控制真石漆的颗粒大小和疏密程度，以达到设计的装饰效果。真石漆喷涂完成后，最后再喷涂罩面漆，罩面漆可提高涂层的耐候性和光泽度。贴面工程也是内外墙装饰的常见方式，对于外墙瓷砖贴面，在铺贴前，要对瓷砖进行挑选，剔除有裂缝、缺棱掉角等缺陷的瓷砖。同时，要对瓷砖进行预排砖，根据墙面尺寸和瓷砖规格，合理确定瓷砖的铺贴方式，尽量避免出现小于1/3砖宽的窄条砖，保证墙面美观。瓷砖铺贴时，采用专用瓷砖黏结剂，将黏结剂均匀涂抹在瓷砖背面，然后铺贴在基层上，用橡皮锤轻轻敲击，使其与基层黏结牢固，同时保证瓷砖的平整度和水平度，相邻瓷砖之间的高差不超过0.5mm，砖缝宽度要均匀一致，一般为1~2mm。对于内墙石材贴面，由于石材较重，施工工艺更为严格。首先要在墙面上安装钢骨架，钢骨架一般采用镀锌角钢或槽钢，通过膨胀螺栓固定在墙面上。然后将石材通过挂件与钢骨架连接，挂件的安装要牢固，以确保石材安装稳定。在石材安装过程中，要控制好石材的平整度和垂直度，偏差要控制在规定范围内。石材之间的缝隙采用专用填缝剂进行填充，填缝剂的颜色要与石材相协调，保证装饰效果。

二、地面与屋面装修要点

在建筑装饰装修领域，地面与屋面装修要点繁多且关键，从施工的前期准备到各环节具体操作，均需严格把控，以确保装修质量与效果。地面装修基层处理是对于混凝土基层地面的处理，首要任务是清理表面浮浆、杂物与灰尘，确保基层干净整洁。针对存在油污的部位，需采用专用清洁剂进行彻底清洗，避免其影响后续材料的黏结效果。若基层表面存在不平整状况，如坑洼或凸起，对于小面积的不平整，可使用水泥砂浆进行修补；对于较大面积的不平整，则需先进行凿毛处理，使基层表面粗糙，增强与上层材料的摩擦力，随后再用水泥砂浆进行找平，找平层的厚度应根据实际情况确定，一般控制在 20~30mm，以保证基层平整度偏差在允许范围内，通常 2m 靠尺检查平整度误差不超过 5mm。对于有防潮需求的地面，如底层地面，铺设防潮层至关重要。常见的防潮层材料有卷材和涂料。卷材防潮层施工时，要确保卷材铺贴平整，搭接宽度不小于 100mm，且在阴阳角等部位要进行加强处理，防止防潮层出现渗漏。涂料防潮层则需严格按照产品说明进行涂刷，控制好涂刷厚度，一般需涂刷 2~3 遍，保证涂层均匀，无漏刷现象。地砖铺贴是常见的地面装修方式，在铺贴前，需对地砖进行预排砖。依据房间尺寸和地砖规格，精心规划地砖铺贴布局，尽量减少非整砖的出现，尤其要避免出现小于 1/3 砖宽的窄条砖，以保障地面整体美观度。地砖铺贴采用干硬性水泥砂浆作为黏结层，水泥砂浆配合比一般为 1：3。先将基层洒水湿润，然后均匀铺设干硬性水泥砂浆，厚度约为 20~30mm，用橡皮锤轻轻夯实，使其表面平整。将地砖背面满涂水泥砂浆，厚度约为 5~8mm，然后铺贴在基层上，使用橡皮锤轻轻敲击，使地砖与基层黏结牢固，同时确保地砖平整度与水平度达标，相邻地砖之间高差不超过 0.5mm，砖缝宽度均匀一致，一般为 1~2mm。铺贴完成后，须及时清理地砖表面多余的水泥砂浆，并进行勾缝处理，勾缝材料颜色应与地砖相协调，勾缝深度一般为砖缝宽度的 1/3~1/2，以增强地面的美观性与防水性。木地板安装也有其独特要点，实木地板安装前，基层平整度要求更高，2m 靠尺检查平整度误差不超过 3mm。在基层上先铺设一层防潮垫，防潮垫应拼接严密，搭接宽度不小于 50mm，以有效隔绝地面湿气。实木地板采用企口拼接方式，安装时要确保地板拼接紧密，相邻地板之间缝隙不超过 0.3mm。在安装过程中，需注意地板走向，通常与房间长度相一致，以提升视觉效果。强化复合地板安装相对简便，在基层清理干净后，直接铺设防潮垫，然后进行地板拼接安装。拼接时要注意拼接方向与力度，确保拼接紧密，安装完成后，整体地面平整度误差不超过2mm。在屋面装修方面，防水施工是重中之重，屋面基层应平整、干燥，含水率不超过9%。在防水卷材铺贴前，需先对屋面阴阳角、天沟、檐口等节点部位进行附加层施工，附加层宽度不小于500mm，以增强这些易渗漏部位的防水性能。防水卷材铺贴时，一般采用热熔法或冷粘法。热熔法施工时，用喷枪将卷材底面加热，待卷材底面沥青熔化后，立即滚铺卷材，使其与基层黏结牢固，卷材搭接宽度不小于100mm，且要保证搭接处密封严密。冷粘法施工则需将专用胶粘剂均匀涂刷在基层与卷材底面，待胶黏剂干燥至不粘手时，进行卷材铺贴，同样要确保搭接宽度与密封质量。防水涂料施工时，需先对基层进行处理，使其表面平整、干净。然后按照产品说明进行涂料配制，一般需涂刷2~3遍，每遍涂刷方向应相互垂直，涂层厚度均匀，总厚度达到设计要求，通常为1.5~2mm。屋面保温施工也不容忽视，保温材料的选择应根据设计要求和当地气候条件确定，常见的保温材料有聚苯板、岩棉板等。保温板铺设时，应平整、严密，板与板之间缝隙不超过2mm，对于缝隙较大的部位，需用保温材料碎屑填充。在保温板上铺设钢丝网或纤维网格布，增强保温层的整体性与抗裂性能，然后再进行保护层施工。保护层一般采用水泥砂浆或细石混凝土，施工时要控制好厚度与平整度，水泥砂浆保护层厚度一般为20~30mm，细石混凝土保护层厚度一般为30~40mm，同时要设置伸缩缝，防止保护层因温度变化产生裂缝。屋面面层施工根据不同的设计要求进行，若采用瓦屋面，瓦的铺设应平整、牢固，瓦片搭接紧密，檐口部位的瓦片应进行固定处理，防止瓦片滑落。若采用金属屋面，金属板材的安装要注意拼接缝的处理，确保拼接紧密，无渗漏现象，同时要做好防雷接地措施，保障屋面安全。

三、门窗安装施工技术

在建筑装饰装修工程里，门窗安装施工技术极为关键，涵盖多个紧密相连的环节。施工前的准备工作对后续安装的顺利开展至关重要，首要任务是仔细检查门窗的质量，查看门窗的品种、规格、尺寸是否与设计要求相符。门窗的材质应具备相应的质量证明文件，例如铝合金门窗的铝合金型材，其壁厚需符合国家标准，一般窗用型材主受力部位的壁厚不小于1.4mm，门用型材主受力部位的壁厚不小于2.0mm。同时，要检查门窗的外观，确保无变形、裂缝、划伤等缺陷，门窗的五金配件应齐全、完好，且开启灵活。对于木质门窗，要注意木材的含水率，一般应控制在8%~13%，防止因含水率过高导致门窗变形。另外，需对门窗洞口进行检查与复核，测量洞口的宽度、高度及对角线长度，洞口宽度和高度的允许偏差为±10mm，对角线长度差允许偏差为±20mm。若洞口尺寸不符合要求，应及时进行修整，洞口过大，需用细石混凝土或水泥砂浆进行修补；洞口过小，则需进行剔凿扩大。同时，要清理洞口内的杂物、灰尘等，保证洞口干净整洁。门窗框安装是门窗安装的重要环节，安装前，根据门窗的尺寸和开启方式，在洞口上弹出安装位置线，确保门窗框安装位置准确。对于铝合金门窗框，一般采用连接件固定在洞口墙体上，连接件的间距不宜大于500mm。在安装过程中，使用水平尺和线坠对门窗框进行水平度和垂直度的调整，门窗框的水平度偏差不应超过2mm，垂直度偏差不应超过2.5mm。调整好后，将连接件与洞口墙体的预埋件进行焊接或用膨胀螺栓固定，确保门窗框安装牢固。对于塑钢门窗框，采用自攻螺钉将连接件固定在门窗框上，然后将门窗框放入洞口，调整好位置和垂直度后，用木楔临时固定，再通过膨胀螺栓将连接件与洞口墙体固定。固定完成后，取出木楔，并用水泥砂浆将门窗框与洞口之间的缝隙填塞密实，填塞时要注意避免门窗框变形。门窗扇安装需在门窗框安装固定且水泥砂浆达到一定强度后进行，安装前，需检查门窗扇的尺寸与门窗框是否匹配，门窗扇的对角线长度差允许偏差为±2mm。安装时，根据门窗的开启方式，安装相应的合页、铰链等五金配件。对于平开门窗，合页的安装位置应准确，上下合页的中心线应在同一条垂直线上，合页安装好后，将门窗扇与门窗框进行连接，调整门窗扇的位置，使其关闭严密，开关灵活，门窗扇与门窗框之间的缝隙应均匀一致。一般门窗扇与上框的缝隙为1~2mm，与侧框的缝隙为1~2.5mm，与下框的缝隙为2~3mm。对于推拉门窗，安装时要保证滑轮安装牢固，滑轮的间距应符合设计要求，一般为 400~600mm。将门窗扇放入门窗框轨道内，调整门窗扇的水平度和垂直度，使其在轨道内滑动顺畅，无卡滞现象。玻璃安装是门窗安装的关键步骤之一，在安装玻璃前，要检查玻璃的品种、规格、尺寸是否符合设计要求，玻璃应无气泡、裂纹、划伤等缺陷。对于普通平板玻璃，其厚度偏差应符合相关标准，例如 5mm 厚的玻璃，厚度偏差允许范围为 ±0.2mm。安装玻璃时，先在门窗框的玻璃槽内垫上橡胶密封条，密封条的规格应与玻璃槽相匹配，其长度应比玻璃槽的周长略长，以便安装时能够紧密贴合。将玻璃放入玻璃槽内，调整玻璃的位置，使其居中，然后用橡胶密封条或玻璃胶将玻璃固定在门窗框上。使用玻璃胶时，要确保胶缝均匀、光滑，宽度一般为 5~8mm，胶缝应饱满、密实，防止雨水渗漏。对于双层玻璃，要注意两层玻璃之间的间隔均匀，一般间隔为 12~16mm，且密封良好，以保证保温、隔音效果。门窗安装完成后，要进行全面的验收工作，首先检查门窗的外观质量，门窗表面应平整、光滑，无明显划痕、变形等缺陷，门窗的颜色应均匀一致。然后检查门窗的开启性能，门窗应开关灵活，关闭严密，无倒翘现象。使用塞尺检查门窗扇与门窗框之间的缝隙，缝隙大小应符合规定要求。同时，检查门窗的五金配件，五金配件应安装牢固，开启灵活，无损坏现象。对于有防水要求的门窗，如外窗，要进行淋水试验，在门窗外侧持续淋水 30 分钟，观察门窗内侧是否有渗漏现象，若发现渗漏，应及时查找原因并进行整改。此外，还需检查门窗的保温、隔音性能是否符合设计要求，可通过专业检测设备进行检测。

四、顶棚装饰要点

在建筑装饰装修中，顶棚装饰要点众多，从施工前期规划到具体施工操作，每一步都关乎最终装饰效果与质量。在施工前，需依据设计图纸，精准确定顶棚的标高与造型。标高确定要综合考虑室内空间用途、采光照明需求以及与周边建筑构件的关系等因素。例如，在层高较低的住宅卧室，顶棚标高不宜设置过低，以免产生压抑感；而在商业空间，为突出展示效果，可能会根据陈列布局设计独特的顶棚标高。对于有造型要求的顶棚，如弧形、折线形等，要提前制定详细的施工方案，明确造型的实现方法与工艺顺序。同时，对顶棚基层进行全面检查，查看结构层是否平整，有无裂缝、松动等情况。若存在问题，需及时进行修补加固，确保基层稳固，为后续装饰施工提供可靠基础。吊顶工程是顶棚装饰的常见方式。龙骨安装是关键环节，主龙骨安装时，先根据顶棚标高在墙面上弹出水平线，以此为基准确定主龙骨的安装高度。主龙骨间距一般控制在 900~1200mm，对于有特殊荷载要求或空间较大的区域，间距可适当缩小。采用膨胀螺栓或射钉将主龙骨固定在顶棚结构层上，固定点间距不宜大于 1000mm，确保主龙骨安装牢固，无晃动。副龙骨安装在主龙骨下方，与主龙骨垂直连接，副龙骨间距一般为 300~400mm，通过挂件或连接件与主龙骨紧密相连，保证整个龙骨体系的稳定性与平整度。在安装过程中，使用水平仪和线坠对龙骨进行水平度和垂直度的调整，确保龙骨整体平整度偏差不超过 3mm，以保证后续面板安装的质量。吊顶面板安装根据不同的面板材料有不同的操作要点，石膏板安装较为普遍。安装前，石膏板应在无应力状态下进行裁切，确保尺寸准确，边缘整齐。将石膏板固定在龙骨上，采用自攻螺钉，螺钉间距一般为 150~200mm，螺钉头应略埋入板内，但不得损坏纸面，埋入深度以 0.5~1mm 为宜。安装过程中，注意石膏板的拼接缝，相邻石膏板之间应留 3~5mm 的缝隙，便于后期嵌缝处理。对于面积较大的顶棚，为防止石膏板因温度变化产生变形，可在石膏板之间设置伸缩缝，伸缩缝宽度一般为 5~8mm。嵌缝时，先使用嵌缝石膏将缝隙填平，然后粘贴玻纤网格布或绷带，再用嵌缝石膏进行二次涂抹，确保缝隙平整、牢固，防止出现裂缝。金属扣板吊顶安装时，金属扣板直接卡在龙骨上，安装前要对扣板进行挑选，剔除有变形、划伤、色差等问题的扣板。在安装过程中，要注意扣板的方向与拼接紧密程度，确保吊顶表面平整、光滑，无明显拼接痕迹。扣板之间的拼接缝应均匀一致，宽度一般不超过 1mm。对于异形或边角部位的扣板，需根据实际尺寸进行裁切，保证安装契合。安装完成后，对扣板进行全面检查，确保扣板安装牢固，无松动现象。顶棚涂饰也是常见的装饰手段，在涂饰前，基层处理至关重要。对于混凝土顶棚基层，要清理表面的浮浆、油污、灰尘等杂质，然后用腻子进行找平，腻子一般需刮 2~3 遍，每遍间隔 1~2 天，待腻子干燥后，用砂纸打磨平整，使基层表面平整度偏差不超过 2mm。对于已安装吊顶面板的顶棚，要对面板表面进行清洁，去除表面的脱模剂、灰尘等。若面板有拼接缝或钉眼，需先用腻子进行填补，然后打磨平整。涂饰材料根据设计要求选择，如乳胶漆、艺术涂料等。乳胶漆施工一般采用滚涂或喷涂方式。滚涂时，选用合适的滚筒，按照从上到下、从左到右的顺序进行滚涂，保证滚刷用力均匀，避免出现流坠、漏刷现象，相邻滚涂区域搭接宽度为 10~15mm。喷涂时，控制好喷枪的压力和距离，喷枪压力一般为 0.3~0.5MPa，喷枪与顶棚距离保持在 200~300mm，确保涂层均匀，厚度符合设计要求。艺术涂料施工则需根据不同的涂料种类和效果要求，采用相应的施工工艺，如拉毛、刮砂、仿石等，施工过程中要严格按照产品说明和操作规范进行，保证艺术效果的呈现。在顶棚装饰施工过程中，还要注意与电气、通风等专业的配合。在龙骨安装阶段，要预留好灯具、烟感、喷淋头等设备的安装位置，避免后期对顶棚结构造成破坏。对于电气线路的铺设，要按照电气安装规范进行，确保线路安全、隐蔽，不影响顶棚装饰效果。通风管道的安装要与顶棚龙骨和面板安装协调进行，保证通风系统的正常运行与顶棚的整体美观。

第四节 建筑设备安装

一、给排水系统安装要点

在建筑设备安装中，给排水系统安装涵盖众多要点，从前期准备到各环节施工，都需严格把控，确保系统正常运行，满足建筑使用需求。施工前，对给排水管材、管件的质量检查至关重要。给水管材选择多样，PPR 管凭借其良好的耐腐蚀性、保温性和连接便捷性，在民用建筑中广泛应用。PPR 管在进场时，要检查外观是否光滑平整，有无裂缝、气泡等缺陷，管径和壁厚是否符合设计要求。对于管径较大的给水管，如商业建筑中可能采用的镀锌钢管，需检查镀锌层是否均匀，有无脱落、生锈现象，钢管的壁厚偏差应在允许范围内。排水管多采用 PVC 管，PVC 管应质地坚硬，无变形、老化迹象，管材的环刚度要满足排水要求。管件的配套性也不容忽视，如 PPR 管的弯头、三通等管件，其材质应与管材一致，连接部位的尺寸要精准匹配，确保连接紧密。管道敷设是给排水系统安装的关键环节，给水管敷设时，首先要确定管道走向，依据设计图纸，结合建筑结构与使用功能，尽量避免管道穿越卧室、储藏室等对卫生、安全要求较高的房间。在暗敷管道时，要注意管道的保护层厚度，在墙体内敷设时，保护层厚度不小于 15mm，防止管道受外力破坏。PPR 管采用热熔连接，连接前，要将管材和管件连接部位擦拭干净，去除油污、灰尘等杂质。使用专用热熔工具，将管材和管件连接部位加热至规定温度，一般 PPR 管加热温度为 260℃~270℃，加热时间根据管材管径确定，如 20mm 管径的管材加热时间约为 5s，32mm 管径的管材加热时间约为 8s。加热完成后，迅速将管材插入管件至标记深度，并保持一定时间，使管材和管件充分融合，插入过程中不得旋转或移动。镀锌钢管采用螺纹连接时，套丝要规整，螺纹长度要符合要求，一般为管件长度的 1/2~2/3。套丝完成后，清理螺纹表面的铁屑，涂抹密封材料，如铅油麻丝或聚四氟乙烯生料带，然后将管件拧紧，拧紧后螺纹应露出 2~3 扣。管道安装要保证一定坡度，给水管坡度一般为 0.002~0.005，便于排除管内空气和维修时的排水。在管道转弯、分支处，要设置支吊架，支吊架间距要合理，管径小于或等于 25mm 的 PPR 管，支吊架间距不超过 2m；管径大于 25mm 的 PPR 管，支吊架间距不超过 3m。支吊架安装要牢固，与管道接触紧密，防止管道晃动。排水管敷设同样有严格要求，排水管道坡度要足够，一般为 0.01~0.035，以确保排水顺畅，防止堵塞。在排水立管上，每隔一层要设置检查口，检查口中心距地面高度一般为 1m，便于后期维修检查。排水横管与立管连接时，要采用 45°三通或顺水三通，避免水流不畅。PVC 排水管采用承插连接，连接前，将管材和管件连接部位清理干净，涂抹专用胶水，胶水要涂抹均匀，然后迅速将管材插入管件至标记深度，插入后保持一定时间，使胶水充分固化。排水管道穿越楼板、墙壁时，要设置套管，套管管径比管道大 1~2 号，套管与管道之间填充防火、防水、密封材料，如沥青麻丝、防火泥等，防止漏水、串烟。卫生器具安装也是给排水系统的重要部分，卫生器具安装位置要准确，依据设计图纸和现场实际情况，确定洗脸盆、马桶、浴缸等卫生器具的安装位置。安装前，检查卫生器具的外观是否完好，有无破损、变形等问题。洗脸盆安装高度一般为 800~850mm，安装时要保证水平度，水平偏差不超过 2mm，通过膨胀螺栓或支架将洗脸盆固定牢固。水龙头安装要牢固，出水顺畅，水流均匀，冷热水龙头的安装位置要正确，左热右冷。马桶安装时，先将排污口与下水管口对接准确，使用橡胶密封圈密封，然后将马桶固定在地面上，固定螺栓要拧紧，防止马桶晃动。水箱水位调节要正常，冲水功能良好。浴缸安装要平稳，底部与地面接触紧密，排水口与排水管连接牢固，密封良好，浴缸周边的防水处理要到位，防止漏水。给排水系统安装完成后，需进行系统测试。给水管进行压力试验，试验压力一般为工作压力的 1.5 倍，但不得小于 0.6MPa。在试验前，将管道系统内的空气排尽，缓慢升压，升压速度不宜过快，一般控制在 0.3MPa/min 左右。达到试验压力后，稳压 10~30min，压力降不超过 0.05MPa 为合格。压力试验合格后，要进行冲洗消毒，使用生活饮用水对管道系统进行冲洗，直至出水水质符合生活饮用水卫生标准。排水系统要进行通水试验，将一定量的水从卫生器具的排水口注入，观察排水管道是否排水畅通，有无渗漏现象。同时，检查地漏的排水功能，地漏应低于地面 5~10mm，排水顺畅，水封深度不小于 50mm，防止异味上返。

二、电气系统安装流程

在建筑设备安装中，电气系统安装流程复杂且关键，需严格遵循步骤，以保障电气系统安全、稳定运行。在施工准备阶段，全面熟悉施工图纸是首要任务。仔细研读电气设计图纸，明确配电箱、开关、插座、灯具等设备的位置，和线路走向、敷设方式等信息。依据图纸，精确计算所需电线电缆、线管、接线盒、配电箱等材料的规格与数量。对材料进行严格筛选，电线电缆应选用符合国家标准、质量可靠的产品，其绝缘层应完整、无破损，线芯材质优良，如铜芯电线的铜纯度要高，电阻符合要求。线管可根据敷设环境选择，暗敷于墙体或楼板内时，多采用 PVC 管，其应具备良好的阻燃性与耐腐蚀性，管壁厚度均匀；明敷或在有防火要求的场所，可选用镀锌钢管，钢管表面镀锌层应均匀，无锈蚀、裂缝等缺陷。配电箱的型号、规格要与设计一致，内部电器元件应齐全、完好，具备合格证明文件。同时，准备好施工所需的工具，如电钻、线管弯管器、剥线钳、压线钳、万用表等，并确保工具性能良好、精度达标。在线管敷设环节，根据设计要求确定线管走向，尽量选择最短路径，减少弯曲与交叉，以方便后期穿线与维护。在墙体内敷设线管时，应在墙体砌筑或浇筑混凝土前进行预埋。对于 PVC 管，使用专用管剪或锯子进行切割，切口应平整、光滑，无毛刺。采用弯管器进行弯曲，弯曲半径一般不小于管外径的 6 倍，在直角转弯处，应设置弯管接头，确保穿线顺畅。线管固定间距要合理，一般每隔 1~2m 设置一个固定点，在线管接头、转弯处等部位，应加密固定。将线管与接线盒连接时，使用锁母固定，确保连接紧密，防止杂物进入线管。若采用镀锌钢管，采用套丝连接，套丝长度应符合要求，一般为管接头长度的 1/2~2/3，套丝完成后，清理管端与接头处的铁屑，涂抹防锈漆，然后将管接头拧紧，确保连接牢固、密封良好。在楼板内敷设线管时，注意避免线管重叠，与钢筋绑扎牢固，防止在混凝土浇筑过程中发生位移。线缆敷设是电气系统安装的重要步骤，在穿线前，要对线管进行全面检查，清理管内杂物与积水，确保线管畅通。根据设计要求，选择合适规格的电线电缆，不同用途的线路应选用相应型号的线缆，如普通照明线路一般采用 $2.5mm^2$ 的铜芯电线，空调、电热水器等大功率电器线路则需采用 $4mm^2$ 及以上的电线。电线电缆的绝缘层应完好无损，线芯无断股、扭曲现象。穿线时，可使用引线钢丝，将其头部弯成小钩，从线管一端穿入，直至从另一端穿出，然后将电线电缆与引线钢丝绑扎牢固，缓慢拉动引线钢丝，将电线电缆引入线管。为避免电线电缆在管内打结、缠绕，同一根管内穿线数量不宜过多，一般不超过线管截面积的 40%。不同回路、不同电压等级的电线电缆不应穿入同一根管内，但照明花灯的所有回路及同类照明的几个回路可穿入同一根管内，不过管内电线总数不应多于 8 根。在电线电缆的接头处，应采用专用接线端子或接线帽进行连接，确保连接牢固、接触良好。对于多股铜芯电线，应先进行涮锡处理，防止氧化，然后再与接线端子连接。

接线完成后，使用绝缘胶带对接头进行包扎，包扎层数不少于两层，确保绝缘性能良好。配电箱与开关、插座、灯具安装各有要点，配电箱安装位置应符合设计要求，一般底边距地面高度为1.5m，安装要牢固、平稳，垂直度偏差不超过1.5‰。配电箱内部电器元件应排列整齐，固定牢固，接线规范，标识清晰。电线电缆进入配电箱时，应设置防水弯，防止雨水倒灌，且应在箱内预留适当长度，便于后期检修。开关、插座安装高度要符合设计标准，一般开关距地面1.3m，插座距地面0.3m，同一场所的开关、插座高度偏差不超过5mm。安装时，先将接线盒内的电线理顺，然后将开关、插座固定在接线盒上，拧紧螺丝，确保安装牢固。接线时，严格按照"左零右火上接地"的原则进行，确保接线正确，通电正常。灯具安装根据灯具类型选择合适的安装方式，吸顶灯可采用膨胀螺栓或塑料胀管固定在天花板上，安装时要确保灯具中心与安装位置一致，固定牢固。吊灯安装时，应根据灯具重量选择合适的吊钩，吊钩应牢固地固定在天花板结构层上，灯具与吊钩连接可靠，防止掉落。在安装完成后，对灯具进行通电测试，检查灯具亮度、开关控制是否正常。系统调试是电气系统安装的最后关键环节，在调试前，对整个电气系统进行全面检查，包括电线电缆连接是否正确、牢固，电器元件安装是否规范，配电箱内接线是否符合要求等。检查无误后，先进行绝缘电阻测试，使用兆欧表分别对各回路的电线电缆进行绝缘电阻测量，一般要求绝缘电阻值不小于0.5mΩ。若绝缘电阻值不符合要求，应查找原因并进行整改，如检查电线电缆是否存在破损、受潮，接头处绝缘包扎是否良好等。然后进行通电试验，先从配电箱开始，逐级合上开关，观察各回路的通电情况，检查灯具是否能正常点亮，开关、插座是否能正常控制电器设备运行。在通电过程中，使用万用表等工具对电压、电流等参数进行测量，确保其在正常范围内。同时，检查电气系统的接地保护是否可靠，接地电阻应符合设计要求，一般不大于4mΩ。通过全面、细致的调试，及时发现并解决电气系统存在的问题，确保电气系统能够安全、稳定地投入使用。

三、通风与空调系统安装

在建筑设备安装领域，通风与空调系统安装流程涵盖多个关键环节，各环节紧密关联，对系统的运行效果起着决定性作用。在施工准备阶段，全面熟悉施工图纸是基础。仔细研读通风与空调系统设计图纸，明确风管走向、设备位置、风口布置和各类管道的连接方式等信息。依据图纸，精准计算所需材料的规格与数量，如风管板材、保温材料、各种管件、阀门和空调设备等。对于风管板材，常见的有镀锌钢板、无机玻璃钢等，镀锌钢板应表面平整，镀锌层均匀，无明显划伤、锈斑；无机玻璃钢风管应质地坚硬，无分层、气泡等缺陷。保温材料的选择需根据设计要求和使用环境确定，如常用的离心玻璃棉、橡塑海绵等，保温材料应具备良好的保温隔热性能、防火性能和防潮性能，其容重、厚度等参数要符合标准。同时，准备好施工所需的各类工具，如咬口机、折方机、电焊机、电钻、角磨机、测量仪器等，并确保工具性能良好，精度满足施工要求。风管制作与安装是通风与空调系统安装的重要部分，风管制作时，根据设计要求的风管尺寸和形状，选择合适的加工工艺。对于镀锌钢板风管，多采用咬口连接，咬口形式有单咬口、联合角咬口、转角咬口等，咬口宽度应根据板材厚度确定，一般为 6～12mm。在制作过程中，要保证风管的尺寸准确，对角线偏差不超过 3mm，表面平整光滑，无明显变形、褶皱。风管的拼接应严密，拼接缝处可采用密封胶密封，防止漏风。无机玻璃钢风管制作时，要严格按照产品说明进行配料和制作，确保风管的强度和质量。风管安装前，先根据设计图纸确定风管的安装位置，并在墙、柱或楼板上设置支吊架。支吊架的形式和间距应根据风管的尺寸、重量和安装方式确定，水平安装的风管，直径或长边尺寸小于 400mm 时，支吊架间距不超过 4m；大于 400mm 时，支吊架间距不超过 3m。垂直安装的风管，支吊架间距不超过 4m。支吊架安装要牢固，与风管接触紧密，防止风管晃动。风管安装时，应按照先干管后支管的顺序进行，风管连接要牢固，密封良好。对于镀锌钢板风管，采用角钢法兰连接时，法兰与风管的焊接应牢固，焊缝平整，无漏焊、虚焊现象，法兰之间的垫片应采用不燃且具有一定弹性的材料，如橡胶板、石棉橡胶板等，垫片厚度一般为 3~5mm，垫片应与法兰齐平，不得凸入管内。风管穿越楼板、墙壁时，要设置套管，套管管径比风管大 1~2 号，套管与风管之间填充防火、防水、密封材料，如防火泥、沥青麻丝等，防止漏风、串烟。设备安装环节同样关键，空调机组安装时，首先要检查设备的型号、规格是否与设计一致，设备外观是否完好，有无损坏、变形等问题。将空调机组吊运至安装位置，调整机组的水平度和垂直度，水平度偏差不超过 1/1000，垂直度偏差不超过 2/1000。空调机组安装要牢固，地脚螺栓拧紧，减震装置安装正确，减少机组运行时的震动和噪声。风机盘管安装一般在吊顶内进行，安装前要检查风机盘管的外观和性能，风机盘管应水平安装，排水坡度符合要求，一般为 0.003~0.005，确保冷凝水排放顺畅。风机盘管与管道的连接应采用柔性连接，防止管道的震动传递到风机盘管上。新风机组安装时，要注意进风口和出风口的方向，确保新风引入和排出顺畅。新风机组的过滤器、换热器等部件应正确安装，便于后期维护和清洗。系统调试是通风与空调系统安装的最后关键步骤，在调试前，对整个系统进行全面检查，包括风管连接是否严密，设备安装是否牢固，各类阀门、风口的开启状态是否正确，电气线路连接是否规范等。检查无误后，首先进行设备单机试运转，分别启动空调机组、风机盘管、新风机组等设备，检查设备的运转方向是否正确，风机的叶轮与机壳是否有摩擦，设备的震动和噪声是否在允许范围内。设备单机试运转时间一般不少于 2h。然后进行系统风量测试与调整，使用风速仪、风量罩等仪器对各风口的风量进行测量，通过调节风阀，使各风口的风量达到设计要求，偏差不超过 15%。在风量测试过程中，要注意观察风管、风口是否有漏风现象，如有漏风，应及时查找原因并进行封堵。最后进行空调系统的冷、热调试，夏季进行制冷调试，冬季进行制热调试，通过调节空调机组的制冷、制热参数，使室内温度、湿度等参数达到设计标准。在调试过程中，要对系统的运行状态进行监测，及时发现并解决问题，确保通风与空调系统能够稳定、高效地运行，为建筑提供舒适的室内环境。

四、电梯安装要点

在建筑设备安装中，电梯安装要点众多，各个环节紧密关联，对电梯的安全运行起着决定性作用。施工前，对电梯井道进行细致检查至关重要。井道尺寸必须严格符合电梯安装要求，包括井道的宽度、深度和高度。井道宽度偏差一般应控制在±25mm 以内，深度偏差控制在±25mm 以内，高度偏差则根据电梯类型和提升高度有所不同，需严格遵循相关标准。同时，要确保井道壁垂直，其垂直偏差不超过高度的 1/1000 且不超过 30mm。井道壁应坚实平整，无裂缝、孔洞或疏松部位，对于不符合要求的部位，需提前进行修补和加固。检查井道内的预留孔洞位置和尺寸是否准确，如门洞位置偏差应不超过±20mm，孔洞尺寸应与电梯部件的安装要求相符，确保后续安装工作顺利进行。此外，还要确认井道内的预埋件、吊钩等是否牢固，其位置和承载能力需满足电梯安装和运行的要求。导轨安装是电梯安装的关键环节，导轨的质量直接影响电梯运行的平稳性和安全性。在安装导轨前，要对导轨进行检查，导轨应无扭曲、变形、磨损等缺陷，其表面应光滑，直线度偏差每 5m 不超过 0.6mm。在安装导轨时，首先要确定导轨的安装位置，根据电梯轿厢和对重的设计位置，在井道壁上准确弹出导轨的安装基准线。导轨支架的安装间距一般不超过 2.5m，对于重载电梯或特殊结构的电梯，间距可能需进一步缩小。支架安装应牢固，水平度偏差不超过 1.5‰，通过膨胀螺栓或焊接方式与井道壁可靠连接。导轨通过压板与支架连接，压板的螺栓应拧紧，确保导轨固定牢固，且在运行过程中不会发生位移。在安装过程中，要使用导轨校正仪等专业工具对导轨的垂直度进行调整，导轨垂直度偏差每 5m 不超过 0.6mm，两列导轨之间的间距偏差在整个高度上不超过±2mm，保证轿厢和对重在导轨上运行顺畅，无卡滞现象。轿厢与对重安装也有严格要求，轿厢安装前，要检查轿厢的零部件是否齐全，结构是否完好。轿厢底盘的水平度偏差不超过 2‰，通过调整减震垫的厚度来保证。轿厢壁的安装应平整，拼接缝严密，缝隙宽度偏差不超过 0.5mm。轿厢门系统安装时，门机安装应牢固，运行平稳，门的开关动作灵活，无卡顿现象。轿厢门与门套之间的间隙应均匀，一般为 1~6mm，门关闭后，门缝的漏光量应符合标准。对重安装时，对重架的垂直度偏差不超过 2‰，对重块应固定牢固，防止在运行过程中发生位移或掉落。对重与轿厢之间的距离应符合设计要求，一般不小于 50mm，确保在电梯运行过程中，轿厢和对重不会发生碰撞。电梯的电气系统安装同样不容忽视，电气布线应整齐、规范，电线电缆应选用符合国家标准的产品，具有良好的绝缘性能和机械强度。动力线和控制线应分开敷设，避免相互干扰。线槽和线管的安装应牢固，接口严密，防止杂物进入。线管的弯曲半径一般不小于管外径的 6 倍，在转弯处应设置合适的弯头。电线电缆在敷设过程中，应避免过度弯曲、拉伸或挤压，确保绝缘层不受损坏。接线时，线头应牢固压接在接线端子上，接线应准确无误，标识清晰，便于后期维护和检修。电梯的控制系统安装要严格按照设计图纸进行，控制器、传感器等设备的安装位置应便于操作和调试，其接线应牢固可靠，确保控制系统能够准确接收和处理各种信号，实现电梯的安全、稳定运行。电梯安装完成后，调试与验收是确保电梯质量的关键步骤。调试前，要对电梯的各个部件进行全面检查，确保安装正确、牢固，电气连接可靠。在调试过程中，首先进行电梯的慢车调试，检查电梯的运行方向、平层精度、门系统的动作等是否正常。慢车调试正常后，进行快车调试，逐步提高电梯的运行速度，检查电梯在不同速度下的运行平稳性、舒适性，和各安全保护装置的动作是否灵敏可靠。例如，安全钳在电梯超速达到规定值时，应能迅速动作，将轿厢制停在导轨上；缓冲器在轿厢或对重撞击时，应能有效吸收能量，起到缓冲作用。在调试过程中，要对电梯的运行参数进行调整和优化，如电梯的加减速时间、平层精度等，使其符合设计要求。验收时，要依据相关的国家标准和规范，对电梯的安装质量、运行性能、安全保护装置等进行全面检验。包括对电梯的运行试验、超载试验、制动试验等，各项试验结果均应符合标准要求。同时，要检查电梯的外观是否完好，各部件的标识是否清晰，随机文件是否齐全。只有通过严格的调试与验收，才能确保电梯投入使用后安全、可靠地运行，为用户提供便捷、舒适的垂直交通服务。

第三章　施工安全把控

第一节　安全管理体系构建

一、安全目标明确

在建设工程安全管理体系构建中，安全目标明确至关重要，它犹如灯塔，为整个安全管理工作照亮前行方向。安全目标制订需依据多方面因素，首先，国家与地方的安全生产法律法规是底线要求。例如，《中华人民共和国安全生产法》明确规定生产经营单位应确保安全生产条件，预防生产安全事故发生。各地也有针对建设工程的安全管理条例，对施工现场安全防护、人员培训等方面作出具体规定。工程建设必须严格遵循这些法规要求，将法规中的强制性标准转化为具体安全目标。如法规规定施工企业要为从业人员提供符合国家标准或者行业标准的劳动防护用品，安全目标可设定为施工现场劳动防护用品配备率与合格率均达到100%。其次，工程的性质与规模影响安全目标制定。小型住宅建设项目与大型商业综合体建设项目面临的安全风险不同。小型住宅项目施工场地相对狭窄，人员与设备活动空间有限，安全目标可侧重于预防高处坠落、物体打击等事故，如将高空作业安全防护设施到位率设定为98%以上。大型商业综合体项目涉及多专业交叉作业、深基坑施工、大型设备安装等复杂环节，安全目标则需涵盖更多方面，如深基坑边坡位移监测达标率达到 100%，大型设备安装调试安全事故发生率控制在极低水平。再次，过往类似工程的安全管理经验与教训也是重要参考。若同类型工程在某环节频繁出现安全问题，如某地区同类建筑在塔吊拆除过程中曾发生多起事故，新工程安全目标可明确要求塔吊拆除专项方案通过率 100%，拆除过程安全监管覆盖率 100%。安全目标内容需细化到可衡量、可操作层面，从事故控制目标看，要明确杜绝重大安全事故，如因工死亡事故、群死群伤事故发生率为零。同时，对一般安全事故发生率设定具体数值，如每百万工时事故发生率不超过 3 起，精确量化事故控制要求。在安全防护设施目标方面，施工现场的各类安全防护设施都要有明确标准。例如，基坑周边防护栏杆设置符合规范率达到 100%，楼梯临边防护设置到位率 100%，外脚手架搭设验收合格率 100% 等。施工用电安全目标可设定为配电箱、开关箱漏电保护器灵敏可靠率 100%，电线电缆绝缘性能检测合格率 100%。人员安全培训目标也不容忽视，新员工入职三级安全教育培训覆盖率 100%，特种作业人员持证上岗率 100%，且每年对全体施工人员的安全再培训时长不少于 20h。此外，安全文明施工目标可细化为施工现场扬尘控制达标率、噪声控制达标率等，如施工现场主要道路硬化率 100%，土方覆盖或固化率达到 95%，施工场界噪声达标排放天数占施工总天数的比例不低于 90%。安全目标明确后，需进行有效沟通与宣贯，在项目内部召开安全目标交底会，向全体施工人员传达安全目标内容。项目经理详细解读安全目标制订背景、重要性和各岗位在实现目标中的责任。各部门负责人组织本部门人员深入学习，确保每一位员工清楚知晓自身工作与安全目标的关联。制作安全目标宣传展板，张贴在施工现场醒目位置，如工人休息区、工地进出口等，时刻提醒施工人员牢记安全目标。利用班前会、周例会等日常工作会议，反复强调安全目标，将安全目标融入日常工作交流中。最后，对施工人员进行安全目标知识考核，考核结果与绩效挂钩，促使施工人员真正重视并理解安全目标。在项目外部，与建设单位、监理单位等相关方及时沟通安全目标，争取各方支持与监督。建设单位可为安全目标实现提供必要资金支持，监理单位依据安全目标对施工过程进行严格监督，确保安全目标执行到位。安全目标并非一成不变，需根据实际情况调整与优化。在工程施工过程中，若遇到不可抗力因素，如极端恶劣天气、地质条件突变等，可能影响安全目标实现，此时需对安全目标进行合理调整。例如，因恶劣天气导致施工进度延误，安全检查计划无法按时执行，可适当延长安全检查周期，但要加强日常安全巡查力度，确保安全管理工作不间断。若工程采用新的施工工艺、技术或设备，原安全目标可能不再适用，需重新评估安全风险，调整安全目标。如采用新型装配式建筑技术，安全目标可增加对预制构件吊装安全的专项要求，如预制构件吊装安全事故发生率控制在［X］以内。定期对安全目标完成情况进行总结分析，如每月进行安全目标执行情况统计，每季度进行全面评估。若发现某一安全目标长期无法完成，需深入分析原因，是目标设定过高，还是执行过程存在问题，根据分析结果对目标进行优化调整，确保安全目标始终符合工程实际，有效指导安全管理工作。

二、安全管理制度建立

在建设工程安全管理体系构建进程中，安全管理制度的建立是极为关键的一环，它为工程建设全过程的安全管理提供了坚实的制度保障。安全生产责任制是安全管理制度的核心，明确各级人员在安全管理中的职责，从项目高层管理人员到基层一线施工人员，每个人都肩负着相应的安全使命。项目经理作为项目安全第一责任人，全面负责项目的安全管理工作。其职责涵盖组织制订项目安全管理目标与计划，确保安全管理工作与项目整体规划紧密结合；审批安全技术措施费用，保障安全投入充足；定期组织安全检查，对发现的安全问题及时督促整改；协调各方关系，为安全管理工作创造良好环境。项目技术负责人则负责组织编制与审核施工组织设计中的安全技术措施，对危险性较大的分部分项工程专项施工方案进行技术把关，确保施工技术方案符合安全规范要求。同时，对施工人员进行安全技术交底，使其清楚掌握施工过程中的安全要点。安全管理部门专职人员负责施工现场的日常安全监督检查，严格按照安全标准与规范，巡查施工现场的设备设施、作业环境和人员操作行为。一旦发现安全隐患，立即下达整改通知，跟踪整改情况，直至隐患消除。各部门负责人对本部门业务范围内的安全工作负责，如工程部门负责合理安排施工进度，避免因赶工导致安全事故；物资设备部门负责采购符合安全标准的防护用品、机械设备，并确保其质量可靠、性能良好；人力资源部门负责组织人员招聘时的安全背景审查，和安全管理人员的配备与培训等工作。一线施工人员需严格遵守安全操作规程，正确佩戴和使用个人防护用品，如安全帽、安全带、安全鞋等。在施工过程中，线施工人员发现安全隐患及时报告，不得冒险作业。安全检查制度是及时发现安全问题的重要手段，建立定期检查机制，项目层面每周进行一次全面安全检查，由项目经理带队，各部门负责人及安全管理人员参与。检查内容覆盖施工现场的各个角落，包括施工机械设备的运行状况、安全防护设施的设置情况、施工用电的规范程度、高空作业的安全保障措施等。公司层面每月组织一次大检查，对各项目的安全管理工作进行综合评估，检查深度和广度进一步拓展，除现场检查外，还要审查项目安全管理制度的执行情况、安全资料的完整性等。针对特殊施工环节或高风险作业，开展专项检查，如深基坑施工期间，每周对基坑边坡稳定性、支护结构等进行专项检查；在塔吊安装与拆除过程中，每次作业前后进行专项安全检查。对检查中发现的安全隐患，建立详细的隐患台账，记录隐患位置、类型、严重程度等信息。明确整改责任人与整改期限，一般隐患要求立即整改，重大隐患则下达停工整改通知，整改完成后进行复查，确保隐患彻底消除。安全教育培训制度是提升人员安全意识与技能的关键，新员工入职时，必须接受三级安全教育。公司级安全教育由公司安全管理部门负责，主要介绍国家安全生产法律法规、企业安全文化、安全生产基本知识等内容，培训时间不少于15学时，使新员工对安全生产有初步认识。项目级安全教育由项目经理或项目安全负责人组织，结合项目特点，讲解施工现场安全规章制度、安全操作规程、可能存在的安全风险及防范措施等，培训时间不少于15学时，让新员工熟悉项目安全环境。班组级安全教育由班组长负责，针对具体工作岗位，传授安全操作技能、应急处理方法等，培训时间不少于20学时，使新员工掌握岗位安全操作要点。在施工过程中，定期开展安全再培训，如每月组织一次安全知识更新培训，内容包括新工艺、新设备的安全使用方法，近期安全事故案例分析等。对特种作业人员，要求其必须持证上岗，并定期参加专业培训与考核，确保其专业技能始终符合安全作业要求。同时，通过多样化的培训方式，如课堂讲授、现场演示、模拟演练等，增强培训效果，增强施工人员的安全意识，提高其应急处理能力。安全奖惩制度是激励与约束安全行为的有效措施，设立安全奖励基金，对安全工作表现突出的个人与部门给予奖励。奖励包括物质奖励，如发放奖金、奖品等，和精神奖励，如授予"安全之星""安全先进部门"等荣誉称号。奖励标准明确，如对及时发现并排除重大安全隐患，避免安全事故发生的个人，给予高额奖金奖励；对安全管理工作出色，全年无安全事故且安全目标完成良好的部门，给予集体表彰与奖励。对违反安全规定的行为，严格按照制度进行处罚。处罚方式包括经济处罚，如对违规操作的个人处以罚款；行政处分，如警告、降职等；情节严重构成犯罪的，依法追究刑事责任。通过明确的奖惩机制，营造"人人重视安全、人人参与安全"的良好氛围，促使全体人员积极遵守安全管理制度，保障建设工程安全管理工作有效开展。

三、管理机构设置

在建设工程安全管理体系构建中，合理且高效的管理机构设置是保障安全管理工作顺利开展的组织基础。它如同人体的神经系统，协调着各个环节的安全管理活动，确保建设工程在安全的轨道上推进。从机构层级架构来看，通常设立三级管理机构。项目最高层为安全管理领导小组，由项目经理担任组长，项目技术负责人、安全总监等担任副组长，各部门负责人为组员。该小组负责制订项目整体安全管理战略与目标，统筹协调安全管理工作中的重大事项。例如，在制订年度安全管理计划时，安全管理领导小组综合考虑工程进度、施工工艺、人员配备等因素，确定安全管理重点方向，如针对复杂地质条件下的基础施工，明确加强基坑支护安全管理的目标与措施。同时，对安全管理资源进行调配，包括安全技术措施费用的审批与分配，确保安全投入满足工程实际需求。中间层为安全管理部门，这是安全管理工作的核心执行机构。安全管理部门设置安全主管、安全工程师、安全员等岗位。安全主管负责部门日常管理工作，制定安全管理制度与操作规程，监督制度执行情况。安全工程师则专注于安全技术工作，对施工组织设计中的安全技术措施进行审核，针对危险性较大的分部分项工程，如深基坑、高支模等，编制专项安全施工方案，并进行技术交底。安全员负责施工现场的日常巡查，依据安全标准规范，检查施工设备设施是否安全运行，如塔吊的限位器、施工电梯的防坠器等是否灵敏可靠；查看安全防护设施是否到位，像基坑周边防护栏杆、楼梯临边防护是否符合要求；监督施工人员操作行为是否规范，纠正违规作业，如制止未系安全带进行高空作业的行为。安全管理部门定期向安全管理领导小组汇报工作，反馈安全管理中存在的问题与建议。基层则以各施工班组为单位，设立兼职安全员。兼职安全员由施工经验丰富、责任心强的一线工人担任。他们熟悉本班组的施工任务与作业环境，能及时发现并报告身边的安全隐患。在每天班前会上，兼职安全员对班组成员进行简短的安全交底，提醒当天施工中的安全注意事项。在施工过程中，对班组成员的操作进行现场监督，确保施工人员严格按照安全操作规程作业。例如，在钢筋绑扎作业中，监督工人正确佩戴安全帽、安全带，检查作业区域的脚手板是否铺设牢固等。在人员配备要求方面，安全管理领导小组需具备丰富的项目管理经验与安全管理知识，能从宏观层面把控安全管理方向。项目经理作为组长，应具备较强的组织协调能力，能有效整合各方资源，推动安全管理工作。安全总监要熟悉安全生产法律法规与行业标准，具备敏锐的安全风险洞察力。安全管理部门人员需专业对口，安全工程师应拥有相关专业学历背景与执业资格证书，如注册安全工程师资格。安全员应经过专业培训，取得安全员证书，且具备良好的沟通能力与现场应变能力。基层兼职安全员虽为一线工人，但需接受专门的安全培训，熟悉基本安全知识与应急处理方法。人员数量配备要根据工程规模、复杂程度等因素确定。一般小型工程，安全管理部门配备3~5名专业人员；中型工程配备5~8名；大型复杂工程则需8名以上，且随着工程进展，可根据实际安全管理需求进行动态调整。建设工程安全管理机构并非孤立存在，而是与外部存在紧密协作关系。与建设单位保持密切沟通，建设单位为安全管理提供资金支持，安全管理机构及时向建设单位汇报安全管理工作进展与需求，争取建设单位对安全管理措施的认可与配合。与监理单位协同工作，监理单位依据监理规范对工程安全进行监督，安全管理机构与监理单位定期联合开展安全检查，对发现的安全问题共同督促整改。同时，与政府相关安全监管部门建立良好互动关系，及时了解最新安全法规政策，积极配合监管部门的检查工作，对监管部门提出的整改意见迅速落实，确保工程安全管理符合法规要求。

四、职责分工明确

在构建建设工程安全管理体系时，明确的职责分工是保障体系有效运作的基石。各参与方和不同层级人员只有清晰知晓自身安全管理职责，才能协同合作，全面落实安全管理工作，预防安全事故的发生。项目管理层在安全管理中肩负着统筹规划与决策的重任，项目经理作为项目安全第一责任人，需全面把控项目安全管理全局。从项目启动阶段，就要将安全管理纳入整体规划，组织制订安全管理目标与计划，确保安全目标与项目质量、进度等目标协调一致。例如，设定施工现场安全事故发生率为零、安全防护设施达标率达到95%以上等具体可量化目标。同时，负责组建安全管理团队，明确各成员职责，调配安全管理所需资源，包括安全技术措施费用的合理安排，保障安全管理工作的资金投入。定期主持召开安全管理会议，分析项目安全管理现状，及时解决安全管理中出现的重大问题，对安全事故隐患整改工作进行监督与指导。项目技术负责人在安全管理方面侧重于技术支持与把关，负责组织编制与审核施工组织设计中的安全技术措施，确保施工工艺与技术方案符合安全生产要求。对于危险性较大的分部分项工程，如深基坑、高支模、起重吊装等，要亲自参与对专项施工方案的编制，并进行严格审核，从技术层面保障施工安全。例如，在深基坑专项施工方案中，对基坑支护结构设计、土方开挖顺序与方法等进行详细规划，确保基坑施工过程中的稳定性。同时，对施工人员进行安全技术交底，详细讲解施工过程中的安全技术要点与注意事项，使施工人员清楚掌握技术层面的安全要求。安全总监作为安全管理的专业负责人，负责监督项目安全管理制度的执行情况。制订安全检查计划，定期组织全面安全检查，深入施工现场，对施工设备设施、安全防护措施、人员操作行为等进行细致检查。对检查中发现的安全隐患，下达整改通知，明确整改责任人与整改期限，跟踪整改情况，确保隐患及时消除。组织开展安全培训与教育活动，提高施工人员的安全意识与技能。例如，定期邀请专家进行安全知识讲座，组织安全事故案例分析会，让施工人员深刻认识到安全事故的危害并掌握预防方法。同时，负责与政府安全监管部门、建设单位、监理单位等外部机构沟通协调，及时了解安全法规政策变化，配合各方安全检查工作，反馈项目安全管理情况。安全管理部门作为安全管理的核心执行机构，承担着具体的安全管理工作。安全主管负责部门日常管理，制定安全管理制度与操作规程，并确保其有效执行。组织安全检查工作，协调各部门配合安全管理，对安全检查结果进行统计与分析，为安全管理决策提供数据支持。安全工程师专注于安全技术工作，对安全技术措施进行细化与落实，参与安全事故原因调查与分析，从技术角度提出防范措施。安全员则负责施工现场的日常巡查，依据安全标准规范，对施工设备设施进行检查，确保塔吊、施工电梯等设备安全运行，安全防护装置齐全有效；对安全防护设施进行检查，如基坑周边的防护栏杆、楼梯临边防护是否符合要求；监督施工人员的操作行为，纠正违规作业，如制止未系安全带进行高空作业、违规用电等行为，并及时记录与报告安全问题。基层施工班组在安全管理中也发挥着重要作用，班组长作为班组安全第一责任人，负责组织班组成员学习安全操作规程，进行班前安全交底，告知班组成员当天施工任务中的安全风险与防范措施。在施工过程中，监督班组成员正确使用安全防护用品，如安全帽、安全带、安全鞋等，对班组成员的违规操作行为及时纠正。发现安全隐患及时报告，并组织班组成员进行简单的隐患排除工作，如清理作业区域的杂物、修复轻微损坏的安全防护设施等。同时，组织班组成员参与安全培训与应急演练，提高班组成员的安全意识与应急处理能力。

第二节 安全教育实施

一、新员工入职培训

在建设工程安全教育实施里，新员工入职培训是极为关键的一环，为新员工筑牢安全意识根基，引导其掌握基础安全知识与技能，顺利融入安全施工环境。公司级安全教育为新员工开启安全知识大门，由企业安全管理部门资深人员负责授课，时长不少于15学时。其首要任务是介绍国家安全生产法律法规，这是安全生产的根本遵循。详细解读《中华人民共和国安全生产法》中关于生产经营单位安全生产保障、从业人员权利与义务等核心条款，让新员工明白安全生产不仅是企业要求，更是法律赋予的责任。例如，讲解生产经营单位需为从业人员提供符合标准的劳动防护用品，从业人员有权对本单位安全生产工作提出建议、批评等，使新员工清楚自身在安全生产中的权益与责任界限。接着，深入阐述企业安全文化。展示企业长期积累形成的安全理念，如"安全第一，预防为主，综合治理"的理念，分享企业过往在安全管理方面取得的成绩，像连续多年无重大安全事故等，让新员工感受企业对安全的重视程度，增强对企业安全文化的认同感。同时，传授安全生产基本知识，涵盖安全标志识别，详细讲解禁止标志、警告标志、指令标志、提示标志的含义与用途，确保新员工在施工现场能准确识别各类安全标志，知晓其背后的安全警示信息。还会介绍安全防护用品的正确使用方法，如安全帽的佩戴调整、安全带的系挂方式、安全鞋的选择与穿着要点等，通过现场演示与实际操作，让新员工熟练掌握防护用品使用技能，为自身安全提供基础保障。项目级安全教育紧密结合项目实际情况，由项目安全负责人组织开展，培训时长不少于15学时。着重讲解施工现场安全规章制度，这是新员工在项目施工期间必须遵守的行为准则。介绍施工现场的出入管理规定，明确人员进出工地的流程与要求，如必须佩戴工作证、经过安全检查通道等，保障施工现场人员管理有序。讲解动火作业审批制度，详细说明动火作业前的申请流程、审批部门、审批条件和作业中的安全措施，让新员工清楚动火作业的规范操作，预防火灾事故发生。针对项目施工工艺，深入剖析可能存在的安全风险及防范措施。若项目涉及高层建筑施工，重点讲解高处坠落风险，包括临边防护缺失、脚手架搭建不规范、违规攀爬等原因导致的坠落，和相应的防范措施，如设置可靠的临边防护设施、加强脚手架检查验收、严禁违规攀爬等。对于深基坑施工项目，分析坍塌风险，如基坑支护不当、超挖、排水不畅等因素引发的坍塌，和应对措施，如严格按照设计进行支护施工、控制开挖深度与速度、做好排水工作等，使新员工对项目施工中的安全风险有清晰认识，掌握基本防范方法。班组级安全教育聚焦具体工作岗位，由经验丰富的班组长负责，培训时长不少于 20 学时。传授安全操作技能是核心内容，针对不同岗位详细讲解操作规范。以钢筋工岗位为例，讲解钢筋加工时钢筋调直、切断、弯曲等设备的正确操作方法，如钢筋调直机的调试、钢筋切断机的刀具更换与操作流程、钢筋弯曲机的角度控制等，确保新员工在操作设备时安全规范。在钢筋绑扎环节，讲解绑扎顺序、绑扎方法和高处绑扎作业时的安全注意事项，如佩戴安全带、设置操作平台等。对于架子工岗位，传授脚手架搭建与拆除的操作要点，包括脚手架材料选择、搭建顺序、连墙件设置、拆除顺序与安全防护等内容，让新员工熟练掌握岗位操作技能。同时，分享应急处理方法，如发生触电事故时，如何迅速切断电源、进行现场急救；发生火灾时，如何正确使用灭火器、组织疏散逃生等。通过实际案例分析与模拟演练，新员工增强应急处理能力，在遇到突发安全事故时能冷静应对，减少事故损失。

二、日常安全培训

在建设工程安全教育实施过程中，日常安全培训是保障施工安全的重要举措，持续为施工人员强化安全意识、更新安全知识、提升安全技能。定期开展安全知识更新培训是日常安全培训的基础，每月至少组织一次，培训内容紧密贴合行业动态与项目实际情况。及时引入新出台的安全标准规范，详细解读其核心要点与变化之处。例如，当建筑施工高空作业安全技术规范更新后，着重讲解新规范中对高空作业防护设施的更高要求，如临边防护栏杆的材质、间距、强度等方面的变化，和攀爬作业、悬空作业的操作新规，确保施工人员在高空作业时严格遵循最新标准，降低安全风险。针对项目新采用的施工工艺、设备，进行专项安全知识培训。若项目引入新型装配式建筑技术，培训内容则应涵盖预制构件吊运、安装过程中的安全要点，如吊运设备的操作规范、构件安装的定位与固定方法，和施工人员在作业过程中的安全站位与防护措施等。对于新设备，如新型塔式起重机，介绍其性能特点、安全装置的使用与维护，和与传统设备在操作上的差异，使施工人员熟悉新设备的安全操作流程，避免因不了解而引发安全事故。班前会安全交底是日常安全培训的关键环节，班组长在每班工作前，依据当天施工任务，进行简短且实用的安全交底。根据天气变化提醒施工人员注意安全事项，在高温天气，强调防暑降温措施，如合理安排作业时间、及时补充水分、配备防暑药品等；在雨天，提醒施工人员注意防滑、防触电，如检查作业区域的排水情况、避免在潮湿环境下使用电气设备等。对于特殊作业区域，明确安全要求，若当天施工涉及深基坑周边作业，告知施工人员必须佩戴安全带、严禁在基坑边缘逗留、严禁擅自拆除基坑支护设施等；对于高空作业区域，强调正确系挂安全带、设置安全网、严禁抛掷物品等安全要点。通过班前会安全交底，让施工人员在开工前就清晰知晓当天工作中的安全风险与防范措施，时刻保持安全警觉。安全事故案例分析会是提升施工人员安全意识的有效手段，定期选取典型安全事故案例，深入剖析事故原因、经过与后果。分析某起由于塔吊违规操作导致的坍塌事故，详细阐述违规操作行为，如塔吊司机超载吊运、违反操作规程斜拉重物、未按规定进行设备维护保养等，这些违规行为如何一步步引发事故，和事故造成的人员伤亡、财产损失等严重后果。通过真实案例，施工人员能够深刻认识到安全事故的危害性，从他人的事故中吸取教训，增强自身安全防范意识。同时，结合案例提出针对性的预防措施，如加强塔吊操作人员的培训与考核、建立严格的设备维护保养制度、完善施工现场安全监督机制等，使施工人员明白如何在日常工作中避免类似事故发生。安全演练也是日常安全培训的重要内容，定期组织各类安全演练，如火灾逃生演练、触电急救演练、坍塌事故应急救援演练等。在火灾逃生演练中，模拟施工现场发生火灾场景，组织施工人员按照预定的逃生路线，用湿毛巾捂住口鼻，低姿有序撤离到安全区域，让施工人员熟悉火灾发生时的逃生方法与技巧，提高应急逃生能力。在触电急救演练中，设置模拟触电场景，培训施工人员如何迅速切断电源、正确使用急救设备进行心肺复苏等急救操作，通过实际操作演练，施工人员掌握触电急救技能，在关键时刻能够及时救助触电人员，减少伤亡。坍塌事故应急救援演练则模拟施工现场发生坍塌事故，组织救援队伍开展救援行动，包括现场警戒、人员搜救、伤员转运等环节，通过演练提升施工人员在坍塌事故中的应急响应能力与协同救援能力，确保在事故发生时能够迅速、有效地开展救援工作，降低事故损失。

三、专项技术培训

在建设工程安全教育实施进程里，专项技术培训针对工程中具有较高风险或采用特殊技术的环节，是提升施工人员专业安全技能、预防安全事故的关键举措。对于危险性较大的分部分项工程，专项技术培训必不可少。以深基坑工程为例，在施工前，详细讲解深基坑专项施工方案中的安全技术措施。深入剖析基坑支护结构的施工安全要点，如采用桩锚支护时，讲解桩的施工工艺，包括桩位定位、成孔、钢筋笼制作与下放、混凝土浇筑等环节的安全操作规范，强调在成孔过程中防止塌孔的措施，如控制泥浆比重、合理安排钻进速度等；钢筋笼下放时，确保吊具安全可靠，防止钢筋笼倾斜、坠落。在锚杆施工方面，介绍锚杆钻孔、注浆、张拉等工序的安全要求，如钻孔时防止钻杆折断伤人，注浆时确保注浆设备正常运行，避免浆液泄漏。讲解土方开挖顺序与方法的安全要求，严格遵循"分层分段、均衡对称"原则，严禁超挖，明确每层开挖深度、分段长度和开挖与支护的时间间隔。同时，强调基坑监测的重要性，让施工人员了解监测项目、监测频率和异常情况的应急处理方法，如当基坑边坡位移超过预警值时，应立即停止开挖，采取相应加固措施。高支模工程的专项技术培训同样关键，讲解高支模专项施工方案中模板支撑体系的搭建安全要点，包括材料选择，对钢管、扣件、模板等材料的质量要求，如钢管的壁厚、扣件的抗滑性能等必须符合规范；搭建顺序，从基础处理、立杆设置、水平杆连接到剪刀撑布置等各环节的先后顺序与操作规范，立杆底部应设置垫板，确保基础承载能力满足要求，立杆间距、步距严格按照设计方案执行，水平杆应纵横贯通，剪刀撑设置角度与间距符合规定，增强支撑体系的稳定性。介绍混凝土浇筑过程中的安全注意事项，明确浇筑顺序应与模板支撑设计受力情况一致，避免因浇筑顺序不当导致模板变形、坍塌。安排专人对模板支撑体系进行实时监测，当发现异常变形时，立即停止浇筑，组织人员撤离并采取应急措施。起重吊装工程的专项技术培训至关重要，详细讲解起重设备的操作规范，如塔式起重机，介绍其安装、顶升、拆卸过程中的安全要点，安装前对基础进行验收，确保基础承载能力与稳定性，在顶升过程中严格控制顶升速度，防止顶升过程中塔吊倾斜，拆卸时按照规定顺序逐步拆除，严禁违规操作。在日常操作中，讲解塔吊司机的操作要求，如严格遵守"十不吊"原则，严禁超载吊运、斜拉重物，吊运过程中保持吊物平稳，控制好起升、回转、变幅速度，避免急停急起。介绍司索工的职责与操作规范，包括吊物的捆绑方法、吊点选择，确保吊物捆绑牢固，吊点合理分布，防止吊物在吊运过程中滑落。同时，强调起重作业区域的安全管理，设置明显的警戒标识，严禁无关人员进入，配备专业指挥人员，采用标准的指挥信号，确保起重作业安全有序进行。当项目采用新技术、新工艺、新材料时，及时开展专项技术培训，例如，采用 BIM 技术进行施工管理时，培训内容涵盖 BIM 技术在安全管理方面的应用，如通过 BIM 模型进行施工场地布置模拟，提前发现安全隐患，优化安全通道、材料堆放区域等设置；利用 BIM 模型对施工过程进行虚拟建造，分析施工工序中的安全风险，制定针对性防范措施。对于新工艺，如清水混凝土施工工艺，讲解在模板制作与安装、混凝土浇筑与振捣等环节的安全要点，模板制作过程中确保模板精度与强度，防止在浇筑过程中胀模、爆模；混凝土浇筑振捣时，合理安排振捣设备与人员，避免振捣棒漏电伤人。对于新材料，如新型防火保温材料，介绍其特性、储存与使用要求，该材料的防火性能、保温效果，在储存过程中防止受潮、暴晒，在使用过程中按照规定的施工工艺进行操作，确保施工安全。

四、培训效果评估

在建设工程安全教育实施过程中，培训效果评估是衡量教育成效、推动安全教育持续改进的关键环节。通过全面、科学的评估，能够精准判断施工人员对安全知识与技能的掌握程度，进而针对性地优化安全教育方案，提升整体安全管理水平。理论知识考核是评估培训效果的基础方式，定期组织施工人员参加安全理论知识考试，内容涵盖国家安全生产法律法规、企业安全管理制度、各类施工安全操作规程等。例如，在考核安全生产法律法规时，设置关于《中华人民共和国安全生产法》中生产经营单位安全保障义务、从业人员权利与义务等相关题目，检验施工人员对法律条文的理解与记忆。对于企业安全管理制度，考核施工现场出入管理规定、安全检查制度流程等内容，确保施工人员熟悉企业内部安全管理要求。针对施工安全操作规程，考察不同工种如电工、焊工、架子工等的操作规范知识，如电工在进行电气设备检修时的断电、验电、接地操作流程。通过理论知识考核，了解施工人员对书面安全知识的掌握情况，发现知识薄弱点，为后续针对性培训提供方向。实际操作考核是评估培训效果的重要手段，针对不同施工岗位，设置模拟工作场景进行实际操作考核。对于塔吊司机，在模拟塔吊操作平台上，考核其对塔吊启动、吊运、回转、制动等操作的熟练程度，观察其是否严格按照操作规程作业，如是否遵循"十不吊"原则，吊运过程中对吊物的平稳控制、与周边障碍物的安全距离把控等。对于架子工，要求其在模拟施工现场搭建脚手架，考核脚手架材料选择、立杆间距设置、横杆连接、剪刀撑安装等环节的操作规范程度，检查脚手架搭建的稳定性与牢固性是否符合标准。对于焊工，考核其在不同材质、不同位置的焊接操作技能，包括焊接电流调节、焊缝质量控制、安全防护用品佩戴等方面，如在进行高处焊接作业时，是否正确系挂安全带、采取防火措施等。通过实际操作考核，直观地检验施工人员将安全知识转化为实际操作的能力，发现操作过程中的不规范行为，及时进行纠正与强化培训。日常行为观察也是评估培训效果的有效途径，安全管理人员在施工现场日常巡查过程中，密切观察施工人员的行为表现。观察施工人员是否正确佩戴和使用安全防护用品，如安全帽是否系紧下颏带、安全带是否高挂低用、安全鞋是否符合作业要求等。检查施工人员在作业过程中是否遵守安全操作规程，如在进行动火作业时，是否提前办理动火审批手续、配备灭火器材、安排专人监护；在高空作业时，是否设置可靠的安全防护设施、严禁违规攀爬等。观察施工人员对安全隐患的识别与处理能力，当发现施工现场存在安全隐患时，如电线私拉乱接、临边防护缺失等，施工人员是否能够及时发现并报告，或采取简单有效的临时防范措施。通过日常行为观察，了解施工人员在实际工作中对安全知识与技能的应用情况，及时发现安全意识淡薄、违规操作等问题，加强现场安全教育与监督。事故发生率分析是评估培训效果的重要指标，定期统计施工现场的安全事故发生率，包括事故发生次数、事故类型、事故造成的人员伤亡与财产损失等情况。将事故发生率与培训实施前的数据进行对比，和与同行业类似项目的数据进行对比，分析事故发生率的变化趋势。如果在实施安全教育培训后，事故发生率明显下降，就说明培训取得了一定成效；如果事故发生率没有明显变化甚至上升，需要深入分析原因，可能是培训内容针对性不强、培训方式效果不佳，或者施工现场安全管理存在其他漏洞等。通过对事故发生率的分析，从宏观层面评估安全教育培训对施工现场安全状况的影响，为改进安全教育方案提供有力依据。

第三节　施工用电安全管理

一、临时用电方案编制要点

在建设工程施工用电安全管理中，临时用电方案编制涵盖诸多要点，每个要点都紧密关联，对保障施工现场用电安全起着决定性作用。在方案编制前，需进行全面的现场勘察，详细了解施工现场的地形地貌，明确建筑物的位置、高度以及周边环境情况，如是否存在河流、湖泊等可能影响用电安全的因素。勘察施工现场的水源、火源分布，和易燃、易爆物品的存放位置，以便在规划临时用电线路与设备时，合理避开这些危险区域，确保用电安全。

同时，确定施工机械设备、办公区、生活区等的分布位置，为后续准确计算用电负荷与合理规划配电系统提供依据。例如，若施工现场有多个塔吊，需明确塔吊的安装位置与运行半径，避免临时用电线路与塔吊运行区域交叉，防止线路被塔吊碰撞损坏引发安全事故。准确的负荷计算是临时用电方案的关键，统计施工现场所有用电设备的数量、型号、功率等参数。对于电动机类设备，要考虑其启动电流，一般电动机启动电流为额定电流的4~7倍，在计算负荷时不能仅依据额定功率，需采用合适的计算方法，如需要系数法，准确计算出总的用电负荷。区分不同类型的用电设备，如照明设备、动力设备等，分别计算其负荷，再汇总得到施工现场的总用电负荷。例如，施工现场有10台功率为30kW的塔吊、20台功率为15kW的施工电梯，以及若干照明灯具，通过计算得出总的用电负荷数值，以此为依据选择合适容量的变压器与配电设备，确保供电系统能够满足施工用电需求，避免因负荷过大导致设备过载运行，引发电气火灾等安全事故。配电系统设计是临时用电方案的核心部分，采用TN-S系统，即三相五线制，将工作零线（N线）与保护零线（PE线）严格分开。在总配电箱处，将PE线做重复接地，接地电阻不大于4Ω，以提高接地保护的可靠性。合理设置配电箱与开关箱，遵循"三级配电、两级保护"原则。总配电箱作为整个施工现场配电的核心，应设置在靠近电源的位置，且通风良好、便于操作与维护。分配电箱设置在用电设备或负荷相对集中的区域，与总配电箱的距离不宜超过30m。开关箱与所控制的用电设备距离不超过3m，实现"一机、一闸、一漏、一箱"，即每台用电设备必须有独立的开关箱，箱内设置隔离开关、漏电保护器，且漏电保护器的额定漏电动作电流与额定漏电动作时间应符合安全要求，一般开关箱内漏电保护器的额定漏电动作电流不大于30mA，额定漏电动作时间不大于0.1s，潮湿、有腐蚀介质场所的漏电保护器额定漏电动作电流不大于15mA，额定漏电动作时间不大于0.1s，确保在用电设备发生漏电故障时能迅速切断电源，保护人员安全。绘制详细准确的配电系统图，清晰标注各配电箱、开关箱的位置，电气连接关系，以及电线电缆的规格、型号、敷设路径等信息，为施工与后期维护提供明确指导。安全措施制定是临时用电方案不可或缺的部分。

在防雷措施方面，对于施工现场的塔吊、外用电梯等高度超过 30m 的设备，需安装防雷装置，防雷引下线可利用设备的金属结构体，但应保证电气连接可靠，防雷接地电阻不大于 30Ω。对于临时建筑物，如办公区、生活区的活动板房，若处于空旷地区或易遭雷击区域，也应设置防雷装置，保障人员与设备安全。在防火措施方面，配电箱、开关箱内应设置电气火灾监控系统，实时监测线路温度与漏电电流，当出现异常情况时及时报警。在配电箱、开关箱周围严禁堆放易燃、易爆物品，且配备足够数量的灭火器材，如干粉灭火器、二氧化碳灭火器等，并定期进行检查与维护，确保灭火器材能正常使用。同时，对施工人员进行防火安全教育，提高其防火意识，严禁在配电箱和开关箱附近吸烟、动火作业，防止因电气故障引发火灾事故。在防触电措施方面，除采用 TN-S 系统与漏电保护装置外，对配电箱、开关箱、用电设备等的金属外壳进行可靠接地或接零保护，确保在发生漏电时，电流能够通过接地或接零线路导入大地，避免人员触电。在施工现场设置明显的安全警示标志，如在配电箱、变压器等设备附近张贴"当心触电""禁止合闸"等标识，提醒施工人员注意用电安全。

二、配电箱与开关箱管理

在建设工程施工用电安全管理体系里，配电箱与开关箱管理占据关键地位，其管理成效直接关联施工用电安全，对保障人员生命与设备正常运行意义重大。配电箱与开关箱的合理设置是基础，依据"三级配电、两级保护"原则，总配电箱作为施工现场配电的核心枢纽，应安置在靠近电源且通风良好、便于操作与维护的位置。其周边不得堆放杂物，确保有足够空间供人员操作与检修，通道宽度一般不小于 1.5m。总配电箱的进、出线应采用防水橡皮护套铜芯软电缆，电缆不得拖地或缠绕在金属构架上。分配电箱设置在用电设备或负荷相对集中区域，与总配电箱距离不宜超过 30m，以便有效分配电能，减少线路损耗。开关箱与所控制的用电设备紧密相连，距离不超过 3m，严格做到"一机、一闸、一漏、一箱"，即每台用电设备必须有独立的开关箱，箱内设置隔离开关、漏电保护器，确保用电设备的操作与保护独立，避免相互干扰引发安全问题。配电箱与开关箱应安装牢固，在垂直安装时，其中心点与地面的垂直距离宜为 1.4~1.6m；在水平安装时，底边距地高度宜为 0.8~1.6m。箱体材质应选用冷轧钢板或绝缘材料，其具有良好的防火、防水、防尘性能，防护等级一般不低于 IP44，防止外界因素影响配电箱与开关箱的正常运行。配电箱与开关箱内部电器元件管理十分关键，电器元件应选用符合国家标准、质量可靠的产品，具备合格证明文件。隔离开关应设置明显可见的断开点，便于在检修或故障时可靠切断电源，其额定值应大于线路正常工作电流。漏电保护器作为保障人员安全的关键元件，其额定漏电动作电流与额定漏电动作时间应符合严格要求。一般开关箱内漏电保护器的额定漏电动作电流不大于 30mA，额定漏电动作时间不大于 0.1s；在潮湿、有腐蚀介质等特殊场所，漏电保护器额定漏电动作电流不大于 15mA，额定漏电动作时间不大于 0.1s，确保在设备发生漏电故障时能迅速切断电源，保护人员免受触电伤害。配电箱与开关箱内的电器元件应排列整齐，固定牢固，接线规范。电线电缆的连接应采用压接或焊接方式，确保连接牢固，接触良好，线头不得外露。配电箱与开关箱内不得放置任何杂物，保持内部整洁，防止因杂物影响电器元件散热或引发电气短路。在日常使用规范方面，配电箱与开关箱应由专人负责管理，管理人员应具备相应的电工知识与操作技能，熟悉配电箱与开关箱的内部结构与操作流程。配电箱与开关箱应保持关闭状态，防止灰尘、雨水等进入箱内，影响电器元件性能。在操作配电箱与开关箱时，应严格按照操作规程进行，送电操作顺序为：总配电箱→分配电箱→开关箱；停电操作顺序为：开关箱→分配电箱→总配电箱（出现电气故障紧急情况除外）。严禁带电作业，在进行检修、维护等操作前，必须先切断电源，并在配电箱或开关箱上悬挂"禁止合闸，有人工作"的警示标识，必要时设专人监护，防止因误合闸引发安全事故。施工人员在使用用电设备时，应先检查开关箱内的电器元件是否正常，设备电源线是否破损、老化，确认无误后方可操作。严禁私拉乱接电线，严禁使用不合格的插头、插座，避免因违规用电引发电气火灾或触电事故。配电箱与开关箱的维护与检查是及时发现并消除安全隐患的重要手段，建立定期检查制度，项目安全管理人员每周至少进行一次全面检查，检查内容包括配电箱与开关箱的外观是否完好，有无破损、变形；箱门是否关闭严密，门锁是否正常；内部电器元件是否有松动、损坏、发热、打火等现象；漏电保护器是否灵敏可靠，每月应按动试验按钮，检查其动作情况，确保在关键时刻能正常工作。对检查中发现的问题，应立即记录并安排整改，对于一般问题要求当场整改，如紧固松动的电器元件、清理箱内杂物等；对于较为严重的问题，如漏电保护器失灵、电线电缆破损等，应立即停止使用相关配电箱或开关箱，并下达整改通知，明确整改责任人与整改期限，整改完成后进行复查，确保隐患彻底消除。同时，电工应每天对配电箱与开关箱进行日常巡查，重点检查用电设备的运行情况、配电箱与开关箱的温度是否正常等，及时发现并处理突发问题，保障施工用电安全。

三、电线电缆敷设要求

在建设工程施工用电安全管理领域，电线电缆敷设要求细致且严格，贯穿于整个施工过程，对保障电力传输稳定、人员与设备安全意义重大。施工前，对电线电缆的质量检查必不可少。仔细查看电线电缆的外观，绝缘层应光滑、平整，无气泡、裂纹、机械损伤等缺陷，确保绝缘性能良好。检查线芯材质，铜芯应色泽均匀、质地柔软，无断股、氧化现象；铝芯应无腐蚀、变形。测量电线电缆的线径，其实际尺寸应与标称值相符，偏差在允许范围内，以保证电线电缆的载流能力满足施工用电需求。同时，查验产品的合格证明文件、质量检测报告等，确保电线电缆符合国家标准与设计要求。在一般场所敷设电线电缆时，须遵循特定规范。若采用线槽敷设，线槽应安装牢固，横平竖直，线槽接口严密，不得有扭曲、变形。线槽的材质应根据使用环境选择，在干燥场所可选用塑料线槽，其具有重量轻、安装方便等优点；在有防火要求的场所，则应采用金属线槽，金属线槽应做好接地保护，防止漏电。电线电缆在线槽内敷设时，应排列整齐，不得有交叉、缠绕现象，且电线电缆的总截面积不应超过线槽截面积的 60%，以便于散热与后期维护。当采用穿管敷设时，线管的选择至关重要。在潮湿场所或有机械外力作用的场所，应选用镀锌钢管，其具有良好的耐腐蚀性与机械强度；在一般场所，可采用 PVC 管，但 PVC 管应具备阻燃性能。线管的管径应根据电线电缆的数量与线径合理选择，一般电线电缆的总截面积不应超过线管内截面积的 40%，以确保穿线顺畅。线管的弯曲半径一般不小于管外径的 6 倍，在直角转弯处，应设置弯管接头，避免电线电缆因过度弯曲而受损。线管在敷设时，应固定牢固，固定点间距不宜过大，一般每隔 1.5~2m 设置一个固定点，在弯头、分支处应适当加密固定点。在特殊场所，如潮湿场所、高温场所、有爆炸危险场所等，电线电缆敷设要求更为严格。在潮湿场所，电线电缆应选用防水型产品，其绝缘层应具备良好的防水性能。线管与线槽应采取防水措施，如线管两端应密封，线槽应加盖板，防止水分进入。在高温场所，应选用耐高温的电线电缆，其绝缘层材料应能承受高温环境，确保在高温下仍能正常工作。同时，电线电缆应远离热源，与热源的距离应符合相关规定，一般不小于 0.5m，必要时应采取隔热措施，如安装隔热板。在有爆炸危险场所，必须选用防爆型电线电缆，其结构应能防止因火花、电弧等引发爆炸。线管与线槽也应采用防爆型产品，且所有连接部位应密封良好，防止易燃易爆气体进入。电线电缆的连接环节至关重要，不同类型的电线电缆连接方式有所不同。对于铜芯电线，多采用压接或焊接方式。压接时，应选用合适的压线端子，将电线与端子紧密压接，确保连接牢固，接触良好。焊接时，应采用专业的焊接设备与工艺，保证焊接质量，防止虚焊、假焊。对于铝芯电线，由于铝的化学性质活泼，易氧化，一般不采用焊接方式，多采用专用的铝接线端子进行压接，且在压接前，应去除铝芯表面的氧化层，涂抹导电膏，增强连接的可靠性。电线电缆的接头应设置在专用的接线盒内，接线盒应安装牢固，防护等级应符合要求。接头处应做好绝缘处理，一般采用绝缘胶带缠绕多层，确保绝缘性能不低于电线电缆本体。为便于后期维护与管理，电线电缆敷设完成后，应进行清晰标识。在电线电缆的起始端、终端、分支处、转弯处等位置，应悬挂标识牌，标识牌上应注明电线电缆的型号、规格、用途、起始位置、终止位置等信息，确保在检修、改造时能快速准确地识别电线电缆。同时，应绘制详细的电线电缆敷设图，标注电线电缆的敷设路径、走向、连接关系等，为后期维护提供准确依据。此外，电线电缆敷设过程中及完成后，要做好保护措施。在穿越楼板、墙壁等部位时，应设置套管，套管管径应比电线电缆外径大 1~2 号，套管与电线电缆之间应填充防火、防水、密封材料，防止火灾蔓延与水分渗透。在有机械外力作用的场所，应采取防护措施，如在电缆沟内敷设时，应设置电缆支架，防止电缆受到挤压、碰撞。对已敷设完成的电线电缆，应加强保护，防止其他施工活动对其造成损坏，如在电缆上方设置警示标识，严禁在电缆路径上进行挖掘、堆放重物等作业。

四、触电事故预防措施

在建设工程施工用电安全管理中，触电事故预防措施涵盖多个关键方面，对保障施工人员生命安全、确保工程顺利推进起着决定性作用。从技术层面来看，采用合理的接地与接零保护系统是基础。施工现场应严格采用 TN-S 系统，即三相五线制，将 N 线与 PE 线严格区分。在总配电箱处，将 PE 线进行重复接地，接地电阻不大于 4Ω，以增强接地保护的可靠性。所有用电设备的金属外壳、构架等均应与 PE 线可靠连接，当设备发生漏电故障时，电流能够通过 PE 线导入大地，避免人员触电。例如，塔吊、施工电梯等大型设备的金属结构必须与 PE 线连接牢固，确保在设备运行过程中，即使发生电气故障，也能有效防止人员触电。同时，定期对接地电阻进行检测，一般每月至少检测一次，确保接地系统始终处于良好工作状态。漏电保护装置的正确安装与使用至关重要，在配电箱与开关箱内，必须按照"一机、一闸、一漏、一箱"原则设置漏电保护器。漏电保护器的额定漏电动作电流与额定漏电动作时间应符合安全要求。在一般场所，开关箱内漏电保护器的额定漏电动作电流不大于 30mA，额定漏电动作时间不大于 0.1s；在潮湿、有腐蚀介质等特殊场所，漏电保护器额定漏电动作电流不大于 15mA，额定漏电动作时间不大于 0.1s。定期对漏电保护器进行试验，每月至少按动一次试验按钮，检查其动作是否灵敏可靠。若发现漏电保护器失灵，应立即更换，确保在设备发生漏电时能迅速切断电源，保护人员安全。加强对电线电缆的管理是预防触电事故的关键环节，施工前，对电线电缆进行严格质量检查，确保其绝缘层完好无损，无破损、老化、龟裂等现象。电线电缆的线径应符合用电设备的负荷要求，避免因线径过小导致电线过热，绝缘性能下降。在敷设过程中，严格按照规范要求进行，避免电线电缆受到挤压、拉伸、磨损等。例如，在穿越道路、墙壁等部位时，应设置套管进行保护；在有机械外力作用的场所，应采用防护措施，如在电缆沟内敷设电缆时，设置电缆支架，防止电缆受到挤压损坏。同时，定期对电线电缆进行巡查，检查其外观是否有异常，如发现电线电缆外皮破损，应及时进行绝缘处理或更换，防止因漏电引发触电事故。在人员管理方面，加强对施工人员的用电安全教育培训必不可少，新员工入职时，进行全面的用电安全基础知识培训，包括安全用电常识、触电急救方法等。在施工过程中，定期开展专项培训，针对不同工种的用电操作规范进行详细讲解，如电工在进行电气设备安装、检修时，必须严格遵守停电、验电、挂接地线、悬挂警示标志等操作流程；设备操作人员在使用用电设备前，要检查设备外观、电源线、插头等是否完好，严禁湿手操作电气设备。通过安全事故案例分析，施工人员深刻认识违规用电操作的危害，提高安全意识，自觉遵守用电操作规程。对涉及用电操作的人员，如电工、设备操作人员等，进行严格资格审查，确保其持有有效的电工证或相关操作证书，严禁无证人员从事电气作业。设备维护也是预防触电事故的重要措施，建立用电设备定期维护保养制度，对施工现场的配电箱、开关箱、用电设备等进行定期检查与维护。例如，每周对配电箱进行一次清洁，检查内部电器元件的接线是否松动，熔断器的熔体是否完好，及时更换损坏元件；每月对塔吊、施工电梯等大型设备的电气系统进行全面检查，包括电机的绝缘性能测试、控制器的操作可靠性检查等，确保设备正常运行。对长期闲置或停用的设备，在重新启用前，进行全面检测与调试，合格后方可投入使用。同时，严禁使用国家明令淘汰、禁止使用的危及施工安全的工艺、设备，从源头上保障用电安全。施工现场的环境管控对预防触电事故也有重要影响，保持施工现场的整洁，避免在配电箱、开关箱、用电设备周围堆放杂物，确保有足够的空间供人员操作与检修，通道宽度一般不小于1.5m。在潮湿场所，如地下室、卫生间等，应采取防潮措施，如加强通风、设置排水设施等，降低环境湿度，降低因潮湿导致的电气设备绝缘性能下降的风险。在有易燃易爆物品的场所，电气设备应选用防爆型，电线电缆应采用防爆型产品，且所有电气连接部位应密封良好，防止因电气火花引发爆炸事故。同时，在施工现场设置明显的安全警示标志，如在配电箱、变压器等设备附近张贴"当心触电""禁止合闸"等标志，时刻提醒施工人员注意用电安全。

第四节　施工防火安全管理

一、火灾风险源识别

在建设工程施工防火安全管理工作中，精准识别火灾风险源是有效预防火灾事故、保障施工安全的重要前提。建设工程施工现场环境复杂，涉及多种施工活动与设备设施，存在诸多潜在的火灾风险源。电气设备是常见的火灾风险源之一，施工现场存在大量电气设备，如塔吊、施工电梯、电焊机、照明灯具等。电气线路敷设若不规范，私拉乱接现象严重，电线电缆可能会因过载、短路、接触不良等原因产生电火花或过热，进而引发火灾。例如，部分施工人员为图方便，随意将电线缠绕在金属构架上，长期摩擦易导致电线绝缘层破损，使线芯裸露，一旦发生短路，瞬间产生的高温便可能引燃周围易燃物。此外，一些老旧电气设备未及时更新换代，其内部电气元件老化、磨损，绝缘性能下降，也容易引发电气故障，造成火灾隐患。像一些使用多年的电焊机，焊接电缆外皮老化、开裂，在长时间使用过程中，可能因电流过大发热，引发火灾。照明灯具若安装位置不当，靠近易燃物，如在易燃材料搭建的工棚内，将大功率照明灯具直接安装在木板上，灯具长时间工作产生的热量会使木板温度升高，达到燃点后便会起火。动火作业是引发火灾的高风险活动，在建设工程施工中，焊接、切割、打磨等动火作业频繁进行。若动火作业前未对作业区域进行清理，周围存在易燃、易爆物品，如未清理的木屑、油漆桶、易燃包装材料等，在动火作业过程中产生的火花、高温熔渣等一旦接触到这些易燃物，极易引发火灾。例如，在进行钢结构焊接作业时，下方未设置接火斗，熔渣掉落至地面的易燃物上，可能瞬间引发火灾。

动火作业人员若未严格遵守操作规程，如未持证上岗、违规操作动火设备、动火作业结束后未对现场进行彻底检查等，也会增加火灾发生的风险。如一些未经专业培训的人员进行焊接操作时，无法正确控制焊接电流与时间，导致焊接部位过热，引燃周边物品。易燃、易爆物品的管理不善也是重要的火灾风险源，施工现场常储存与使用大量易燃、易爆物品，如油漆、涂料、氧气瓶、乙炔瓶等。若这些物品的储存条件不符合要求，如将油漆、涂料等易燃液体存放在通风不良、温度过高的仓库内，则易挥发出可燃气体，当可燃气体浓度达到爆炸极限时，遇明火或火花便会发生爆炸与火灾。氧气瓶与乙炔瓶若混放，且安全距离不足，一旦发生泄漏，两种气体混合后遇火源会引发剧烈爆炸。在易燃、易爆物品的运输过程中，若车辆未采取防火、防爆措施，如未安装防火罩、静电接地装置等，在行驶过程中产生的静电或火花可能引发火灾。此外，施工人员在使用易燃、易爆物品时，若操作不当，如在施工现场随意倾倒油漆、在未采取防护措施的情况下使用易燃溶剂清洗设备等，也容易引发火灾。施工工艺本身也可能带来火灾风险，例如，在采用保温材料施工时，部分保温材料具有易燃性，如聚苯乙烯泡沫板、聚氨酯泡沫等。若在施工过程中，保温材料未及时固定，处于松散状态，一旦遇到明火，火势会迅速蔓延。而且，在保温材料施工过程中，可能涉及动火作业，如对保温材料进行切割、焊接固定件等，若防火措施不到位，极易引发火灾。在进行防水施工时，使用的防水涂料多为易燃液体，施工过程中若通风不畅，可燃气体积聚，遇到火源便会引发火灾。同时，防水施工常需进行加热作业，如使用喷枪加热防水卷材，若操作不当，喷枪火焰接触到易燃物，也会引发火灾。建设工程施工过程中的人员行为也可能成为火灾风险源，部分施工人员消防安全意识淡薄，在施工现场吸烟，随意丢弃烟头，而施工现场存在众多易燃物，一个未熄灭的烟头便可能引发一场大火。还有些施工人员在施工现场违规使用大功率电器，如在宿舍内使用电炉、热得快等，这些电器功率大，易导致线路过载，引发火灾。另外，施工现场的临时建筑多采用易燃材料搭建，如彩钢板房，若在这些建筑内使用明火或发生电气故障，火势容易迅速蔓延，造成严重后果。

二、防火分区划分要点

在建设工程施工防火安全管理领域，防火分区划分要点繁多且关键，对保障施工安全、降低火灾危害具有不可忽视的作用。防火分区划分首先需依据相关规范与标准，国家及地方出台的建筑设计防火规范明确规定了不同类型建筑的防火分区最大允许建筑面积。例如，对于多层民用建筑，若为一、二级耐火等级的单层、多层民用建筑，每个防火分区的最大允许建筑面积为2500m²；若为三级耐火等级的单层、多层民用建筑，该数值则降为1200m²。对于工业建筑，甲类厂房根据其火灾危险性类别，防火分区最大允许建筑面积在300~3000m²不等。在建设工程施工中，必须严格遵循这些规范要求，结合建筑的实际用途、耐火等级等因素，确定合理的防火分区面积。遵循一定的划分原则至关重要，采用防火墙作为主要的防火分隔手段，防火墙应直接设置在基础上或框架、梁等承重结构上，从楼地面基层隔断至梁、楼板或屋面板的底面基层，确保防火墙的完整性与稳定性。防火墙的耐火极限需符合规范要求，一般为3小时及以上，以有效阻挡火灾蔓延。当无法设置防火墙时，可采用防火卷帘、防火水幕等替代，但这些替代设施的性能与设置应满足相关规范。例如，防火卷帘的耐火极限不应低于所设置部位墙体的耐火极限要求，且应具有防烟性能，其控制器应能控制防火卷帘的升降，并能接收火灾报警信号。防火分区划分应结合建筑的功能布局，将性质相同、火灾危险性相近的区域划分为同一防火分区。如将办公区、会议室等人员密集且火灾危险性相对较低的区域划在一起，将厨房、锅炉房等火灾危险性较高的区域单独划分防火分区，便于针对性地采取防火措施与管理。对于特殊区域，划分要点更为细致，在高层建筑施工中，垂直方向的防火分区划分尤为关键。各楼层之间应设置防火分隔，如楼板的耐火极限一般不应低于1h，对于一类高层建筑，楼板耐火极限不应低于1.5h。同时，电梯井、管道井等竖向井道应独立设置，井壁的耐火极限不应低于1h，井壁上的检查门应采用丙级防火门，防止火灾通过竖向井道蔓延。在地下室施工时，由于地下室通风条件相对较差，火灾发生后烟气不易排出，防火分区划分应更加严格。地下室的防火分区面积一般比地上建筑小，且应设置有效的防烟、排烟设施。对于有爆炸危险的区域，如存放易燃、易爆物品的仓库，使用易燃、易爆化学品的车间等，应独立划分防火分区，并采取防爆措施。该区域的建筑结构应采用抗爆结构，如采用钢筋混凝土框架结构，墙体应采用防爆墙，门窗应采用防爆门窗，且与其他区域保持足够的安全距离。防火分区划分完成后，清晰的标识与严格的管理不可或缺。在每个防火分区的边界处，应设置明显的标识牌，标注防火分区的编号、面积、使用功能等信息，便于施工人员与管理人员识别。同时，在施工现场的总平面图上，应准确标注防火分区的划分情况，为火灾预防与应急处置提供依据。加强对防火分区内施工活动的管理，严禁在防火分区内堆放易燃、易爆物品，严格控制动火作业。若在防火分区内进行动火作业，必须办理动火作业审批手续，采取有效的防火措施，如配备灭火器材、设置接火斗、清理周边易燃物等，并安排专人监护。定期对防火分区的防火分隔设施进行检查，查看防火墙是否有裂缝、孔洞，防火卷帘能否正常升降，防火门的关闭是否严密等，发现问题及时修复，确保防火分隔设施的有效性。

三、灭火器材配置要点

在建设工程施工防火安全管理工作中，灭火器材配置要点贯穿从规划到实际应用的全过程，对有效控制火灾、降低损失起着决定性作用。灭火器材配置需依据多方面因素，首先，要依施工现场不同区域的火灾危险等级。例如，在存放易燃、易爆物品的仓库，火灾危险等级属于严重危险级；而办公区、生活区等人员相对集中且火灾荷载较小的区域，火灾危险等级多为中危险级。不同危险等级决定了灭火器材配置的不同要求。同时，考虑可能发生的火灾类型。施工现场常见的火灾类型有 A 类固体火灾，如木材、纸张等燃烧引发的火灾；B 类液体火灾，像油漆、汽油等易燃液体燃烧导致的火灾；C 类气体火灾，如乙炔、煤气等可燃气体燃烧产生的火灾；E 类电气火灾，由电气设备故障等引发的火灾。不同类型火灾需要适配不同类型的灭火器材。灭火器材类型选择至关重要。对于 A 类火灾，可选用水基型灭火器、ABC 类干粉灭火器等。水基型灭火器通过降低燃烧物表面温度并在其表面形成一层水膜，起到隔离氧气的作用，从而灭火。ABC 类干粉灭火器则通过干粉中无机盐的挥发性分解物，与燃烧过程中燃料所产生的自由基或活性基团发生化学抑制和负催化作用，使燃烧的链反应中断而灭火。面对 B 类火灾，可选用泡沫灭火器、BC 类干粉灭火器、二氧化碳灭火器等。泡沫灭火器通过喷射泡沫覆盖在燃烧液体表面，隔绝空气，达到灭火目的。BC 类干粉灭火器对 B 类液体火灾同样有抑制燃烧链反应的效果。二氧化碳灭火器利用其喷出的二氧化碳气体，降低燃烧物周围的氧气浓度，从而灭火，且灭火后不留痕迹，适用于扑救贵重设备、档案资料等火灾。对于 C 类气体火灾，BC 类干粉灭火器、二氧化碳灭火器较为适用，能迅速抑制气体燃烧反应。针对 E 类电气火灾，二氧化碳灭火器、ABC 类干粉灭火器是较好选择，因其不导电，可有效扑灭电气火灾，避免灭火过程中发生触电危险。确定灭火器材数量要精准计算，根据不同区域的面积与火灾危险等级，按照相关规范要求计算。例如，在中危险级场所，A 类火灾场所每具灭火器最小配置灭火级别为 2A，单位灭火级别最大保护面积为 $75m^2/A$。若某办公区面积为 300 平方米，其所需灭火器数量为 $300 \div 75 = 4$ 具（向上取整）。对于 B 类火灾场所，在中危险级时，每具灭火器最小配置灭火级别为 55B，单位灭火级别最大保护面积为 $1.0m^2/B$。若某存放少量易燃液体的库房面积为 $80m^2$，所需灭火器数量为 $80 \div 1.0 = 80B$，再根据灭火器的灭火级别选择合适规格的灭火器，如 89B 的灭火器，则需 1 具（向上取整）。在计算时，还需考虑场所内是否有消火栓、自动喷水灭火系统等消防设施，若有，可根据规范适当减少灭火器配置数量。灭火器材放置位置要合理规划，应设置在明显且便于取用的地点，不得影响安全疏散。在施工现场的通道、楼梯口、出入口等人员经常经过的地方，和易燃、易爆物品存放点、动火作业区域等火灾易发地点，都应设置灭火器材。灭火器应设置在挂钩、托架上或灭火器箱内，其顶部离地面高度不应大于 1.50m，底部离地面高度不宜小于 0.08m，确保人员能迅速取用。同时，要保证灭火器材周围无障碍物，不得被遮挡、埋压，以便在火灾发生时能及时使用。灭火器材的维护管理不容忽视，建立定期检查制度，每月至少对灭火器材进行一次外观检查，查看灭火器的压力指示是否在正常范围内，筒体是否有锈蚀、变形，喷管是否堵塞，保险销是否完好等。对于压力不足、零部件损坏的灭火器，应及时维修或更换。定期对灭火器材进行功能性检查，如每半年对二氧化碳灭火器进行称重检查，若重量减少超过规定值，应及时充装；每年对干粉灭火器进行喷射试验，确保其灭火性能良好。同时，对施工人员进行灭火器材使用培训，使其熟悉不同类型灭火器材的适用范围与使用方法，在火灾发生时能正确操作灭火器材，有效扑救火灾。

四、动火作业管理流程

在建设工程施工防火安全管理中，动火作业管理流程涵盖多个紧密相连的步骤，对有效预防火灾事故、保障施工安全意义重大。在动火作业前，全面的准备工作必不可少，首先，施工人员需对动火作业区域进行详细勘察，明确作业区域周边环境，查看是否存在易燃、易爆物品，如易燃的建筑材料、化学溶剂、油品等。若存在此类物品，必须在作业前将其清理至安全距离以外，一般安全距离不小于 10m。同时，对作业区域内的易燃物进行清理，如清除地面的木屑、纸张、油污等，必要时采用防火布覆盖。准备好相应的灭火器材，根据动火作业可能引发的火灾类型，配备合适的灭火器。例如，对于可能引发 A 类固体火灾的动火作业，配备水基型灭火器或 ABC 类干粉灭火器；对于可能涉及 B 类液体火灾的作业，配备泡沫灭火器、BC 类干粉灭火器等。同时，准备好消防水带、水桶等灭火设施，确保在火灾发生时能迅速扑救。此外，作业人员应穿戴好个人防护用品，如防火服、防护手套、防护眼镜等，防止在作业过程中受到伤害。在完成准备工作后，进入动火作业审批流程。施工人员需填写动火作业申请表，详细注明动火作业的时间、地点、作业内容、动火人、监护人等信息。动火作业申请表提交至项目安全管理部门，由安全管理人员对动火作业的必要性、安全性进行审核。安全管理人员会实地查看动火作业区域的准备情况，检查灭火器材是否配备齐全、有效，易燃物是否清理干净等。若动火作业在具有特殊危险的区域，如存放易燃、易爆物品的仓库附近，有可燃气体泄漏风险的区域等，还需组织相关专家进行论证，评估动火作业的风险，并制定针对性的安全措施。审核通过后，由项目负责人或其授权人员签字批准，方可进行动火作业。若审核不通过，施工人员需根据整改意见进行整改，重新提交申请审核。在动火作业过程中，严格的管控至关重要。动火作业必须由经过专业培训、持有动火作业资格证书的人员进行操作，严禁无证人员动火。在动火作业时，应按照操作规程进行，控制好动火设备的参数，如焊接作业时，合理调节焊接电流、电压，防止因电流过大、焊接时间过长导致设备过热引发火灾。在动火作业区域设置明显的警示标识，如悬挂"动火作业，严禁烟火"等警示标语，提醒周围人员注意安全。监护人应全程在场监护，密切关注动火作业情况，不得擅自离开。监护人需具备一定的消防知识与应急处置能力，随时准备应对突发火灾。一旦发现异常情况，如火花飞溅到易燃物上、动火设备出现故障等，应立即要求动火人员停止作业，采取相应的灭火或应急措施。同时，在动火作业过程中，要保持作业区域的通风良好，及时排出因动火作业产生的有害气体与烟雾，防止可燃气体积聚引发爆炸。在动火作业结束后，细致的检查工作不可忽视。动火人员与监护人应对动火作业区域进行全面检查，查看是否有残留的火种，如未熄灭的焊条头、火星等。对动火设备进行检查，动火确保设备已关闭，电源已切断，无过热、漏电等隐患。清理动火作业现场时，将使用过的灭火器材归位，清理剩余的易燃物与废弃物。在确认动火作业区域无火灾隐患后，动火人员与监护人在动火作业记录上签字，记录动火作业的结束时间、检查情况等信息。安全管理人员应定期对动火作业记录进行检查，总结分析动火作业过程中存在的问题，及时采取改进措施，不断完善动火作业管理流程，提高施工防火安全管理水平。

第五节　施工安全事故应急管理

一、应急预案编制要点

在建设工程施工安全事故应急管理体系里，应急预案编制要点贯穿各个关键环节，对提升事故应对能力、降低事故损失有着举足轻重的作用。编制应急预案前，全面且深入的风险评估是基础。需详细分析施工现场可能遭遇的各类安全事故风险。对于坍塌事故风险，要考虑建筑物结构特点、施工工艺、地质条件等因素。如在深基坑施工中，因地质疏松、支护不当等原因，可能引发基坑坍塌；在高层建筑物施工时，若模板支撑体系搭建不规范，可能导致模板坍塌。针对高处坠落事故风险，需关注施工场地的临边防护情况、脚手架搭建质量、施工人员的登高作业频率等。例如，临边防护缺失、脚手架横杆间距过大、施工人员未正确使用安全带等，都可能增加高处坠落事故发生概率。触电事故风险评估则聚焦于施工现场的电气设备数量、电线电缆敷设状况、施工人员的用电操作规范程度等。如电线私拉乱接、电气设备未接地或接零保护、施工人员违规带电作业等，均易引发触电事故。通过对这些风险的细致评估，明确各类事故发生的可能性与严重程度，为后续制定针对性的应急措施提供依据。明确应急组织架构是应急预案的核心内容之一，成立应急指挥中心，由项目经理担任总指挥，全面负责事故应急处置的指挥与协调工作。项目经理需具备丰富的项目管理经验与应急决策能力，在事故发生时能迅速做出判断，调配各类应急资源。设置抢险救援组，成员包括专业施工人员与经过救援培训的人员，负责事故现场的抢险救援工作，如在火灾事故中进行灭火作业、在坍塌事故中搜救被困人员。医疗救护组由具备急救知识与技能的人员组成，配备必要的急救设备与药品，负责对受伤人员进行现场急救与转运至医院的工作。后勤保障组负责应急物资的采购、储备与调配，和为救援人员提供生活保障，如提供食品、饮用水、休息场所等。同时，明确各小组的职责与分工，确保在应急处置过程中，各小组协同合作，高效开展工作。制定详细且切实可行的应急处置措施至关重要，针对不同类型安全事故，分别制定相应措施。在坍塌事故发生后，立即组织抢险救援组对坍塌现场进行警戒，设置警示标识，防止无关人员进入。利用专业救援设备，如挖掘机、起重机等，小心清理坍塌物，搜救被困人员。在救援过程中，要注意保护被困人员，避免二次伤害。对于高处坠落事故，医疗救护组应迅速赶到现场，对受伤人员进行伤情检查，如判断是否有骨折、颅脑损伤等，采取相应的急救措施，如包扎止血、固定骨折部位等，同时联系医院安排救护车转运。在触电事故发生时，首先切断电源，若无法及时切断电源，使用绝缘工具将触电者与电源分离，然后由医疗救护组进行心肺复苏等急救操作。完善的应急保障机制是应急预案有效实施的支撑。在应急资源保障方面，储备充足的应急物资，如灭火器、消防水带、急救箱、安全帽、安全带等，定期检查物资的质量与数量，确保在事故发生时能正常使用。在应急通信保障方面，建立可靠的通信联络体系，确保应急指挥中心与各应急小组、外部救援机构之间的通信畅通。可配备对讲机、手机等通信设备，并制订通信联络方案，明确在不同情况下的通信方式与联络人。同时，加强与周边单位、社区的沟通协作，建立应急联动机制，在事故发生时，能够相互支援，共同应对。

二、应急救援队伍组建

在建设工程施工安全事故应急管理体系中，应急救援队伍组建是应对突发安全事故、降低事故损失的核心环节。一支专业、高效的应急救援队伍，能在关键时刻迅速投入救援行动，最大程度保障人员生命安全与减少财产损失。应急救援队伍人员选拔是应急救援队伍组建的首要任务，优先从施工经验丰富的人员中挑选，这些人员熟悉施工现场环境、施工工艺和潜在的安全风险点。例如，长期从事建筑结构施工的工人，对建筑物的结构特点、受力情况有深入了解，在坍塌事故救援中，能凭借经验判断救援方向，避免对被困人员造成二次伤害。选拔具备一定身体素质的人员。应急救援工作往往需要在复杂、恶劣的环境下进行高强度作业，如在火灾现场高温、浓烟环境中搬运灭火设备，在坍塌废墟中长时间挖掘搜救被困人员等，良好的身体素质是完成救援任务的基础保障。同时，注重人员的心理素质，挑选那些在面对紧急情况时能保持冷静、果断决策的人员。如在高处坠落事故现场，面对受伤严重、情况危急的伤者，救援人员需冷静判断伤情，迅速采取急救措施。此外，具备急救知识与技能的人员是重点选拔对象，像掌握心肺复苏术、止血包扎、骨折固定等急救技能的人员，能在事故发生的第一时间对伤者进行有效救治，为后续医疗救援争取宝贵时间。组建应急救援队伍，合理搭建组织架构十分关键，设立队长一职，由具备丰富应急救援经验与优秀组织协调能力的人员担任。队长全面负责队伍的日常管理与应急救援行动指挥，在事故发生时，迅速组织队伍开展救援工作，协调各救援小组之间的行动，合理调配救援资源。成立抢险救援组，成员主要由熟练掌握各类施工设备操作技能的人员组成，如挖掘机、起重机、装载机等设备操作人员。在坍塌事故中，他们能熟练操作设备清理坍塌物，开辟救援通道；在火灾事故中，他们可利用设备进行破拆，协助灭火行动。医疗救护组由持有急救资格证书、具备专业医疗急救知识的人员构成，负责对事故现场受伤人员进行紧急救治与转运。后勤保障组负责应急物资的储备、管理与调配，确保救援行动中所需的救援设备、防护用品、食品、饮用水等物资及时供应。同时，保障救援人员的生活需求，提供休息场所、医疗保障等，维持救援队伍的持续作战能力。应急救援队伍的培训是提升救援能力的重要手段，定期开展安全知识培训，内容涵盖建设工程各类安全事故的发生原因、特点和预防措施等。让救援人员深入了解不同类型事故，如触电事故、高处坠落事故、火灾事故等的发生机制，以便在救援过程中更好地识别潜在风险，采取针对性的救援措施。进行救援技能培训，包括各类救援设备的操作方法，如灭火器、消防水带、急救箱等小型设备的使用，和挖掘机、起重机等大型设备在救援场景中的特殊操作技巧。开展模拟演练，设置各类事故场景，如模拟火灾现场、坍塌现场等，让救援人员在实战环境中锻炼应急响应能力、团队协作能力和救援技能的实际应用能力。通过模拟演练，救援人员熟悉救援流程，提高在紧急情况下的反应速度与决策能力。

三、应急演练组织实施

在建设工程施工安全事故应急管理体系中，应急演练组织实施是提升应急响应能力、检验应急预案可行性的重要手段。通过科学、有序地组织应急演练，能有效增强施工人员的安全意识，提高应急救援队伍的协同作战能力，确保在实际安全事故发生时，各方能够迅速、高效地开展救援行动，最大限度降低事故损失。演练策划是应急演练组织实施的首要环节，结合建设工程的特点与可能面临的安全事故类型，确定演练主题，如坍塌事故应急演练、火灾事故应急演练、触电事故应急演练等。明确演练目标，例如检验应急救援队伍对坍塌事故的响应速度、人员搜救能力，或者测试火灾发生时施工人员的疏散效率、消防设施的使用效果等。制定详细的演练方案，包括演练时间、地点、参与人员、演练流程以及各环节的时间节点等。在演练流程设计上，要模拟真实事故场景的发展过程，从事故发生报告、应急响应启动、救援行动开展到后期处置等环节，都要有清晰的安排，确保演练具有真实性与实用性。演练准备工作需全面且细致。在人员方面，提前通知参与演练的施工人员、应急救援队伍成员以及相关管理人员，明确各自在演练中的职责与任务。对参与演练人员进行培训，使其熟悉演练流程、掌握相关应急技能，如应急救援人员要熟练掌握各类救援设备的操作方法，施工人员要清楚疏散路线与集合地点等。在物资设备方面，准备好演练所需的各类物资，如灭火器、消防水带、急救箱、担架、安全帽等救援与防护用品，和模拟事故场景所需的道具，如模拟火灾的烟雾发生器、模拟坍塌的建筑材料模型等。对演练使用的设备进行检查与调试，确保设备正常运行，如检查起重机、挖掘机等大型救援设备的性能，测试通信设备的信号强度与稳定性等。同时，在演练现场设置明显的标识与指示牌，标明演练区域、疏散路线、集合点等，为演练的顺利进行提供保障。在演练执行过程中，严格按照演练方案有序推进。当模拟事故发生信号发出后，现场人员按照预定流程立即向应急指挥中心报告事故情况，包括事故类型、发生地点、人员伤亡初步情况等。应急指挥中心迅速启动应急预案，通知各应急救援小组赶赴事故现场。抢险救援组到达现场后，根据事故情况，迅速开展救援行动，如在火灾演练中，使用灭火器、消防水带进行灭火作业；在坍塌演练中，利用挖掘机、起重机等设备清理坍塌物，搜救被困人员。医疗救护组对受伤人员进行现场急救处理，如包扎止血、固定骨折部位等，并及时转运至模拟医院进行进一步救治。后勤保障组负责保障救援物资的供应，为救援人员提供必要的支持。在演练过程中，各小组之间要保持密切沟通与协作，确保救援行动高效进行。同时，要注意演练现场的安全管理，避免因演练操作不当引发意外事故。演练结束后，及时进行总结评估。组织参与演练的人员召开总结会议，各小组汇报演练过程中的执行情况，分享经验与发现的问题。对演练过程进行复盘，分析演练中各环节的完成情况，如应急响应时间是否符合要求、救援行动是否规范高效、人员疏散是否有序等。通过对比演练目标，评估演练效果，找出演练中存在的不足之处，如救援设备操作不熟练、各小组之间协调配合不够顺畅、部分施工人员对疏散路线不熟悉等。针对这些问题，制定改进措施，对应急预案进行修订完善，对应急救援队伍进行针对性培训，对施工人员加强安全教育，不断提升建设工程施工安全事故应急管理水平。

四、事故报告与处理流程

在建设工程施工安全事故应急管理体系里，事故报告与处理流程紧密关联且至关重要，是应对事故、降低损失、总结经验教训的关键环节。事故一旦发生，迅速且准确地报告是首要任务，现场人员作为事故第一发现者，必须立即向项目经理或现场负责人报告。报告内容应简洁明了但涵盖关键信息，包括事故发生的具体时间，精确到分钟甚至秒，以便后续分析事故发展进程；明确事故发生地点，详细到施工现场的具体区域、楼层或作业面，为救援队伍快速定位提供准确信息；简要描述事故类型，如坍塌、火灾、触电、高处坠落等，使接收报告者能初步判断事故性质与可能的危害程度；同时，说明事故现场初步观察到的人员伤亡情况，有多少人受伤、伤势大致如何，是否有人员被困等。现场人员在报告后，不得擅自离开事故现场，应在确保自身安全的前提下，采取力所能及的措施，如在火灾初期使用附近灭火器材灭火，在坍塌事故中呼喊周围人员协助救援被困人员，避免事故进一步恶化。项目经理或现场负责人接到报告后，须在 1 小时内向上级主管部门及相关政府部门报告。报告时，除包含现场人员报告的基本信息外，还要进一步补充事故发生的初步原因的推测，例如火灾事故可能是由于电气线路短路、动火作业违规操作等；坍塌事故可能是因建筑结构设计缺陷、施工质量问题或未按规范施工等。同时，汇报已采取的应急措施，如是否已组织人员疏散、是否已启动应急救援预案、救援队伍是否已赶赴现场等。在报告过程中，要保持与上级主管部门及政府部门的密切沟通，随时汇报事故现场的最新情况，如救援进展、新发现的人员伤亡情况等。事故处理流程随即全面展开，应急救援是核心环节，接到事故报告后，应急救援队伍迅速赶赴现场。到达现场后，首先对事故现场进行警戒，设置明显的警示标识，拉设警戒线，防止无关人员进入，避免造成二次事故。然后，依据事故类型与现场情况，展开救援行动。在火灾事故中，使用灭火器、消防水带等设备进行灭火，同时组织人员疏散，引导施工人员按照预定疏散路线有序撤离到安全区域；在坍塌事故中，利用专业救援设备，如挖掘机、起重机等，小心清理坍塌物，搜救被困人员，在救援过程中，要注意保护被困人员，避免因救援操作不当造成二次伤害。医疗救护组对受伤人员进行现场急救处理，如包扎止血、固定骨折部位、进行心肺复苏等，随后及时将受伤人员转运至附近医院进行进一步救治。事故救援结束后，立即启动事故调查程序，成立事故调查组，事故调查组成员包括安全管理专家、技术人员、相关政府部门工作人员等。调查组通过现场勘查、询问相关人员、查阅施工资料等方式，全面深入调查事故原因。分析直接原因，如设备故障、人员违规操作等；探究间接原因，如安全管理制度不完善、安全教育培训不到位、安全监督检查缺失等。确定事故责任，明确事故责任单位与责任人，对责任单位和责任人依法依规进行处理。根据事故严重程度，给予相应的行政处罚、经济赔偿；对构成犯罪的，依法追究刑事责任。

第四章 施工质量过程管理

第一节 施工质量控制概述

一、质量控制的重要性

在建设工程领域，施工质量控制的重要性体现在诸多关键方面，对工程的整体成效起着决定性作用。保障建设工程结构安全是施工质量控制的首要意义，建设工程如房屋建筑、桥梁、道路等，结构的稳固性直接关系到使用者的生命与财产安全。以房屋建筑为例，若在施工过程中，对钢筋混凝土结构的施工质量把控不严，如钢筋的规格、数量未按设计要求配置，混凝土的强度等级不达标，可能导致建筑结构在使用过程中出现裂缝、变形，甚至坍塌等严重事故。在桥梁工程中，若桥墩、桥台的基础施工质量不合格，在车辆荷载与自然力作用下，桥梁可能发生倾斜、垮塌，给过往车辆与行人带来巨大安全隐患。严格的施工质量控制，能确保工程结构的强度、稳定性与耐久性符合设计标准，为工程的长期安全使用奠定坚实基础。满足工程使用功能需求是施工质量控制的核心目标，不同类型的建设工程有着特定的使用功能要求。对于住宅建筑，要保证室内空间布局合理，给排水系统畅通，电气系统安全稳定运行，保温、隔音性能良好，为居民提供舒适的居住环境。若给排水管道施工质量不佳，出现漏水、堵塞问题，将严重影响居民的日常生活；电气系统施工不规范，可能引发漏电、短路等故障，危及居民生命财产安全。商业建筑则需满足商业运营的特殊需求，如宽敞的空间、良好的通风与照明条件、便捷的交通流线等。通过有效的施工质量控制，能确保工程各项使用功能得以实现，提升工程的使用价值。提升企业信誉与市场竞争力离不开施工质量控制，施工企业的信誉建立在优质工程的基础之上。高质量的工程能为企业赢得良好口碑，吸引更多的客户与项目。相反，若企业承接的工程频繁出现质量问题，不仅会损害企业形象，还可能面临法律诉讼、经济赔偿等风险，导致企业在市场上失去竞争力。例如，一家施工企业因在多个项目中严格把控施工质量，所建工程多次获得优质工程奖项，其在行业内的知名度与美誉度大幅提升，在项目招投标中更具优势，能承接更多优质项目，实现企业的良性发展。而一些忽视施工质量的企业，可能因质量问题被市场淘汰。节约工程成本同样与施工质量控制紧密相关，虽然严格的质量控制在施工过程中可能会增加一定的人力、物力与时间成本，但从工程全生命周期来看，却能有效降低总成本。高质量的工程减少了后期维修、整改的费用。若工程在交付使用后频繁出现质量问题，如墙面开裂、屋面渗漏等，企业需投入大量资金进行维修，这不仅增加成本，还可能因维修影响工程的正常使用，给业主带来损失，引发纠纷。通过施工质量控制，一次性将工程做好，避免因质量问题导致的重复施工与额外费用，实现经济效益的最大化。

二、质量控制的基本原则

在建设工程施工质量控制领域，一系列基本原则为打造优质工程筑牢根基。这些原则贯穿施工全程，从不同维度保障施工质量，是建设工程顺利推进并达预期目标的关键。"质量第一"是首要且核心的原则，建设工程作为关乎国计民生的重要项目，无论是住宅、商业建筑，还是交通、能源等基础设施，其质量优劣直接关联使用者的生命财产安全与社会经济的稳定发展。以桥梁建设为例，若质量把控不严，桥梁在使用中可能因结构不稳而垮塌，造成严重伤亡与经济损失。所以，从项目规划到竣工验收，每个环节都应将质量置于首位，任何时候都不能为追求进度或降低成本而牺牲质量。"预防为主"是保障施工质量的重要理念，相较于事后整改，事前预防能更高效、经济地保证工程质量。施工前，全面分析可能影响质量的因素，如地质条件、原材料质量、施工工艺复杂性等。针对这些因素制定预防措施，像在复杂地质区域施工时，提前优化基础施工方案，确保基础稳固。在施工过程中，加强质量监测，运用先进技术手段实时监控关键施工参数，及时发现并消除质量隐患，将质量问题扼杀在萌芽状态。"以人为核心"体现了人员在施工质量控制中的决定性作用，施工人员是工程建设的直接参与者，其专业技能、质量意识和责任心直接影响工程质量。从项目经理、技术骨干到一线工人，都需具备相应素质。施工企业应注重人才培养，定期组织培训，提升施工人员专业技能，如对焊工进行新技术培训，确保焊接质量。同时，强化质量意识教育，使全体人员深刻认识到质量的重要性，树立"质量就是生命"的观念，激发员工主动把控质量的积极性。"质量标准明确"为施工质量控制提供了清晰依据，建设工程涉及众多专业领域，不同分部分项工程有各自质量标准。施工前，详细解读并明确各环节质量标准，将其细化为具体操作规范与验收指标。例如，在混凝土浇筑工程中，明确混凝土配合比、浇筑温度、振捣时间等具体标准，施工人员严格按标准操作，质量检验人员依据标准验收，确保每个施工环节都符合质量要求，避免因标准模糊导致质量参差不齐。"科学公正"确保施工质量控制的合理性与可靠性，在质量控制过程中，运用科学方法与先进技术，如采用无损检测技术检测建筑结构内部缺陷，利用信息化管理系统进行质量数据统计分析。同时，秉持公正态度，无论是质量检验、问题处理还是责任认定，都依据客观事实与质量标准，不偏袒任何一方。例如，在处理质量纠纷时，通过科学检测与公正评判，准确界定责任，提出合理解决方案，维护工程建设各方合法权益，保障工程质量控制工作顺利开展。

三、质量管理的方针和目标

在建设工程施工质量控制领域，质量管理的方针和目标为整个工程的质量把控提供了方向与指引，是确保工程质量达到预期、满足各方需求的关键所在。质量管理的方针是施工企业对质量的总体承诺与指导原则，它依据国家相关法律法规、行业标准和企业自身的发展战略与价值观来制定。例如，国家对建筑工程质量有严格的规范要求，施工企业必须确保建筑工程符合这些标准，以此为基础，结合企业追求卓越、打造优质品牌的发展战略，制定出契合自身的质量方针。常见的质量方针如"质量为本，精心施工，持续改进，顾客满意"，此方针简洁明了地阐述了企业对质量的重视程度。"质量为本"明确了质量在企业施工活动中的核心地位，强调一切工作围绕质量展开；"精心施工"体现了企业对施工过程的严谨态度，要求施工人员严格按照规范与工艺标准，精细操作，确保每一个施工环节都做到位；"持续改进"反映了企业不断提升质量水平的决心，企业通过对施工过程的监控与分析，发现问题并及时改进，以适应不断变化的市场需求与技术发展；"顾客满意"则突出了企业以顾客为导向的经营理念，将满足顾客对工程质量的期望作为最终目标。质量管理目标是质量管理方针的具体细化与量化体现，在建设工程中，质量管理目标涵盖多个方面。从工程实体质量角度，设定具体的质量标准，如混凝土结构的强度等级必须达到设计要求，偏差控制在规定范围内；砌体工程的垂直度、平整度等符合相应验收规范。对于建筑装饰装修工程，明确墙面、地面的观感质量标准，如墙面无裂缝、色泽均匀，地面平整光洁等。在工程使用功能方面，确保给排水系统畅通无阻，无渗漏现象；确保电气系统安全稳定运行，满足建筑物的用电需求。同时，质量管理目标还涉及工期、成本等与质量相关的因素。例如，在保证工程质量的前提下，按照合同约定的工期完成项目建设，避免因盲目赶工导致质量问题；合理控制工程成本，防止因过度追求低成本而忽视质量，造成后期维修成本大幅增加。为实现质量管理目标，需将其层层分解至各个施工阶段与部门。在施工准备阶段，质量管理目标体现在施工图纸审核的准确性、施工组织设计的合理性等方面。要求技术人员对施工图纸进行细致审查，确保图纸无错误、无矛盾，为施工提供准确依据；施工组织设计要科学规划施工顺序、资源配置等，保障施工过程顺利进行，从源头为质量管理目标实现奠定基础。在基础施工阶段，目标聚焦于基础的稳定性与承载能力，严格控制基础的尺寸、标高、混凝土浇筑质量等。在主体结构施工阶段，重点把控钢筋的规格、数量、连接方式和混凝土的浇筑质量，确保主体结构安全可靠。在装饰装修阶段，致力于提升工程的观感质量与使用功能，对装饰材料的选择、施工工艺的执行进行严格把控。同时，各部门在质量管理目标实现过程中发挥不同作用。质量管理部门负责制定质量管理制度、监督质量管理目标执行情况；工程技术部门提供技术支持，解决施工中的技术难题，保障质量管理目标的技术可行性；施工部门严格按照质量标准与施工规范进行操作，将质量管理目标落实到每一道工序。通过各阶段、各部门的协同努力，共同实现建设工程的质量管理的目标，打造出高质量的建设工程。

四、质量管理的审核与改进

在建设工程施工质量控制体系中，质量管理的审核与改进是持续提升工程质量、确保满足各方需求的重要手段。通过严谨的审核发现质量控制过程中的问题与不足，进而针对性地实施改进措施，不断优化质量管理体系，保障工程质量稳步提升。质量管理审核是质量管理审核与改进的首要环节，方式多样，包括内部审核与外部审核。内部审核由施工企业自身的质量管理人员组织开展，定期对工程项目的质量管理活动进行全面检查。例如，每月或每季度对施工现场进行一次内部审核，深入了解项目各部门、各施工环节是否遵循既定的质量管理体系与标准操作。外部审核则由第三方认证机构或业主委托的专业质量检查团队实施，具有较强的客观性与权威性。这些外部机构依据国家相关法律法规、行业标准和合同约定，对工程质量进行严格审查。质量审核的内容涵盖多个关键方面，对质量管理体系文件进行审核，检查质量手册、程序文件、作业指导书等是否完整、准确，是否符合国家与行业规范要求，且是否与工程项目实际情况相匹配。例如，审核质量手册中对质量管理方针、质量管理目标的阐述是否清晰明确，程序文件中对施工过程质量控制流程的规定是否合理可行。对施工过程质量进行审核，查看施工工艺是否按照设计与规范要求执行。在混凝土浇筑施工中，审核混凝土的配合比是否准确，浇筑过程中的振捣是否密实，养护时间与方法是否符合标准，以此确保每一道工序的质量符合要求。对质量记录进行审核，检查施工过程中的各类质量检验报告、验收记录、原材料检验报告等是否真实、完整、规范。这些质量记录是工程质量的重要见证，通过审核可追溯施工过程中的质量情况，及时发现潜在问题。基于质量审核结果，开展质量改进工作，质量审核中发现的不符合项与潜在风险，是质量改进的重要依据。若审核发现某批次钢筋原材料检验报告缺失部分关键数据，这表明质量记录管理存在漏洞，需立即采取措施完善质量记录管理制度，要求相关人员重新核对并补充缺失数据，同时加强对原材料检验报告的审核流程，确保今后报告完整准确。针对施工工艺执行不到位的问题，如在防水工程施工中发现防水涂料涂刷厚度未达设计要求，需组织技术人员与施工人员进行专项培训，重新学习防水施工工艺标准，优化施工方案，并在后续施工中加强监督检查，确保涂刷厚度符合要求。质量管理改进还需借助持续的数据分析，收集施工过程中的质量数据，如混凝土试块强度数据、工程实体尺寸偏差数据等，运用统计分析方法，如排列图、因果图等，找出质量问题的主要原因与影响因素。通过对混凝土试块强度数据的统计分析，若发现某一施工区域混凝土强度离散性较大，经因果图分析可能是原材料质量不稳定与施工振捣不规范共同导致。针对此，一方面加强对原材料供应商的管理，严格把控原材料质量；另一方面强化施工人员振捣操作培训，规范振捣流程，从而有效提升混凝土强度稳定性，实现质量改进目标。通过不断的质量审核与持续的质量改进措施，建设工程施工质量得以逐步提升，质量管理体系更加完善，为打造优质工程提供坚实保障。

第二节　施工准备阶段质量控制

一、设计文件审查

在建设工程施工准备阶段质量控制体系里，设计文件审查工作意义重大，是保障后续施工顺利开展、确保工程质量达标的重要前提，涵盖多个关键环节，对工程整体起着基础性的把控作用。施工单位在收到设计文件后，立即组织内部专业技术人员进行初步审查。这些技术人员涵盖建筑、结构、给排水、电气等多个专业领域，各自从专业角度对设计文件进行细致研读。建筑专业人员着重审查建筑平面布局是否合理，空间利用是否高效，是否满足使用功能需求。例如，对于住宅建筑，检查各房间的面积大小、门窗位置与开启方向是否符合居民生活习惯，公共区域的通道宽度是否满足疏散要求等。结构专业人员则重点关注结构设计的安全性与合理性，查看结构选型是否恰当，计算书是否准确，构件尺寸、配筋等是否满足规范与设计要求。在审查高层建筑的结构设计时，仔细核算框架柱、梁的承载能力，确保其能承受建筑物的竖向与水平荷载。给排水专业人员审查给排水系统的设计，包括管道走向、管径大小、卫生器具的选型与布置等是否合理。例如，检查卫生间、厨房等用水区域的排水坡度是否能保证排水顺畅，避免积水。电气专业人员审查电气系统设计，如配电箱的位置、电线电缆的选型与敷设方式、照明与插座的布置是否符合电气安全规范与使用需求。在内部初步审查过程中，技术人员将发现的问题进行详细记录，形成问题清单。问题清单应明确问题所在的图纸编号、具体位置、问题描述和初步的影响分析。例如，在某张结构图纸中，发现某根梁的配筋数量与设计规范要求不符，在问题清单中详细记录该梁所在的楼层、轴线位置，描述实际配筋数量与规范要求的差异，并分析可能对结构承载能力产生的影响。在完成内部初步审查后，施工单位组织设计单位、监理单位等相关方召开图纸会审会议。在会议上，施工单位技术人员逐一提出问题清单中的问题，与设计单位进行沟通交流。设计单位对问题进行解答，对于一些因设计疏忽导致的错误或不合理之处，承诺进行修改完善。对于一些因理解差异产生的问题，设计单位详细解释设计意图，消除各方误解。设计文件审查的要点众多，除各专业自身的设计合理性审查外，还需重点关注各专业之间的协同性。检查建筑、结构、给排水、电气等专业图纸之间的尺寸、标高、预留孔洞等是否一致。例如，建筑图纸中预留的空调孔洞位置，在结构图纸中应确保不会与梁、柱等结构构件冲突，在给排水与电气图纸中，也要确保该位置不会影响管道与线路的敷设。同时，审查设计文件是否符合国家现行的法律法规、规范标准。在节能设计方面，检查建筑的围护结构保温隔热性能、空调系统的能效比等是否符合国家节能标准要求。对于消防设计，审查疏散通道的宽度、防火分区的划分、消防设施的配置等是否满足消防规范。在审查过程中，若发现设计文件存在重大缺陷或与实际施工条件严重不符的情况，施工单位应及时与设计单位沟通，提出合理的修改建议。设计单位根据实际情况，对设计文件进行修改完善。修改后的设计文件需经过再次审查，确保修改内容符合要求，且不会对其他部分产生不良影响。通过严谨、细致的设计文件审查工作，及时发现并解决设计文件中的问题，为建设工程施工质量控制奠定坚实基础，保障工程顺利推进，最终实现高质量的工程建设目标。

二、施工组织设计

在建设工程施工准备阶段质量控制体系中，施工组织设计占据着举足轻重的地位，是对整个工程施工活动进行全面规划、部署与安排的指导性文件，从施工方案确定、资源调配到施工进度把控，均进行了详细策划，对保障工程质量、确保工程顺利推进起着关键作用。施工组织设计首先要明确工程概况，详细阐述工程名称、地点、规模、结构类型、建筑层数等基本信息。例如，某住宅小区建设工程，需说明小区包含的楼栋数量、每栋楼的层数、建筑总面积、结构形式是框架结构还是剪力墙结构等。分析建设工程的特点与难点，如在高层住宅施工中，高空作业多、垂直运输难度大是显著特点；在地质条件复杂区域进行基础施工，如何确保基础的稳定性是难点所在。这有助于施工人员全面了解工程情况，为后续制定针对性的施工措施提供依据。施工方案的制定是施工组织设计的核心内容，根据工程特点与难点，确定合理的施工顺序。一般遵循"先地下、后地上，先主体、后围护，先结构、后装饰"的原则。在基础施工阶段，确定是采用桩基础、筏板基础还是其他基础形式，并详细说明基础施工工艺，如在桩基施工中，明确桩的类型、成孔方法、钢筋笼制作与安装要求、混凝土浇筑工艺等。在主体结构施工时，确定模板支拆、钢筋加工与绑扎、混凝土浇筑等施工方法。对于大体积混凝土浇筑，要制定专项施工方案，包括混凝土配合比设计、浇筑顺序、振捣方法、温度控制措施等，防止混凝土出现裂缝，确保结构质量。资源配置计划在施工组织设计中不可或缺，在劳动力配置方面，根据施工进度计划，合理安排各工种施工人员数量与进场时间。在基础施工阶段，需配备足够数量的土方工、钢筋工、模板工等；在主体结构施工时，增加混凝土工数量。材料供应计划要明确各类原材料、构配件的采购数量、进场时间与质量要求。如钢筋、水泥等主要原材料，要根据施工进度提前采购，确保材料质量符合设计与规范要求，且供应及时，避免因材料短缺导致施工延误。机械设备配置计划确定施工所需的塔吊、起重机、搅拌机、混凝土输送泵等设备的型号、数量与进场时间。对大型机械设备，要提前进行调试与维护，保证设备在施工过程中正常运行，提高施工效率与质量。施工进度计划是施工组织设计的重要组成部分，运用网络计划技术或横道图等方法，制订详细的施工进度计划。确定关键线路与关键工作，明确各分部分项工程的开始时间、完成时间和相互之间的逻辑关系。例如，在某商业综合体建设工程中，主体结构施工是关键线路上的关键工作，其进度直接影响整个工程的工期。合理安排各工序的施工时间，考虑到天气、材料供应、劳动力调配等因素，预留一定的弹性时间，确保施工进度计划切实可行。同时，制定进度控制措施，定期对施工进度进行检查，对比实际进度与计划进度，若出现偏差，及时分析原因并采取调整措施，如增加劳动力投入、调整施工顺序等，保证工程按时竣工。质量保证措施是施工组织设计保障工程质量的关键内容，建立质量管理体系，明确项目经理、技术负责人、质量管理人员等各级人员的质量职责。制定质量管理制度，如质量检查制度、质量验收制度、质量奖惩制度等。在施工过程中，加强质量控制，对关键工序、隐蔽工程进行重点监控。例如，在防水工程施工中，对基层处理、防水层施工等关键工序进行旁站监督，确保施工质量符合要求。对施工过程中出现的质量问题，制定相应的处理措施，及时整改，避免质量问题扩大化，从制度与措施层面保障工程质量。

三、材料与设备准备

在建设工程施工准备阶段的质量控制工作中，材料与设备准备环节至关重要。充足且优质的材料和性能良好的设备，是保障施工顺利进行、确保工程质量达标的物质基础。材料准备工作涵盖多个关键步骤，首先是材料采购计划的制订。依据施工进度计划与施工图纸，精确计算出各类材料的需求量。对于钢筋，需根据不同规格、型号以及建筑结构中各部位的用量，详细统计所需的总量。对于水泥，要考虑不同强度等级的使用部位与用量。同时，结合施工进度，明确各批次材料的进场时间。例如，基础施工阶段所需的钢筋、水泥等材料，应提前安排在基础施工开始前足量进场，避免因材料供应不及时导致施工延误。在选择材料供应商时，进行严格筛选。考察供应商的信誉、生产能力、产品质量等方面。优先选择具有良好口碑、生产规模较大且具备完善质量管控体系的供应商。要求供应商提供产品合格证书、质量检验报告等质量证明文件，对其过往供应的材料质量进行调查了解。例如，对于长期供应优质钢材的供应商，可优先考虑合作；对于曾出现过质量问题的供应商，则谨慎选择。材料进场时，严格的检验工作必不可少，对于钢筋，进行外观检查，查看表面是否有裂纹、结疤、折叠等缺陷，钢筋的直径是否符合标准要求。按规定进行抽样送检，检测其屈服强度、抗拉强度、伸长率等力学性能指标，只有检验合格的钢筋才能用于工程施工。对于水泥，检查其包装是否完好，查看水泥的品种、标号是否与设计要求相符，注意水泥的出厂日期，防止使用过期水泥。对水泥进行抽样检验，检测其凝结时间、安定性、强度等性能。对于砂、石等骨料，检查其颗粒级配、含泥量、泥块含量等指标。对于装饰装修材料，如瓷砖、涂料等，除了检查其外观质量，还要检测其放射性、有害物质含量等环保指标，确保符合国家标准，保障室内环境安全。设备准备同样是施工准备阶段的重要内容，设备选型需根据工程特点与施工工艺要求进行。在大型建筑项目中，若垂直运输需求大，应选择起重能力强、提升速度快的塔吊，确保建筑材料能及时吊运至各施工楼层。对于混凝土浇筑施工，根据浇筑量与浇筑部位，选择合适型号的混凝土输送泵，保证混凝土能高效、准确地输送到指定位置。在选择机械设备时，还要考虑设备的可靠性、维护便利性和能耗等因素。优先选择性能稳定、维护简单且节能的设备，降低施工成本与设备故障风险。设备进场后，进行全面的调试与维护工作，对塔吊进行安装调试，检查塔吊的垂直度、起升机构、回转机构、变幅机构等是否运行正常，各安全装置，如起重量限制器、起重力矩限制器、高度限位器等是否灵敏可靠。对混凝土搅拌机进行调试，检查搅拌叶片的磨损情况，调试搅拌时间与搅拌速度，确保混凝土搅拌均匀，满足施工要求。对各类机械设备进行定期维护保养，制订维护保养计划，明确维护保养的时间间隔、内容与责任人。例如，每周对塔吊进行一次常规检查，每月进行一次全面维护保养，及时更换磨损的零部件，添加润滑油，确保设备始终处于良好运行状态。同时，对设备操作人员进行培训，使其熟悉设备的操作方法、安全注意事项和常见故障的排除方法，提高操作人员的技能水平，保障设备的安全、高效运行。

第三节 施工过程的质量控制

一、工序质量控制

在建设工程施工过程的质量控制体系中，工序质量控制处于核心地位，是确保工程整体质量达标的关键环节。每一道工序的质量状况，都直接关联到后续工序的顺利开展和最终工程质量的优劣。施工前，科学合理地制定工序施工工艺标准与操作规程是首要任务。不同的工序有着独特的施工要求。以模板安装工序为例，需明确模板的选材标准，规定模板的拼接方式，确保拼接严密，防止漏浆。同时，对模板的支撑体系进行详细设计，确定支撑的间距、材质和固定方式，保证模板在混凝土浇筑过程中能承受荷载且不发生变形。在钢筋焊接工序，要确定焊接方法，如采用电弧焊、电渣压力焊等，明确焊接电流、电压、焊接时间等参数，规定焊接接头的外观质量标准，如焊缝应饱满、无气孔、夹渣等缺陷。这些工艺标准与操作规程，为施工人员提供了明确的操作依据，是保障工序质量的基础。在施工过程中，严格监督施工人员按照既定标准操作至关重要。质量管理人员需加强现场巡查，及时发现并纠正违规操作行为。在混凝土浇筑工序中，若发现施工人员振捣时间不足，导致混凝土内部存在空隙，可能影响混凝土强度，质量管理人员应立即要求施工人员增加振捣时间，确保混凝土振捣密实。在墙面抹灰工序，若发现抹灰厚度不均匀，可能导致墙面出现裂缝，质量管理人员要及时指出问题，要求施工人员重新进行抹灰操作，保证抹灰的厚度符合设计要求。通过现场监督，将质量问题消灭在萌芽状态，确保每一道工序的施工质量符合标准。对于关键工序，实施重点质量控制。关键工序对建设工程质量起着决定性作用。在基础灌注桩施工这一关键工序中，对桩位的准确性、桩径的偏差、桩身混凝土的浇筑质量等进行严格把控。在桩位测量放线时，采用高精度的测量仪器，确保桩位偏差控制在极小范围内。在灌注桩成孔过程中，实时监测孔深、孔径和垂直度，防止出现塌孔、缩径等问题。在混凝土浇筑时，控制混凝土的坍落度，确保混凝土的和易性，采用合适的浇筑方法，如导管法，保证桩身混凝土连续、密实，无断桩、夹泥等缺陷。通过对关键工序的重点控制，保障工程结构安全与整体质量。工序质量控制还需建立完善的质量检验制度，每完成一道工序，施工人员首先进行自检，对自己的施工成果进行全面检查，如检查钢筋绑扎是否牢固、间距是否符合要求。然后进行互检，同一班组或不同班组的施工人员相互检查，通过不同视角发现问题，及时整改。最后由专业质量检验人员进行专检，依据质量标准对工序质量进行严格验收。例如，在屋面防水工序完成后，专业检验人员检查防水层的厚度、搭接宽度、收口处理等是否符合设计与规范要求。只有经过自检、互检、专检且均合格的工序，才能进入下一道工序施工。若工序质量出现问题，则及时采取有效的处理措施。分析质量问题产生的原因，可能是施工人员操作不当、原材料质量不合格、施工工艺不合理等。针对不同原因，制定相应的处理方案。若因施工人员操作不当导致混凝土表面出现蜂窝、麻面，对施工人员进行再次培训，提高其操作技能，然后对蜂窝、麻面部位进行修补，将缺陷部位清理干净，用水泥砂浆进行抹平压实。若因原材料质量问题导致钢筋强度不足，立即停止使用该批次钢筋，对已使用的钢筋进行评估，必要时进行返工处理，同时更换合格的钢筋供应商。通过及时处理质量问题，避免问题扩大化，确保工程质量不受影响。

二、施工工艺控制

在建设工程施工过程的质量控制体系中，施工工艺控制举足轻重，是确保工程质量达到预期标准、实现工程建设目标的关键所在。施工工艺贯穿于工程建设的各个阶段，从基础施工到主体结构搭建，再到装饰装修，每一个阶段的工艺水平都直接决定了工程的最终质量。施工工艺控制首先要做好前期策划，在项目启动阶段，依据工程设计要求、规模大小以及施工现场的实际条件，组织专业技术团队对施工工艺进行详细规划。例如，对于高层住宅建筑，在基础施工工艺选择上，若地质条件复杂、地下水位较高，经技术论证后，可能采用桩基础结合基坑降水的施工工艺。技术团队需制定桩基础施工的具体流程，包括桩型选择、成孔方法、钢筋笼制作与安装、混凝土浇筑等环节的操作要点，同时明确基坑降水的方案，如降水井的布置、降水设备的选型与运行参数等。针对主体结构施工，确定采用的模板体系，是木模板、钢模板还是铝合金模板，每种模板体系的支拆工艺、施工顺序和质量控制要点都需详细规划。对于混凝土施工工艺，要明确混凝土的配合比设计，考虑水泥、骨料、外加剂等原材料的选用，和混凝土的搅拌、运输、浇筑和振捣方法，确保混凝土的强度、耐久性等性能满足设计要求。施工过程中的工艺执行监督是确保施工工艺落实到位的关键，施工现场需配备专业的质量管理人员，他们依据前期制定的施工工艺标准，对每一道工序进行实时监督。在砌墙工艺执行过程中，检查砖块的砌筑方式是否符合"三一"砌筑法，即一铲灰、一块砖、一挤揉，确保灰缝饱满度达到80%以上，水平灰缝厚度控制在8~12mm，竖向灰缝宽度控制在10mm左右。对于钢筋连接工艺，若采用焊接连接，监督焊接人员严格按照焊接工艺参数操作，检查焊接电流、电压是否稳定，焊接时间是否符合要求，焊接接头的外观质量是否合格，有无气孔、夹渣、裂纹等缺陷。在防水施工工艺执行时，查看防水涂料的涂刷次数、涂刷厚度是否符合设计，卷材防水层的铺贴方向、搭接宽度是否正确，收口部位的处理是否严密，防止出现渗漏隐患。对于不符合施工工艺标准的操作，质量管理人员立即要求施工人员停止作业，并进行纠正，必要时对施工人员进行现场培训，确保施工工艺得到正确执行。施工工艺控制还需注重技术创新与应用，随着建筑行业的不断发展，新技术、新工艺层出不穷。建设工程应积极引入先进的施工工艺，提高工程质量与施工效率。例如，在装配式建筑施工中，采用预制构件现场拼装的工艺，相较于传统的现浇施工工艺，能有效减少施工现场的湿作业，提高构件的制作精度与质量稳定性。在施工过程中，要严格控制预制构件的生产工艺，确保构件的尺寸偏差、钢筋锚固长度等符合设计要求。在现场拼装环节，制定详细的拼装工艺标准，包括构件的起吊、定位、连接等操作要点，通过采用高精度的测量仪器和先进的连接技术，保证装配式建筑的整体质量。此外，一些绿色施工工艺，如建筑节能保温工艺、雨水收集利用工艺等，不仅能提高工程的环保性能，还能间接提升工程质量。在建筑节能保温工艺实施过程中，严格控制保温材料的铺设厚度、粘贴牢固程度和节点处理，确保保温效果达到设计标准。对于特殊工艺的施工，更要进行重点把控，在一些大型桥梁、隧道等基础设施建设中，会涉及特殊的施工工艺。例如，在大跨度桥梁的悬臂浇筑施工中，对挂篮的设计与安装、混凝土的对称浇筑顺序、预应力张拉工艺等都有严格要求。施工单位需组建专家团队，对特殊的施工工艺进行专项论证，制定详细的施工方案与应急预案。在施工过程中，安排经验丰富的技术人员进行现场指导，对每一个施工步骤进行严格监控，确保特殊工艺的施工质量与安全。同时，加强对施工人员的培训，使其熟悉特殊工艺的操作要点与质量标准，提高施工人员的技术水平与质量意识。

三、现场质量检查

在建设工程施工过程的质量控制体系里，现场质量检查是确保工程质量符合标准的重要手段，贯穿于工程建设的各个阶段与环节，对及时发现并纠正质量问题、保障工程顺利推进起着不可或缺的作用。现场质量检查的内容丰富且全面，原材料质量是检查重点之一。对于钢筋，查看表面有无锈蚀、裂纹、结疤等缺陷，测量钢筋直径是否符合设计规格，按规定抽样送检，检测其屈服强度、抗拉强度、伸长率等力学性能指标。对于水泥，检查包装是否完好，确认品种、标号与出厂日期，抽样检验其凝结时间、安定性和强度。砂、石骨料则检查颗粒级配、含泥量、泥块含量等。在构配件方面，如预制楼板、预制楼梯等，检查外观有无裂缝、孔洞，尺寸是否精准，核查质量证明文件与性能检测报告，确保原材料与构配件质量达标，为工程质量奠定基础。施工工序质量检查同样关键，在砌墙工序，检查砖块砌筑方式是否合规，灰缝厚度与饱满度是否符合要求，墙体垂直度与平整度是否在允许偏差范围内。在钢筋连接工序，查看焊接或机械连接的接头质量，检查焊接电流、电压、焊接时间等参数是否正确，接头外观有无气孔、夹渣、裂纹等缺陷，机械连接的套筒规格、拧紧力矩是否符合标准。在混凝土浇筑工序，控制混凝土的配合比、坍落度，监督浇筑顺序与振捣操作，防止出现冷缝、蜂窝、麻面等质量问题，确保每道工序质量符合施工工艺标准。施工现场的成品与半成品质量也不容忽视，对于已完成的建筑结构，检查混凝土结构的外观质量，有无裂缝、变形，结构尺寸偏差是否在规定允许范围内。对装饰装修阶段的成品，如墙面瓷砖、地面石材的铺贴，检查铺贴平整度、空鼓率，瓷砖、石材的色泽、纹理是否协调一致。门窗安装成品，检查门窗的开启灵活性、关闭密封性，门窗框与墙体的缝隙处理是否美观、牢固，保证成品与半成品质量满足设计与使用要求。现场质量检查方法多样，目测法通过观察来判断质量状况，如查看墙面抹灰是否平整、色泽是否均匀，混凝土表面有无蜂窝、麻面等明显缺陷。实测法利用测量工具进行实测实量，如用靠尺检查墙面平整度，用水平仪测量地面水平度，用钢尺测量钢筋间距、构件尺寸等，将实测数据与质量标准对比，判断是否合格。试验法通过对原材料、构配件、半成品等进行物理、化学性能试验，获取数据来判断质量，如对钢筋进行拉伸试验、对混凝土试块进行抗压强度试验等。现场质量检查人员职责明确，质量管理人员全面负责施工现场质量检查工作，制订质量检查计划，按照质量标准与规范，对各施工环节进行定期与不定期检查，及时发现质量问题并下达整改通知，跟踪整改情况，确保问题得到彻底解决。施工班组长负责本班组施工质量的自查自纠，在每道工序完成后，组织班组成员进行自检，发现问题及时整改，合格后报质量管理人员复查。监理工程师依据监理合同与工程质量验收规范，对施工现场进行旁站监理、平行检验，对关键工序、隐蔽工程进行严格验收，对发现的质量问题，要求施工单位立即整改，必要时下达停工整改通知，确保工程质量符合要求。若现场质量检查发现问题，立即启动处理流程。分析问题产生的原因，可能是施工人员操作不当、原材料质量不合格、施工工艺不合理等。针对不同原因，制定相应处理方案。因施工人员操作不当导致墙面抹灰不平整，对施工人员进行再培训，重新进行抹灰施工；若因原材料质量问题导致钢筋强度不足，停止使用该批次钢筋，更换合格产品，对已使用的部分进行评估，必要时返工处理；若因施工工艺不合理导致混凝土出现裂缝，组织技术人员优化施工工艺，对裂缝进行修补与加固处理。处理完成后，再次进行质量检查，确保问题得到妥善解决，工程质量符合标准，保障建设工程施工质量稳步提升。

第四节 施工质量信息化管理

一、信息化管理平台

在建设工程施工质量信息化管理体系中，信息化管理平台是核心枢纽，整合各方资源、汇聚海量数据，为提升施工质量管控水平提供了有力支撑。信息化管理平台的架构设计需兼顾稳定性、扩展性与易用性，采用先进的云计算技术，搭建云端服务器架构，确保平台能稳定运行，承载大量用户并发访问与数据存储需求。通过分布式存储技术，将施工过程中的各类数据，如质量检测报告、施工图纸、视频监控资料等，安全存储于不同节点，防止数据丢失。同时，信息化管理平台架构具备良好的扩展性，可根据工程规模扩大、业务需求增加，灵活添加新的功能模块与服务。例如，随着工程引入新的施工工艺，需对该工艺的质量管控流程进行信息化管理，信息化管理平台能够便捷地接入相关功能插件，实现对新工艺的质量跟踪与分析。在用户界面设计上，秉持简洁易用原则，采用直观的操作界面与导航菜单，方便建设单位、施工单位、监理单位等不同用户快速上手，进行信息查询、数据录入与业务处理。信息化管理平台功能模块丰富多样，涵盖施工质量管控的各个环节，工程资料管理模块，集中存储与管理施工图纸、设计变更文件、施工组织设计、质量验收规范等资料。用户可通过关键词搜索、分类筛选等方式，快速定位所需资料，确保施工过程中有准确的技术依据。质量检查模块，支持质量管理人员与监理工程师在线填写质量检查记录，记录内容包括检查时间、地点、检查项目、实测数据、质量评定结果等。同时，可上传现场照片、视频作为质量问题的直观证据。该模块还能自动生成质量检查报表，便于对质量数据进行统计分析，如按施工区域、施工阶段统计质量问题发生率，为质量改进提供数据支持。进度管理模块，以可视化的甘特图形式展示工程进度计划与实际进度对比情况。施工单位实时更新施工进度数据，信息化管理平台自动分析进度偏差，一旦发现进度滞后，及时发出预警信息，提醒相关人员采取措施加快进度，确保工程按时交付。原材料管理模块，对钢筋、水泥、砂、石等原材料的采购、进场、使用情况进行全程跟踪。记录原材料的供应商信息、采购批次、质量检验报告编号、库存数量等，实现原材料质量的可追溯性。当原材料库存低于设定阈值时，信息化管理平台自动触发采购提醒，保障施工材料供应。数据管理是信息化管理平台的关键环节，信息化管理平台建立严格的数据录入规范，要求施工人员、质量管理人员等在录入数据时，遵循统一的数据格式与标准，确保数据的准确性与一致性。例如，在录入混凝土试块强度数据时，明确规定数据精度、单位等。同时，采用数据加密技术，对信息化管理平台中的敏感数据，如工程预算、质量问题整改方案等进行加密存储与传输，防止数据泄露。通过数据备份与恢复机制，定期对信息化管理平台数据进行全量与增量备份，将备份数据存储于异地灾备中心。一旦信息化管理平台数据遭遇丢失或损坏，可迅速从备份数据中恢复，保障施工质量信息化管理工作的连续性。用户权限管理保障信息化管理平台信息安全与操作规范，根据用户角色，如建设单位项目负责人、施工单位项目经理、监理工程师、普通施工人员等，设置不同的权限等级。建设单位项目负责人拥有最高权限，可查看与修改工程整体信息，对质量问题处理方案进行最终审批。施工单位项目经理能查看与管理本单位负责的施工区域信息，对质量检查结果进行确认与整改安排。监理工程师可进行质量检查记录录入、审核施工单位整改情况等操作。普通施工人员仅能查看与自身工作相关的施工工艺要求、质量标准等信息，无法进行数据修改与敏感信息访问。通过精细化的用户权限管理，确保信息化管理平台数据的安全性与操作的合规性。信息化管理平台极大地促进了各方协同工作，建设单位、施工单位、监理单位通过信息化管理平台实时共享工程质量信息，打破信息壁垒。施工单位在发现质量问题后，可立即在信息化管理平台上提交问题报告，详细描述问题情况，并上传相关图片、视频。监理工程师收到报告后，及时进行审核与回复，提出整改意见。施工单位按照整改意见进行整改，整改完成后在信息化管理平台上反馈整改结果与复查申请。监理工程师对整改情况进行复查，将复查结果录入信息化管理平台。建设单位可随时登录信息化管理平台，查看质量问题处理全过程，对各方工作进行监督与协调。通过信息化管理平台的协同功能，提高了施工质量问题的处理效率，保障建设工程施工质量稳步提升。

二、数据采集与分析

在建设工程施工质量信息化管理体系里，数据采集与分析处于核心地位，是提升施工质量管控水平、保障工程顺利推进的重要支撑。准确、全面的数据采集为后续分析提供丰富素材，而深入、科学的数据分析则能挖掘数据价值，为质量决策提供有力依据。数据采集涵盖多个方面与多种渠道，从原材料环节看，采购阶段就需收集供应商信息，包括企业资质、生产能力、信誉状况等。每一批次原材料进场时，详细记录其规格型号、质量检验报告编号、数量、进场时间等。例如，在钢筋进场时，记录其生产厂家、炉批号、直径尺寸、屈服强度、抗拉强度等数据，这些信息通过手工录入信息管理系统，部分先进企业还借助二维码、射频识别（RFID）技术，实现原材料信息快速准确采集，扫码即可将原材料信息自动录入系统。施工过程中的工序数据采集至关重要。在各工序施工时，记录施工时间、施工人员、施工工艺执行情况。以混凝土浇筑工序为例，采集混凝土配合比、坍落度实测值、浇筑部位、振捣时间与方式等数据。现场质量管理人员与施工人员利用移动终端，如手机、平板电脑，实时录入工序数据。一些大型项目还在施工现场部署传感器，自动采集特定数据，像在大体积混凝土浇筑中，温度传感器实时监测混凝土内部温度变化，位移传感器在深基坑施工时监测边坡位移，这些传感器采集的数据通过无线网络自动传输至信息化管理平台。施工现场的质量检查数据同样不可或缺。质量管理人员日常巡检、监理工程师旁站监理和分部分项工程验收时，记录检查时间、地点、检查项目、实测数据、质量评定结果等，同时可拍摄现场照片、录制视频作为质量情况的直观记录，这些资料也一并上传至信息化管理平台。采集到海量数据后，数据分析工作随即展开，运用统计分析方法对数据进行处理是基础手段。通过排列图分析，能清晰找出影响施工质量的主要因素。例如，在分析混凝土质量问题时，将各类质量问题，如强度不足、裂缝、蜂窝麻面等出现的频次进行统计，绘制排列图，可直观发现导致混凝土质量问题的主要因素，如水泥质量不稳定、振捣不规范等占据前列。因果图则用于深入探究这些主要因素产生的根源。针对水泥质量不稳定问题，可从供应商管理、进场检验流程、存储条件等方面分析原因，找出是因供应商筛选不严格、进场检验抽样方法不合理，还是仓库防潮措施不到位等导致。利用直方图分析数据分布情况，如对混凝土试块强度数据绘制直方图，可判断混凝土强度是否符合设计要求的正态分布，若数据分布异常，说明混凝土生产过程可能存在质量波动。除统计分析外，数据挖掘技术也逐渐应用于施工质量数据分析。通过对大量历史质量数据挖掘，建立质量预测模型。例如，基于过往工程施工数据，结合当前工程进度、原材料使用情况、施工工艺等因素，预测某一施工阶段可能出现的质量问题，提前制定预防措施。如预测到在某一区域主体结构施工时，因施工工艺复杂、施工人员熟练度不足，可能出现钢筋绑扎质量问题，施工单位可提前组织培训，加强现场监督，降低质量风险。数据分析结果在施工质量管控中有着广泛应用，基于数据分析找出的质量问题与原因，施工单位制定针对性的质量改进措施。若数据分析发现某一施工区域墙面平整度偏差大是因施工人员操作不熟练，可组织专项培训，规范操作流程，提高施工质量。在施工过程中，利用数据分析进行质量动态监控。如通过对混凝土坍落度数据的实时分析，若发现坍落度连续超出允许范围，则及时调整混凝土配合比，确保混凝土施工质量。同时，数据分析结果为建设单位、施工单位、监理单位等各方提供决策依据。在工程进度调整、资源调配、质量验收等方面，参考数据分析结果，做出科学合理决策，保障建设工程施工质量在信息化管理下稳步提升。

三、信息化管理的优势

在建设工程领域，施工质量信息化管理正展现出诸多传统管理方式难以企及的优势，深刻变革着工程质量管控模式，为打造优质工程提供强大助力。信息化管理极大提升质量管控效率，在传统施工质量管控中，质量检查记录、数据统计等工作依赖人工手动完成，耗时费力且易出错。在信息化管理模式下，施工现场部署的各类传感器，如用于监测混凝土内部温度的温度传感器、监测基坑边坡位移的位移传感器等，能自动实时采集数据，并通过无线网络迅速传输至信息化管理平台。质量管理人员与施工人员借助移动终端，可随时随地录入施工过程中的工序数据、质量检查结果等信息。信息化管理平台能瞬间对这些海量数据进行汇总、整理与分类存储，相较于人工操作，大大缩短数据收集与整理时间。例如，在传统模式下，统计一个大型项目一周内各施工区域的质量问题数量，可能需要质量管理人员花费数天时间查阅纸质记录并手动统计，而信息化管理平台可在数分钟内生成详细报表，清晰呈现各区域质量问题分布情况，使质量管控工作更加高效、及时。信息化管理增强质量决策科学性，通过对施工过程中收集的海量数据进行深度分析，能为质量决策提供精准依据。运用统计分析方法，如排列图、因果图、直方图等，可挖掘数据背后的规律与问题根源。以混凝土质量问题分析为例，排列图可直观展示导致混凝土强度不足、裂缝、蜂窝麻面等问题的主要因素；因果图能深入剖析这些主要因素产生的原因，如原材料质量波动、施工工艺执行不到位等。数据挖掘技术还可基于历史数据建立质量预测模型，预测施工过程中可能出现的质量问题。建设单位、施工单位与监理单位等各方在制定质量改进措施、调整施工方案、进行资源调配时，参考这些基于数据分析得出的结论，做出科学合理决策，避免主观臆断，有效提升施工质量管控水平。信息化管理促进各方协同合作，建设工程涉及建设单位、施工单位、监理单位等众多参与方，传统管理模式下信息传递不畅，易出现信息孤岛现象。信息化管理平台为各方搭建起信息共享与沟通桥梁。各方通过统一平台登录，实时共享工程进度、质量检查结果、原材料使用情况、设计变更等信息。施工单位发现质量问题后，可立即在信息化管理平台上提交问题报告，详细描述问题情况并上传相关图片、视频等资料。监理工程师收到报告后，及时审核并在线回复整改意见。施工单位按意见整改后，在信息化管理平台反馈整改结果与复查申请，监理工程师复查后将结果录入信息化管理平台。建设单位可随时登录信息化管理平台，全面了解工程质量状况，对各方工作进行监督与协调。这种高效的协同合作模式，打破部门与单位间的壁垒，提高质量问题处理效率，保障工程顺利推进。信息化管理实现质量全程追溯，在施工质量信息化管理体系中，从原材料采购到工程竣工验收，每一个环节的数据都被完整记录与存储。在原材料采购时，记录供应商信息、原材料规格型号、质量检验报告编号等。在施工过程中，详细记录各工序施工时间、施工人员、施工工艺执行情况以及质量检查结果。一旦工程出现质量问题，可通过信息化管理平台迅速追溯到问题源头。例如，若在竣工验收时发现某区域混凝土结构强度不达标，通过信息化管理平台查询，可追溯到该区域混凝土浇筑时所使用的原材料批次、供应商，和施工人员、施工工艺参数等信息，明确问题产生环节，为质量问题整改与责任认定提供有力证据，强化质量责任意识，提升整体施工质量。

第五章　施工质量把控

第一节　质量管控体系搭建

一、质量目标设定

在建设工程质量管控体系搭建中，质量目标设定处于核心地位，是保障工程质量达标的关键步骤。科学合理的质量目标，为工程建设各参与方提供了明确的工作方向，引导着施工过程中的每一项决策与操作。质量目标设定需遵循一系列原则，首先是明确性原则，质量目标必须清晰、具体，不能模糊不清。例如，规定混凝土结构的强度等级必须精准达到设计要求的 C30、C40 等具体数值，而不是笼统表述为"满足强度要求"。准确性原则要求目标与工程实际需求、设计标准以及相关规范紧密契合。以建筑防水工程为例，防水等级若设计为二级，质量目标应围绕二级防水标准的具体指标设定，如防水卷材的厚度、搭接宽度等必须符合二级防水的规范要求。可衡量性原则至关重要，质量目标应能通过具体的数据或指标进行量化评估。像墙面的平整度，可设定偏差范围在±2mm 以内，通过测量工具可准确测量并判断是否达标。可行性原则要求质量目标基于工程实际条件与资源状况制定，具有可操作性。若工程所在地的原材料供应有限，质量目标就不能设定过高的原材料性能指标，需在可获取原材料的性能范围内设定合理的质量目标。时效性原则规定目标应明确完成的时间节点。如基础工程的质量目标，需明确在某个具体时间段内完成且达到质量标准，避免工程进度与质量目标脱节。建设工程质量目标涵盖多个主要方面，工程实体质量目标是基础，包括结构安全与稳定性目标。对于高层建筑，确保主体结构在设计使用年限内，能承受风荷载、地震荷载等各类作用，不发生倒塌、严重变形等安全事故。建筑外观质量目标要求建筑物的外观符合设计美学要求，如墙面色泽均匀、线条顺直，门窗安装整齐、开启灵活。装饰装修质量目标规定地面、墙面、顶棚等装饰部位的质量标准，如地面瓷砖铺贴平整、无空鼓，墙面涂料涂刷均匀、无流坠。工程使用功能质量目标关乎建筑的实用性。给排水系统质量目标设定为确保管道畅通无阻，无渗漏现象，水压满足使用要求；电气系统质量目标是保证供电稳定，照明、插座等功能正常，满足建筑物的各类用电需求。节能与环保质量目标日益重要，要求建筑在节能方面达到国家规定的节能标准，如外墙保温性能符合标准，选用节能灯具等；在环保方面，控制施工过程中的扬尘、噪声污染，确保室内空气质量符合环保标准。质量目标需进行细化与分解，在工程阶段维度，施工准备阶段质量目标可设定为施工图纸审核准确率达到100%，施工组织设计审批通过且符合工程实际。施工阶段将整体质量目标细化到各分部分项工程，如在钢筋工程中，钢筋加工的尺寸偏差控制在极小范围内，钢筋连接的质量符合规范要求；在混凝土工程中，混凝土浇筑的密实度达到95%以上，外观无蜂窝、麻面、孔洞等缺陷。竣工验收阶段质量目标设定为单位工程一次性验收合格，质量验收资料完整准确。在参与方维度，建设单位质量目标包括提供符合质量要求的场地、资金等建设条件，对工程质量进行有效监督与协调。施工单位质量目标涵盖按照设计与规范施工，确保各工序质量达标，按时提交质量合格的工程。监理单位质量目标为严格履行监理职责，对工程质量进行全程监控，及时发现并纠正质量问题。为确保质量目标的可实现性，要制定详细的质量保证措施。在人员方面，对施工人员进行质量目标交底与培训，使其清楚了解自己的工作任务与质量标准。在材料方面，严格把控原材料与构配件的质量，从采购源头抓起，确保进入施工现场的材料符合质量目标要求。在施工工艺方面，采用先进、成熟且符合质量目标的施工工艺，并在施工过程中严格执行。通过明确的原则遵循、全面的目标涵盖、细致的目标分解和有效的保证措施，科学合理地设定建设工程质量目标，为构建完善的质量管控体系奠定坚实的基础，保障建设工程高质量完成。

二、责任制度建立

在建设工程质量管控体系搭建中，责任制度建立是确保工程质量的关键环节，明确各参与方在工程建设全过程中的质量责任，使质量管控工作有章可循、责任到人。建设单位作为工程建设的发起者与组织者，肩负着首要质量责任。在项目决策阶段，建设单位需确保项目的功能定位、建设标准等符合国家相关法律法规以及行业规范要求。例如，在住宅项目规划时，要依据当地的居住需求与建筑标准，合理确定户型设计、配套设施等内容，为后续工程质量奠定基础。在工程招标阶段，建设单位应严格审查投标单位的资质与业绩，选择具有相应能力与良好信誉的施工单位、监理单位等参与工程建设。在合同签订过程中，明确质量标准、质量责任和违约处罚条款，将质量要求以合同形式固定下来。在工程建设过程中，建设单位要提供符合质量要求的场地、资金等建设条件，不得随意压缩合理工期，以免影响工程质量。同时，建设单位应建立健全自身的质量管理机构，对工程质量进行全程监督与协调，定期组织质量检查，及时解决工程建设中出现的质量问题。施工单位是工程质量的直接创造者，其质量责任贯穿于施工全过程。在施工准备阶段，施工单位要认真熟悉施工图纸，编制科学合理的施工组织设计与施工方案，明确施工工艺、质量标准和质量保证措施。对施工人员进行质量培训与交底，使其清楚了解施工任务与质量要求。在原材料与构配件采购环节，选择合格的供应商，严格把控材料质量，确保进入施工现场的材料符合设计与规范要求。在施工过程中，严格按照施工图纸与规范标准进行施工，每一道工序都要经过质量检验合格后，方可进入下一道工序。建立健全"三检"制度，即自检、互检、专检，施工人员完成工序后首先进行自检，班组之间进行互检，质量管理人员进行专检。对关键工序、隐蔽工程，要进行重点质量控制，如在基础钢筋隐蔽前，仔细检查钢筋的规格、数量、连接方式等是否符合设计要求，经监理工程师验收合格后，方可进行隐蔽。施工单位还要对施工过程中出现的质量问题及时进行整改，分析问题产生的原因，制定整改措施，并跟踪整改效果，确保工程质量符合要求。监理单位作为工程质量的监督者，承担着重要的质量监督责任。在工程监理过程中，监理单位要依据监理合同与工程质量验收规范，对施工现场进行旁站监理、平行检验与巡视检查。旁站监理针对关键工序与重要部位，如混凝土浇筑、防水工程施工等，监理人员要在现场全程监督，确保施工工艺符合要求。平行检验是监理单位利用一定的检查或检测手段，在施工单位自检的基础上，按照一定比例独立进行检查或检测，如对原材料进行抽样检验、对工程实体进行实测实量等。巡视检查则是对施工现场进行定期或不定期的巡查，及时发现施工过程中的质量隐患与违规操作行为。监理单位要对施工单位的施工组织设计、施工方案进行审核，提出审核意见，确保施工方案合理可行。对施工单位的质量保证体系进行检查，督促其有效运行。在质量验收方面，严格按照验收标准对分部分项工程、单位工程进行验收，对验收不合格的工程，责令施工单位整改，直至验收合格。监理单位还要及时向建设单位报告工程质量情况，对出现的质量问题提出处理建议，确保工程质量处于受控状态。为确保责任制度的有效落实，需建立完善的责任追究与监督机制。在工程建设过程中，若出现质量问题，按照责任制度明确的责任划分，对相关责任方进行严肃追究。建设单位若因压缩工期、提供不合格建设条件等原因导致质量问题，要承担相应的经济赔偿责任，并可能面临行政处罚。施工单位若因施工质量不达标，要承担返工、整改费用，情节严重的，可能被降低资质等级甚至吊销资质证书。监理单位若因失职导致质量问题，要承担监理责任，可能面临罚款、暂停执业等处罚。同时，加强对责任制度执行情况的监督，政府质量监督部门要加大对工程建设各方质量责任落实情况的监督检查力度，定期对工程质量进行抽查，对不履行质量责任的单位与个人进行通报批评，并依法进行处理。通过建立健全责任追究与监督机制，促使建设工程各参与方切实履行质量责任，保障建设工程质量管控体系的有效运行，最终实现工程质量目标。

三、管控流程设计

建设工程质量管控体系中的管控流程设计，是保障工程质量的核心环节，它贯穿于工程建设的全过程，从项目规划到竣工验收，每一个阶段都紧密相连，形成一个严谨且高效的质量管控链条。在施工前的准备阶段，质量管控流程首先聚焦于施工图纸审查。建设单位组织设计单位、施工单位、监理单位等相关方进行图纸会审。各方专业人员对施工图纸进行细致审查，检查建筑、结构、给排水、电气等各专业图纸之间的一致性，如尺寸标注、标高设定、预留孔洞位置等是否准确无误。若发现图纸存在矛盾或不明确之处，及时记录并与设计单位沟通，要求其进行答疑与修改，确保施工图纸准确无误，为后续施工提供可靠依据。同时，施工单位依据工程特点与施工要求，编制施工组织设计与施工方案。施工组织设计涵盖工程概况、施工部署、施工进度计划、资源配置计划等内容，明确施工顺序、施工方法和质量保证措施。施工方案则针对分部分项工程，如基础工程、主体结构工程、装饰装修工程等，制定详细的施工工艺与技术要求。这些文件需经监理单位审核、建设单位审批通过后，方可作为施工依据。在原材料与构配件采购环节，施工单位根据施工进度计划，制订采购计划，选择信誉良好、质量可靠的供应商。采购合同中明确原材料与构配件的质量标准、规格型号、数量、交货时间等要求。原材料与构配件进场时，施工单位进行自检，检查产品合格证书、质量检验报告等质量证明文件，并按规定进行抽样送检。监理单位对进场材料进行平行检验，确保原材料与构配件质量符合设计与规范要求。施工过程控制阶段是质量管控的核心环节，施工单位严格按照施工图纸与施工方案进行施工，每完成一道工序，施工人员先进行自检，检查施工质量是否符合质量标准。例如，在砌墙工序完成后，施工人员检查墙体的平整度、垂直度、灰缝饱满度等。然后进行互检，同一班组或不同班组之间相互检查，发现问题及时整改。最后由质量管理人员进行专检，对工序质量进行全面验收。对于关键工序与隐蔽工程，如混凝土浇筑、防水工程施工、基础钢筋隐蔽等，施工单位在施工前向监理单位报验，监理单位进行旁站监理。在混凝土浇筑过程中，监理人员监督混凝土的配合比、坍落度、浇筑顺序、振捣时间等，确保混凝土浇筑质量。隐蔽工程在隐蔽前，施工单位先进行自检，自检合格后通知监理单位进行验收，监理工程师检查合格并签字确认后，方可进行隐蔽。施工单位建立质量问题台账，对施工过程中出现的质量问题进行记录，分析问题产生的原因，采取整改措施，并跟踪整改效果。监理单位对施工单位的质量问题整改情况进行复查，确保质量问题得到彻底解决。同时，监理单位定期组织质量检查，对施工现场的原材料使用、施工工艺执行、工程实体质量等进行检查，发现问题及时下达整改通知，要求施工单位限期整改。质量验收阶段是对施工质量的阶段性确认，分部分项工程完成后，施工单位自检合格后向监理单位报验，监理工程师组织施工单位项目专业质量（技术）负责人等进行验收。验收内容包括工程实体质量、质量控制资料等。例如，在主体结构分部工程验收时，检查混凝土结构的外观质量、尺寸偏差、混凝土强度等是否符合设计与规范要求，核查钢筋原材料检验报告、隐蔽工程验收记录等质量控制资料是否完整。单位工程完工后，施工单位自行组织有关人员进行检查评定，并向建设单位提交工程验收报告。建设单位收到工程验收报告后，组织施工、设计、监理等单位项目负责人进行单位工程验收。单位工程验收合格后，方可交付使用。在工程交付使用后的后续维护阶段，建设单位建立工程质量回访制度，定期对工程质量进行回访，了解工程使用情况，收集用户反馈意见。对于出现的质量问题，及时组织施工单位等相关方进行维修处理。施工单位按照合同约定，履行工程质量保修责任，对保修期内出现的质量问题，负责免费维修。通过完善的质量管控流程设计，从施工前准备到施工过程控制，再到质量验收与后续维护，实现对建设工程质量的全过程、全方位管控，确保建设工程质量达标，满足用户需求。

四、监督机制完善

在建设工程质量管控体系搭建中，监督机制的完善是确保工程质量达标的关键保障，贯穿于工程建设的各个阶段，从项目筹备到竣工验收，全方位、多角度地对工程质量进行监控，及时发现并纠正质量问题，保证工程建设符合相关标准与要求。内部监督是监督机制的重要组成部分，建设单位作为工程的主导方，需建立自身的质量监督部门或配备专业质量监督人员。这些人员对工程建设全过程进行监督，包括施工单位的资质审查、施工组织设计的审核和施工过程中的质量检查。在施工单位资质审查环节，严格核实其营业执照、资质证书、安全生产许可证等是否合法有效，过往工程业绩是否优良，人员配备是否满足工程需求，从源头把控施工单位的质量保障能力。对于施工组织设计，审查其施工方案是否合理、施工进度计划是否科学、质量保证措施是否可行，确保施工单位有完善的质量管控规划。在施工过程中，定期检查施工现场，查看原材料的使用是否符合要求，如钢筋的规格、型号是否与设计一致，水泥是否存在受潮变质情况；监督施工工艺的执行，如混凝土浇筑时的振捣是否密实、砌墙时的灰缝厚度与饱满度是否达标。建设单位还可要求施工单位定期提交质量报告，详细汇报施工进展中的质量情况，包括对已完成工序的质量验收结果、质量问题的处理情况等，以便及时掌握工程质量动态。施工单位内部同样要构建完善的监督体系，设立质量检查部门，配备经验丰富、专业素质高的质量检查员。质量检查员依据施工图纸、规范标准和施工单位内部的质量管理制度，对每一道工序进行严格检查。在每完成一道工序后，施工人员先进行自检，确认无误后，质量检查员进行专检。例如，在模板安装工序完成后，质量检查员检查模板的平整度、垂直度、拼接缝隙是否符合要求，支撑体系是否稳固，确保模板安装质量达标，为后续混凝土浇筑提供保障。施工单位还可开展内部质量评比活动，对各施工班组的施工质量进行评估，对质量优秀的班组给予奖励，对质量不达标的班组进行处罚，激励施工人员增强质量意识，主动提升施工质量。在外部监督方面，政府质量监督部门发挥着关键作用。政府质量监督部门依据国家相关法律法规、工程建设强制性标准，对建设工程质量进行监督检查。在工程开工前，对建设单位的项目报建手续、施工图设计文件审查情况等进行检查，确保工程建设合法合规。在施工过程中，不定期对施工现场进行抽查，检查内容包括工程实体质量、施工单位与监理单位的质量行为等。对工程实体质量，通过实测实量、抽样检测等方式，检查混凝土强度、钢筋保护层厚度、墙面平整度等是否符合标准。对质量行为，检查施工单位是否按照施工方案施工、监理单位是否履行监理职责等。对于发现的质量问题，下达整改通知书，要求责任单位限期整改，对情节严重的违法行为，依法进行处罚，起到威慑作用，促使建设工程各方严格遵守质量规定。第三方检测机构的参与也为外部监督增添了客观性与专业性，建设单位或监理单位可委托有资质的第三方检测机构对工程原材料、构配件和工程实体质量进行检测。第三方检测机构运用先进的检测设备与技术，独立开展检测工作。对钢筋、水泥等原材料进行物理性能检测，对混凝土试块进行抗压强度检测，对建筑结构进行无损检测等。检测机构出具的检测报告具有法律效力，为工程质量评定提供科学依据。若检测结果不合格，及时通知相关单位进行处理，避免不合格材料或工程部位进入下一道工序。监督机制的完善还需注重监督结果的应用，建设单位、施工单位、监理单位等根据监督检查结果，总结经验教训，对质量管控体系进行优化。若多次发现某一施工工艺导致质量问题，施工单位应及时调整施工方案，改进施工工艺；若监理单位在监督检查中发现质量问题频发，建设单位可要求监理单位加强人员培训，提高监理水平。同时，将监督结果与各方的信誉评价挂钩，对质量管控良好的单位给予信誉加分，在后续工程招投标等活动中给予优先考虑；对质量问题严重的单位，降低其信誉等级，限制其市场准入，通过市场机制促使建设工程各方积极完善质量管控，保障建设工程质量。

第二节　施工过程质量把控

一、工序质量控制

在建设工程施工过程质量把控体系里，工序质量控制占据着核心地位，是确保工程整体质量达标的基础与关键环节。每一道工序的质量状况，直接关系到后续工序的顺利开展和最终工程质量的优劣。施工前，精心制定详细且科学的工序施工工艺标准与操作规程是首要任务。不同工序有着独特的技术要求与质量标准。以模板安装工序为例，需明确模板的选材要求，规定优先选用材质坚固、平整度高的模板材料，以保证在混凝土浇筑过程中模板能承受压力且不变形。对于模板的拼接，要求拼接严密，缝隙宽度控制在极小范围内，防止漏浆现象影响混凝土成型质量。同时，对模板支撑体系进行精确设计，确定支撑的间距、材质和固定方式，确保支撑体系稳定可靠，能有效承载模板与混凝土的重量。在钢筋焊接工序，要确定焊接方法，如采用电弧焊时，需明确焊接电流、电压、焊接时间等关键参数，规定焊接接头的外观质量标准，如焊缝应饱满、均匀，无气孔、夹渣、裂纹等缺陷，保证焊接接头的力学性能符合设计要求。这些详细的工艺标准与操作规程，为施工人员提供了明确的操作指南，是保障工序质量的基础依据。在施工过程中，严格监督施工人员按照既定标准操作是确保工序质量的关键。质量管理人员需加强现场巡查力度，及时发现并纠正违规操作行为。在混凝土浇筑工序，若发现施工人员振捣时间不足，导致混凝土内部出现空隙，可能影响混凝土强度，质量管理人员应立即要求施工人员增加振捣时间，按照规定的振捣频率与移动间距进行操作，确保混凝土振捣密实，避免出现蜂窝、麻面等质量缺陷。在墙面抹灰工序，若发现抹灰厚度不均匀，可能导致墙面出现裂缝，质量管理人员要及时指出问题，要求施工人员重新进行抹灰操作，严格控制抹灰厚度，按照先底层、再中层、最后面层的顺序，分层施工，每层厚度控制在合理范围内，保证抹灰质量。通过现场的实时监督，将质量问题消灭在萌芽状态，确保每一道工序的施工质量符合标准。对于关键工序，实施重点质量控制措施。关键工序对工程质量起着决定性作用，一旦出现质量问题，就可能对整个工程结构安全与使用功能产生严重影响。在基础灌注桩施工这一关键工序中，对桩位的准确性、桩径的偏差、桩身混凝土的浇筑质量等进行严格把控。在桩位测量放线时，采用高精度的测量仪器，如全站仪等，确保桩位偏差控制在极小范围内，偏差值严格符合设计与规范要求。在灌注桩成孔过程中，实时监测孔深、孔径和垂直度，利用专业的测量工具与设备，如测绳、孔径仪、垂直度检测仪等，防止出现塌孔、缩径等问题。在混凝土浇筑时，控制混凝土的坍落度，确保混凝土的和易性良好，采用合适的浇筑方法，如导管法，保证桩身混凝土连续、密实，无断桩、夹泥等缺陷。通过对关键工序的重点控制，为工程结构安全与整体质量提供坚实保障。工序质量控制还需建立完善的质量检验制度，每完成一道工序，施工人员首先进行自检，对自己的施工成果进行全面、细致的检查，如检查钢筋绑扎是否牢固、间距是否符合设计要求，模板安装的平整度、垂直度是否达标等。然后进行互检，同一班组或不同班组的施工人员相互检查，通过不同视角发现问题，及时整改。最后由专业质量检验人员进行专检，依据质量标准对工序质量进行严格验收。例如，在屋面防水工序完成后，专业检验人员检查防水层的厚度、搭接宽度、收口处理等是否符合设计与规范要求，采用专业的测量工具，如卡尺、卷尺等，对相关数据进行实测实量，确保防水质量达标。

二、隐蔽工程验收

在建设工程施工过程质量把控体系中，隐蔽工程验收至关重要，如同工程质量的"安检关卡"，对确保工程结构安全、使用功能正常起着决定性作用。隐蔽工程是指在施工过程中，上一道工序完成后，被下一道工序所掩盖，无法再进行复查的工程部位。由于其隐蔽性，一旦出现质量问题，后续整改难度大、成本高，因此必须严格把控隐蔽工程验收环节。隐蔽工程验收涵盖多个重要领域，在基础工程方面，地基处理情况是重点验收内容。检查地基的承载力是否达到设计要求，若采用换填地基，需查看换填材料的种类、压实度等是否符合标准；对于桩基础，验收桩的类型、桩长、桩径、桩身完整性和桩的承载力检测结果等。基础钢筋工程同样关键，验收钢筋的规格、数量、间距是否与设计图纸一致，钢筋的连接方式，如焊接、机械连接或绑扎连接，其接头质量是否合格，钢筋的锚固长度是否满足规范要求，和钢筋的保护层厚度是否符合规定，保护层厚度过小易导致钢筋锈蚀，影响结构耐久性，过大则会削弱结构受力性能。主体结构工程中的隐蔽工程验收也不容忽视，混凝土结构中的钢筋布置是验收要点，包括梁、板、柱内钢筋的配置情况，检查钢筋是否存在漏筋、错位等问题。在装配式结构中，预制构件的连接节点是验收重点，查看节点处钢筋的连接方式、灌浆料的填充情况等，确保连接节点的强度与稳定性，保障装配式结构的整体性。此外，砌体结构中的拉结筋设置也需验收，检查拉结筋的长度、直径、间距和与主体结构的连接牢固程度，拉结筋对增强砌体结构的抗震性能至关重要。隐蔽工程验收有着严格的流程，施工单位在完成隐蔽工程施工后，首先进行自检。施工人员按照施工图纸与规范要求，对隐蔽工程的各个环节进行全面检查，如检查基础钢筋的绑扎是否牢固、数量是否准确等。自检合格后，施工单位填写隐蔽工程验收申请表，向监理单位报验。监理单位收到报验申请后，组织专业监理工程师进行验收。监理工程师依据相关规范、设计图纸和施工单位提供的施工记录等资料，对隐蔽工程进行现场检查。对于重要的隐蔽工程，如基础工程、主体结构工程等，还需通知建设单位、设计单位等相关方参与验收。在验收过程中，采用观察、测量、试验等方法进行检查。例如，通过观察检查钢筋表面是否有锈蚀、损伤；使用测量工具测量钢筋的间距、保护层厚度等；对需要进行试验检测的项目，如桩的承载力检测、钢筋焊接接头的力学性能试验等，查看试验报告是否合格。验收合格后，各方在隐蔽工程验收记录上签字确认，施工单位方可进行下一道工序施工。若验收不合格，监理单位下达整改通知，要求施工单位限期整改，整改完成后重新报验。隐蔽工程验收的要点众多，除对工程实体质量进行检查外，还需核查施工过程中的质量控制资料。质量控制资料包括原材料的质量证明文件，如钢筋的出厂合格证、检验报告，水泥的质量检验报告等；施工记录，如混凝土浇筑记录、钢筋加工与安装记录等；各项试验检测报告。这些资料是隐蔽工程质量的重要支撑，能够反映施工过程是否符合规范要求。同时，在验收过程中，要注重细节检查。例如，在检查钢筋连接接头时，不仅要检查接头的外观质量，如焊接接头是否有气孔、夹渣，机械连接接头的套筒是否拧紧等，还要按规定进行抽样检测，确保接头的力学性能符合要求。对于防水工程中的隐蔽工程，如地下室防水、屋面防水等，检查防水层的施工质量，包括防水层的厚度、搭接宽度、收口处理等，确保防水效果可靠。在隐蔽工程验收中，各方职责明确。施工单位作为隐蔽工程的施工主体，承担着确保工程质量的直接责任，必须严格按照施工图纸与规范要求进行施工，做好自检工作，并及时报验。

监理单位是验收的主要组织者与监督者，要认真履行监理职责，对隐蔽工程进行严格检查，确保验收质量。建设单位对工程质量负有监督管理责任，参与重要隐蔽工程的验收，协调各方关系。设计单位在验收中提供专业技术支持，对隐蔽工程中涉及设计变更或技术难题的部分进行解答与指导。通过协同配合，各方共同做好隐蔽工程验收工作，为建设工程质量提供坚实保障。一旦在隐蔽工程验收中发现质量问题，施工单位应立即停止施工，分析问题产生的原因，制定整改方案，并及时整改。整改完成后，重新组织验收，直至验收合格，确保隐蔽工程质量符合要求，为后续工程施工奠定良好基础。

三、关键部位管理

在建设工程施工过程质量把控体系中，关键部位管理占据着举足轻重的地位。这些关键部位对工程的结构安全、使用功能和耐久性起着决定性作用，一旦出现质量问题，将可能引发严重后果，因此必须对其实施严格且全面的管理。明确关键部位的范围是管理的基础，在基础工程中，桩基础的桩身、桩顶与承台连接部位是关键部位。桩身的质量直接影响基础结构的承载能力，桩顶与承台连接部位的可靠性关乎整个基础结构的稳定性。对于筏板基础，筏板的钢筋布置、混凝土浇筑质量和与基础梁的连接部位至关重要。在主体结构工程方面，框架结构中的梁、柱节点是关键部位，此处受力复杂，节点的施工质量直接影响结构的抗震性能。剪力墙结构中的边缘构件，如暗柱、端柱等，钢筋配置、混凝土浇筑质量对剪力墙的承载能力与变形能力影响显著。在装配式建筑中，预制构件的连接部位，如预制梁与预制柱的连接节点、预制楼板的拼接部位等，是确保装配式结构整体性的关键。在装饰装修工程中，卫生间、厨房等防水要求高的部位属于关键部位，这些部位的防水施工质量直接关系到建筑物的使用功能，若防水不到位，易出现渗漏问题，影响居民生活。施工前，针对关键部位进行充分准备，施工单位依据设计图纸与规范要求，制定详细的专项施工方案。方案中明确施工工艺、施工流程、质量标准和质量保证措施。例如，在梁、柱节点施工方案中，确定钢筋的绑扎顺序、焊接或机械连接方式，规定混凝土的浇筑方法，如采用分层浇筑、振捣的时间与方式等。对施工人员进行专项技术交底，使施工人员清楚了解关键部位的施工要求、质量标准和操作要点。同时，准备好施工所需的原材料与构配件，确保其质量符合设计要求。对钢筋、水泥、防水材料等原材料，严格检查产品合格证书、质量检验报告，并按规定进行抽样送检。在施工设备方面，准备好先进且性能良好的机械设备，如高精度的测量仪器用于关键部位的尺寸控制，高效的振捣设备用于混凝土浇筑，确保施工过程顺利进行。在施工过程中，对关键部位实施严格管控。质量管理人员加强现场巡查，监督施工人员严格按照专项施工方案进行操作。在桩基础施工中，检查桩的垂直度、桩径偏差是否符合要求，控制钢筋笼的下放深度与位置。在梁、柱节点钢筋绑扎过程中，检查钢筋的规格、数量、间距是否与设计一致，钢筋的锚固长度是否满足规范要求，焊接或机械连接接头的质量是否合格。在混凝土浇筑时，控制混凝土的坍落度，确保混凝土的和易性良好，监督振捣操作，防止出现漏振、过振现象，保证混凝土浇筑质量。对于防水关键部位，如卫生间防水施工，检查基层处理是否平整、干燥，防水涂料的涂刷次数、涂刷厚度是否符合设计要求，卷材防水层的铺贴方向、搭接宽度是否正确，收口部位的处理是否严密。对于不符合施工方案与质量标准的操作，质量管理人员立即要求施工人员停止作业，并进行纠正，必要时对施工人员进行现场培训，确保施工质量。质量检查与验收是关键部位管理的重要环节，施工单位建立"三检"制度，即自检、互检、专检。施工人员完成关键部位施工后，首先进行自检，对自己的施工成果进行全面检查，如检查钢筋绑扎是否牢固、防水涂层是否均匀等。然后进行互检，同一班组或不同班组的施工人员相互检查，发现问题及时整改。最后由专业质量检验人员进行专检，依据质量标准对关键部位质量进行严格验收。对于重要的关键部位，如基础工程、主体结构工程的关键部位，在施工单位自检合格后，通知监理单位进行验收。监理工程师依据相关规范、设计图纸施工单位提供的施工记录等资料，对关键部位进行现场检查，采用观察、测量、试验等方法进行质量检测。例如，通过观察检查混凝土表面是否有蜂窝、麻面等缺陷，使用测量工具测量关键部位的尺寸偏差，对需要进行试验检测的项目，如混凝土强度检测、防水性能试验等，查看其试验报告是否合格。验收合格后，各方在验收记录上签字确认，施工单位方可进行下一道工序施工。若验收不合格，监理单位下达整改通知，要求施工单位限期整改，整改完成后重新报验，确保关键部位质量符合要求，为建设工程整体质量提供坚实保障。

四、质量通病防治

在建设工程施工过程质量把控体系中，质量通病防治是一项不容忽视的重要任务。质量通病是指在工程建设过程中，经常出现且较为普遍的质量问题，这些问题虽看似单个影响不大，但累积起来会严重影响工程的整体质量、使用功能和耐久性，因此必须采取有效措施加以防治。建设工程质量通病涵盖多个方面，在混凝土工程中，蜂窝、麻面、孔洞是常见问题。蜂窝表现为混凝土表面出现蜂窝状的窟窿，主要成因是混凝土配合比不当，石子过多、水泥浆过少，导致混凝土在浇筑过程中无法充分填充模板间隙；振捣不密实，部分位置漏振，使得混凝土内部形成空隙。麻面则是混凝土表面呈现出无数小凹坑，多因模板表面粗糙、未清理干净，或模板湿润不够，混凝土表面水分被模板吸收，导致水泥浆失水而形成麻面。孔洞是混凝土内部存在较大的空隙，主要是由钢筋较密处混凝土被卡住，未振捣密实，或混凝土中混入杂物等原因造成。在砌体工程中，墙体裂缝较为常见。温度裂缝是由于温度变化引起墙体材料的热胀冷缩，当这种变形受到约束时，就会在墙体上产生裂缝，如在顶层墙体出现的八字形裂缝。沉降裂缝则是由于地基不均匀沉降，导致墙体受到不均匀的拉力或压力，从而产生裂缝，一般出现在底层墙体。此外，还有因砌体材料质量不佳、砌筑方法不当等原因产生的裂缝。在防水工程中，渗漏问题频发。屋面渗漏可能是由于防水层施工质量不合格，如卷材铺贴不牢固、搭接宽度不足，防水涂料涂刷不均匀、厚度不够等；也可能是屋面节点处理不当，如女儿墙根部、天沟、檐口等部位的防水处理不到位。卫生间渗漏多因地面坡度设置不合理，导致积水无法及时排出；防水层破损，在管道穿越楼板处、墙角等部位防水处理不当等原因引起。针对这些质量通病，需采取针对性的防治措施。在混凝土工程方面，严格控制混凝土配合比，根据工程实际情况，准确计算水泥、石子、砂、水和外加剂的用量，确保混凝土的和易性与强度。在混凝土浇筑前，对模板进行全面检查，确保模板表面平整、清洁，脱模剂涂刷均匀，模板拼接严密，防止漏浆。在浇筑过程中，采用合适的振捣设备与方法，按照规定的振捣时间与间距进行振捣，确保混凝土振捣密实，避免出现蜂窝、麻面、孔洞等问题。对于砌体工程，选用质量合格的砌体材料，如砖的强度等级、外观质量应符合标准，砌筑砂浆的配合比应准确，保证砂浆的强度与黏结性。在砌筑过程中，严格按照规范要求进行操作，控制好灰缝厚度与饱满度，确保墙体的整体性与稳定性。为防止温度裂缝，可在屋面设置保温隔热层，减少温度变化对墙体的影响；对于沉降裂缝，要加强地基处理，确保地基均匀沉降，在设计时合理设置沉降缝。在防水工程中，屋面防水施工时，确保防水层的施工质量，卷材铺贴应平整、牢固，搭接宽度符合规范要求，防水涂料应涂刷均匀，厚度达到设计标准。对屋面节点部位，如女儿墙根部、天沟、檐口等，进行加强防水处理，采取附加层、密封膏等防水措施。在卫生间防水施工前，对地面进行基层处理，确保基层平整、干燥。合理设置地面坡度，保证排水顺畅。在管道穿越楼板处、墙角等易渗漏部位，采用防水套管、密封胶等进行密封处理，施工完成后进行闭水试验，确保防水效果。

第三节　质量检测执行

一、材料构配件检验

在建设工程质量检测执行体系里，材料构配件检验是确保工程质量的基石。材料构配件作为构成工程实体的基本元素，质量优劣直接决定工程的结构安全、使用功能及耐久性，因此必须对其进行严格且全面的检验。材料构配件检验有着严谨的流程，在采购环节，施工单位依据工程设计要求与施工进度计划，选择具备相应资质、良好信誉及稳定生产能力的供应商。采购合同中明确材料构配件的规格、型号、质量标准、数量、交货时间等关键信息，从源头上把控质量。在材料构配件进场时，施工单位质量管理人员首先进行初步验收。检查产品的外观，对于钢筋，查看表面有无锈蚀、裂纹、结疤等明显缺陷，钢筋应表面光滑，无局部缩颈现象；水泥检查包装是否完好，有无受潮结块迹象，包装袋上的品种、标号、出厂日期等标识应清晰准确；砂、石骨料查看颗粒级配是否合理，有无过多杂质，含泥量是否超标。同时，仔细核查质量证明文件，包括产品合格证、质量检验报告、性能检测报告等，确保其真实性与完整性。例如，钢筋的质量检验报告应详细列出屈服强度、抗拉强度、伸长率等各项力学性能指标，且符合相关标准要求。初步验收合格后，按规定进行抽样送检。对于钢筋，按不同批次、不同规格进行抽样，抽取的样品送往有资质的检测机构进行力学性能检测，包括拉伸试验，测定钢筋的屈服强度与抗拉强度，和冷弯试验，检验钢筋的弯曲性能。水泥则抽样检测其凝结时间、安定性与强度。凝结时间分为初凝时间与终凝时间，需符合国家标准规定，安定性不良的水泥会导致混凝土结构开裂，严重影响工程质量，强度检测确保水泥能满足混凝土设计强度等级要求。砂、石骨料检测其颗粒级配、含泥量、泥块含量等。颗粒级配影响混凝土的和易性与强度，含泥量与泥块含量过高会降低混凝土的强度与耐久性。在构配件方面，如预制楼板、预制楼梯等，除检查外观有无裂缝、孔洞，尺寸是否精准外，还需进行结构性能检测。对于预制梁，通过加载试验检测其承载能力、抗裂性能等，确保构配件在使用过程中能承受设计荷载，满足结构安全要求。材料构配件检验有明确的标准，钢筋的力学性能指标，如热轧带肋钢筋的屈服强度标准值应符合相应牌号规定，抗拉强度实测值与屈服强度实测值之比不应小于 1.25，屈服强度实测值与屈服强度标准值之比不应大于 1.3。水泥的凝结时间，普通硅酸盐水泥初凝时间不得早于 45min，终凝时间不得迟于 10h，安定性必须合格，强度等级应与工程设计要求相符。砂的含泥量，对于强度等级大于或等于 C30 的混凝土，含泥量不应大于 3%，对于强度等级小于 C30 的混凝土，含泥量不应大于 5%。构配件的尺寸偏差有严格规定，如预制楼板的长度偏差允许范围为±5mm，宽度偏差允许范围为±4mm，厚度偏差允许范围为±3mm，结构性能检测结果必须满足设计要求。若材料构配件检验结果不合格，立即采取相应措施。对于不合格的原材料，如钢筋强度不达标，施工单位立即停止使用该批次钢筋，对已使用该批次钢筋的部位进行评估，必要时进行返工处理。同时，与供应商沟通，要求其退换货，并对供应商进行重新评估，将严重不合格的供应商列入黑名单，不再合作。对于构配件，如预制构件出现裂缝、结构性能不满足设计要求等问题，同样停止使用，对已安装的构配件进行安全评估，制定整改方案，可能涉及拆除更换或加固处理。整改完成后，重新进行检验，直至检验合格，确保用于工程建设的材料构配件质量符合要求，为建设工程质量提供坚实保障。

二、实体质量检测

在建设工程质量检测执行体系中，实体质量检测处于核心地位，直接对工程建成后的实际质量状况进行检验，是评判工程是否符合设计要求与质量标准的关键环节。通过全面、科学的实体质量检测，能及时发现工程中存在的质量问题，为工程质量的提升与保障提供有力依据。主体结构的实体质量检测至关重要，对于混凝土结构，混凝土强度检测是重点。常用的检测方法有回弹法，通过回弹仪对混凝土表面进行弹击，根据回弹值与混凝土强度的相关性，推算混凝土强度。操作时，在混凝土构件表面均匀布置测区，每个测区弹击 16 个点，取其平均值并结合碳化深度测量值，计算混凝土强度推定值。当对回弹法检测结果有怀疑或混凝土质量存在争议时，采用钻芯法。从混凝土构件中钻取芯样，加工后进行抗压强度试验，芯样的抗压强度值可直接反映混凝土的实际强度。钢筋保护层厚度检测也是关键，利用钢筋探测仪测定钢筋位置及保护层厚度，在梁、板等构件上，按一定间距布置检测点，检测结果需符合设计及规范要求，保护层厚度过大或过小都会影响结构的耐久性与承载能力。此外，对混凝土结构的外观质量进行检查，查看有无蜂窝、麻面、孔洞、裂缝等缺陷。蜂窝、麻面影响混凝土外观及耐久性，孔洞、裂缝则可能危及结构安全，一旦发现，需详细记录并分析成因，采取相应处理措施。砌体结构的实体质量检测也不容忽视，首先检查砌体的砌筑质量，包括砖的砌筑方法是否符合规范，灰缝厚度与饱满度是否达标。灰缝厚度一般控制在 8~12mm，水平灰缝饱满度不得低于 80%，竖向灰缝不得出现透明缝、瞎缝和假缝。通过百格网检查灰缝饱满度，用尺量检查灰缝厚度。对于砌体的组砌方式，如砖墙应上下错缝、内外搭砌，确保砌体的整体性。同时，检测砌体的抗压强度，可采用原位轴压法、扁顶法等。原位轴压法是在墙体上开凿两个水平槽孔，安装原位压力机，对槽间砌体施加压力，直至砌体破坏，根据破坏荷载推算砌体的抗压强度。这些检测方法能准确评估砌体结构的承载能力，保障砌体结构的安全性。装饰装修工程的实体质量检测涉及多个方面，在墙面工程中，检查墙面抹灰的平整度与垂直度，用 2m 靠尺和塞尺检查平整度，误差不超过 4mm，用 2m 托线板检查垂直度，误差不超过 4mm。墙面砖铺贴质量检测，查看面砖是否平整、有无空鼓，用小锤轻击面砖，检查空鼓率，单块砖不超过 5%，整体不超过 3%。地面工程检测地面的平整度、空鼓率和地砖的铺贴质量。地面平整度用 2m 靠尺检查，误差不超过 5mm，空鼓率检测方法与墙面砖相同。门窗工程检测门窗的开启灵活性、关闭密封性和门窗框与墙体的连接牢固程度。门窗开启应灵活，关闭应严密，无倒翘现象，门窗框与墙体间的缝隙应采用密封胶密封，密封胶应饱满、顺直、美观。安装工程的实体质量检测同样关键，给排水工程检测管道的安装质量，包括管道的坡度、垂直度和连接密封性。管道坡度应符合设计要求，确保排水通畅，无积水现象，通过水平仪测量管道坡度。管道连接部位进行打压试验或通水试验，检查是否有渗漏现象。电气安装工程检测电线的绝缘性能、插座的接线正确性和配电箱的安装质量。用绝缘电阻测试仪检测电线的绝缘电阻，阻值应符合规范要求，确保用电安全。检查插座接线是否正确，"左零右火上接地"，通过插座检测仪进行检测。配电箱内电器元件应安装牢固，接线规范，漏电保护装置应灵敏可靠。

三、检测设备管理

在建设工程质量检测执行体系中，检测设备管理是保障检测工作精准、高效开展的关键环节。检测设备的性能优劣、状态好坏直接决定检测数据的准确性与可靠性，进而影响对建设工程实体质量的评判，因此必须对检测设备实施全面、科学的管理。设备采购环节是管理的起始点，建设单位、施工单位或检测机构根据工程检测需求，结合相关标准规范与实际检测项目，制订详细的设备采购计划。明确所需设备的类型、规格、技术参数等要求。例如，采购用于混凝土强度检测的回弹仪，需确定其冲击能量、弹击拉簧工作长度、弹击拉簧刚度等技术参数符合国家标准，确保能准确检测不同强度等级的混凝土。对于钢筋拉伸试验用的万能材料试验机，要依据工程中钢筋的最大拉力值，选择量程合适、精度达标的设备，保证试验数据的准确性。在选择供应商时，进行充分的市场调研，考察供应商的资质、信誉、生产能力以及售后服务水平。优先选择具有良好口碑、丰富生产经验且能提供优质售后服务的供应商，确保采购的设备质量可靠、稳定运行。签订采购合同，合同中明确设备的技术要求、价格、交货时间、售后服务条款等内容，从源头把控设备质量与供应稳定性。设备验收是确保投入使用的设备符合要求的重要关卡，设备到货后，组织专业人员进行验收。首先检查设备的外观，查看有无损坏、变形、零部件缺失等情况，设备表面应无划痕、油漆应完整。同时，核对设备的型号、规格、技术参数是否与采购合同一致，随机附带的说明书、合格证、保修卡等资料是否齐全。对于关键设备，如超声波探伤仪，需进行性能测试。按照设备操作规程，对已知缺陷的试块进行探伤检测，检查仪器能否准确检测出缺陷的位置、大小与性质，检测结果与试块实际情况对比，判断仪器性能是否达标。只有验收合格的设备，方可办理入库手续，再投入使用，避免不合格设备流入检测环节。设备的正确使用是保证检测数据准确的核心，制定详细的设备操作规程，操作规程涵盖设备的启动、运行、停止步骤，和在不同检测项目中的参数设置、操作要点等内容。例如，电子天平的操作规程规定了开机预热时间、称量范围、如何去皮归零以及在称量不同材料时的注意事项。对操作人员进行严格培训，使其熟悉设备的性能、操作方法以及维护要点。培训后进行考核，考核合格的人员方可操作设备。在操作过程中，操作人员严格按照操作规程进行，不得随意更改设备参数、违规操作。每次使用设备后，操作人员认真填写设备使用记录，记录内容包括使用时间、检测项目、设备运行状态、操作人员等信息，便于追溯设备使用情况，及时发现潜在问题。设备的维护保养是延长设备使用寿命、保证设备性能稳定的必要措施，建立日常维护保养制度，操作人员在每次使用设备前后，对设备进行清洁，清除设备表面的灰尘、污渍，防止杂质进入设备内部影响性能。定期对设备进行检查，检查设备的零部件是否松动、磨损，如万能材料试验机的夹具、丝杠等部件，及时紧固松动部件，更换磨损严重的零部件。按照设备说明书要求，定期对设备进行润滑，如对钢筋弯曲试验机的传动部件添加润滑油，保证设备运行顺畅。同时，根据设备使用频率与运行状况，制订定期维护保养计划，安排专业维修人员对设备进行全面维护，包括电气系统检查、机械性能调试等，确保设备始终处于良好运行状态。设备校准是保证检测数据准确性的关键措施，按照相关标准规范与设备使用说明书要求，定期对检测设备进行校准。校准周期根据设备的类型、使用频率、精度要求等因素确定。例如，混凝土试模每三个月校准一次，确保试模尺寸偏差在允许范围内，保证混凝土试块成型尺寸准确。对于高精度的检测设备，如原子吸收光谱仪，校准周期可能更短。校准工作由有资质的校准机构进行，校准过程严格按照校准规范操作，在校准完成后，校准机构出具校准证书，证书中明确设备的校准结果、校准日期、下次校准日期等信息。根据校准结果，对设备进行调整、维修或报废处理。若设备校准结果超出允许误差范围，及时进行维修调试，重新校准合格后，方可继续使用，确保检测设备始终具备准确的检测能力，为建设工程质量检测提供可靠的数据支持，保障建设工程质量检测工作的科学性与公正性。

四、质量数据统计

在建设工程质量检测执行体系里，质量数据统计发挥着不可替代的重要作用。它如同工程质量的"透视镜"，通过对大量质量检测数据的收集、整理、分析，精准呈现工程质量状况，为质量决策提供坚实的数据支撑，助力工程质量的有效管控与持续提升。质量数据收集是统计工作的基础，在建设工程施工全过程，从原材料进场开始，便启动数据收集工作。对于钢筋，记录每批次钢筋的生产厂家、炉批号、规格型号、屈服强度、抗拉强度、伸长率等检测数据。水泥则收集其品种、标号、出厂日期、凝结时间、安定性、强度等数据。砂、石骨料收集颗粒级配、含泥量、泥块含量等数据。在施工过程中，混凝土浇筑环节收集每车混凝土的坍落度、浇筑部位、浇筑时间等数据。对于混凝土试块，记录其制作时间、养护条件、抗压强度检测值等。在主体结构检测方面，收集混凝土结构的钢筋保护层厚度、构件尺寸偏差、外观质量缺陷等数据。砌体结构收集砌体的砌筑质量数据，如灰缝厚度、饱满度、组砌方式，和砌体抗压强度检测数据。装饰装修工程收集墙面、地面的平整度、垂直度、空鼓率数据，门窗安装的开启灵活性、关闭密封性数据等。安装工程收集给排水管道的坡度、密封性，电气线路的绝缘电阻、接地电阻等数据。这些数据通过检测人员手工记录、检测设备自动采集等方式，全面、准确地汇聚起来。收集到的海量数据需进行系统整理，按照工程部位、施工阶段、检测项目等维度进行分类。以工程部位为例，将数据分为基础工程、主体结构工程、装饰装修工程、安装工程等类别。在基础工程类别下，再细分桩基础、筏板基础等数据。按施工阶段，分为施工准备阶段、施工过程阶段、竣工验收阶段数据。施工准备阶段主要是原材料构配件检测数据；施工过程阶段涵盖各工序质量检测数据；竣工验收阶段则是整体工程质量验收数据。按检测项目分类，如混凝土强度检测数据、钢筋力学性能检测数据、防水工程渗漏检测数据等。对整理后的数据进行编号、登记，建立详细的数据台账，方便后续查询与分析。质量数据统计分析方法多样，统计图表法是常用手段，通过绘制直方图，直观展示数据的分布情况。例如，根据混凝土试块强度数据绘制直方图，可清晰看出强度值的集中趋势与离散程度，判断混凝土生产质量是否稳定。排列图用于找出影响质量的主要因素，将各类质量问题按照出现的频次或影响程度从高到低排列，分析得出如钢筋质量不稳定、混凝土振捣不规范等占据前列的主要因素。控制图则用于监控施工过程质量是否处于稳定状态，通过设定控制界限，当数据点超出控制界限或出现异常排列时，表明施工过程可能存在质量波动，需及时查找原因并调整。除图表法外，还运用统计指标分析，计算数据的平均值、标准差、变异系数等。平均值反映数据的集中趋势，如混凝土试块强度平均值可直观体现该批次混凝土的平均强度水平。标准差与变异系数衡量数据的离散程度，变异系数越小，说明数据越稳定，工程质量波动越小。质量数据统计结果在工程质量管控中有着广泛应用，在质量评估方面，依据统计分析结果，对工程质量进行量化评价。若混凝土试块强度数据统计显示强度平均值达到设计要求，且标准差较小，说明混凝土质量优良；若数据波动大，部分试块强度低于设计值，表明混凝土质量存在问题，需进一步分析原因。在质量改进方面，根据排列图找出的主要质量问题，制定针对性改进措施。若发现某区域墙面空鼓率高是因基层处理不当导致，可加强基层处理工艺培训，改进施工流程，降低空鼓率。在质量预测方面，通过对历史质量数据的统计分析，建立质量预测模型，预测未来施工过程中可能出现的质量问题，提前采取预防措施，保障建设工程质量稳步提升，确保工程顺利交付并满足使用要求。

第四节　质量问题处理

一、问题识别分类

在建设工程质量问题处理流程中，精准识别并合理分类质量问题是关键的起始步骤。这一环节如同医生诊断病情，只有准确判断问题的类型与特性，才能对症下药，制定出有效的处理方案。建设工程质量问题繁杂多样，涵盖多个方面，可从不同维度进行识别分类。从建筑材料角度来看，原材料质量问题较为常见。钢筋质量问题表现形式多样，可能出现实际强度与设计要求不符的情况，如屈服强度、抗拉强度低于标准值，这会严重影响结构的承载能力。钢筋外观质量也可能存在缺陷，如表面锈蚀严重、有裂纹、结疤等，这些缺陷会削弱钢筋与混凝土之间的黏结力，降低结构的整体性能。水泥同样可能引发质量问题，水泥的安定性不良是较为突出的问题之一，使用安定性不合格的水泥，在混凝土硬化后，会因内部膨胀应力导致混凝土结构出现裂缝，严重影响结构的耐久性与安全性。水泥的强度等级不达标也会导致混凝土强度无法满足设计要求，影响工程质量。此外，砂、石骨料的含泥量、泥块含量超标，会降低混凝土的强度和耐久性；外加剂的使用不当，如掺量不准确，可能影响混凝土的凝结时间、和易性等性能。施工工艺方面的质量问题也不容忽视，在混凝土施工过程中，混凝土浇筑工艺不当是常见问题。例如，混凝土浇筑时振捣不密实，会导致混凝土内部出现蜂窝、麻面、孔洞等缺陷，降低混凝土的强度和抗渗性。若混凝土浇筑顺序不合理，可能造成施工冷缝，影响结构的整体性。在模板工程中，模板安装不牢固，在混凝土浇筑过程中发生变形、位移，会导致混凝土构件尺寸偏差，影响结构外观和使用功能。模板拆除过早，混凝土强度未达到规定要求，可能使混凝土构件出现裂缝、变形等质量问题。在砌体工程中，砌筑工艺不规范也会引发诸多质量问题。如砖的含水率不符合要求，会影响砖与砂浆之间的黏结力，导致砌体强度降低。砌筑时灰缝厚度不均匀、饱满度不足，会使砌体的整体性和稳定性下降，容易出现裂缝。结构安全相关的质量问题是重中之重，基础工程中的质量问题可能导致整个建筑物的不均匀沉降。如地基处理不当，未达到设计要求的地基承载力，建筑物在建成后会出现倾斜、开裂等现象。桩基础施工质量问题，如桩身完整性破坏、桩长不足、桩的垂直度偏差过大等，会严重影响基础的承载能力，威胁建筑物的安全。在主体结构中，混凝土结构的钢筋配置不符合设计要求是常见问题。钢筋数量不足、间距过大，会降低结构的承载能力；钢筋锚固长度不够，在受力时钢筋容易从混凝土中拔出，导致结构破坏。在砌体结构中，墙体的高厚比过大，超过规范允许值，会使墙体稳定性不足，容易发生倒塌事故。功能性质量问题影响建筑物的正常使用，在防水工程中，屋面、卫生间、地下室等部位的渗漏问题较为普遍。屋面防水施工质量不合格，如卷材防水层铺贴不牢固、搭接宽度不足，防水涂料涂刷不均匀、厚度不够，会导致屋面渗漏，影响建筑物的顶层使用功能，长期渗漏还会侵蚀屋面结构层，降低结构的耐久性。卫生间渗漏多因地面防水处理不当，如地漏周边密封不严、防水层破损等，不仅影响卫生间的使用，还可能渗漏到下层房间，引发邻里纠纷。电气安装工程中的质量问题也会影响建筑物的功能性。如电线电缆的规格型号不符合设计要求，可能导致电线过载发热，存在安全隐患；插座、开关安装位置不合理，使用不便；电气系统接地不可靠，容易引发触电事故。外观质量问题虽不直接影响结构安全和使用功能，但会影响建筑物的美观和整体形象。在墙面抹灰工程中，墙面出现空鼓、开裂、表面不平整等问题较为常见。空鼓主要是由于基层处理不当、抹灰层与基层黏结不牢导致；开裂可能是由材料收缩、温度变化等原因引起；表面不平整会影响墙面的美观度。外墙涂料工程中，涂料涂刷不均匀、色泽不一致、流坠等问题会影响建筑物的外观效果。在门窗安装工程中，门窗框与墙体之间的缝隙过大、密封不严，门窗开启不灵活、关闭不严密等问题，不仅影响使用功能，还会影响建筑物的整体美观。

二、原因深度分析

在建设工程质量问题处理过程中，深入剖析问题产生的原因是关键环节，只有准确找出根源，才能制定出切实有效的解决方案，从根本上解决质量问题，保障工程质量。建设工程质量问题成因复杂，涉及多个方面，主要可从人员、材料、施工工艺、环境和管理等维度展开深度分析。人员因素在质量问题中扮演着重要角色，施工人员作为工程建设的直接执行者，专业技能水平与责任心至关重要。若施工人员未接受充分的专业培训，对施工工艺和质量标准缺乏深入了解，在实际操作中极易出现失误。例如，在钢筋焊接作业时，因焊接人员技术不熟练，无法准确控制焊接电流、电压和焊接时间，导致焊接接头质量不合格，出现虚焊、夹渣、气孔等缺陷，严重影响钢筋的连接强度和结构的稳定性。此外，施工人员的责任心不强，工作态度不认真，在施工过程中敷衍了事，也是引发质量问题的常见原因。如在混凝土浇筑过程中，振捣工人未按规定的振捣时间和间距进行操作，漏振或过振，致使混凝土内部出现蜂窝、麻面、孔洞等质量缺陷，降低了混凝土的强度和抗渗性能。材料质量问题是导致工程质量问题的重要因素之一，建筑材料的质量直接关系到工程的整体质量。原材料质量不合格的情况屡见不鲜。以水泥为例，若水泥的安定性不良，在混凝土硬化过程中会产生不均匀的体积变化，导致混凝土结构出现裂缝，严重影响建筑结构的耐久性和安全性。水泥的强度等级不符合设计要求，也会使混凝土强度无法达到预期标准，影响工程的承载能力。对于钢筋，若实际强度低于设计强度，在承受荷载时，钢筋易发生屈服甚至断裂，危及结构安全。钢筋的外观质量同样重要，如表面锈蚀严重、有裂纹或结疤等缺陷，会削弱钢筋与混凝土之间的黏结力，降低结构的整体性能。此外，砂、石骨料的含泥量和泥块含量超标，会影响混凝土的和易性和强度，降低混凝土的耐久性。外加剂的质量不稳定或使用不当，如掺量不准确，可能影响混凝土的凝结时间、坍落度等性能，进而引发质量问题。施工工艺方面的缺陷也是引发质量问题的常见原因，施工工艺的合理性和执行的严格程度直接影响工程质量。在混凝土施工过程中，若混凝土配合比设计不合理，水泥、砂、石、水和外加剂的比例不当，会导致混凝土的性能无法满足工程要求。例如，水灰比过大，会使混凝土的强度降低，抗渗性和抗冻性变差；砂率不合适，会影响混凝土的和易性，导致混凝土在浇筑过程中出现离析现象。在混凝土浇筑过程中，若浇筑顺序不合理，可能会产生施工冷缝，影响结构的整体性。在模板工程中，模板的设计和安装质量对混凝土构件的成型质量至关重要。若模板的强度、刚度和稳定性不足，在混凝土浇筑过程中，模板容易发生变形、位移，导致混凝土构件尺寸偏差，影响建筑结构的外观和使用功能。若模板拆除过早，混凝土强度未达到规定要求，会使混凝土构件出现裂缝、变形等质量问题。环境因素对工程质量也有着不可忽视的影响，在建设工程施工过程中，工程所在地的自然环境和施工环境都可能对建筑工程质量产生影响。在自然环境方面，温度、湿度、降水等气候条件变化较大。在高温天气下进行混凝土浇筑，混凝土水分蒸发过快，容易导致混凝土出现干缩裂缝。在低温环境下，混凝土的水化反应减缓，强度增长缓慢，若未采取有效的保温措施，还可能导致混凝土受冻，严重影响混凝土的强度和耐久性。降水过多会使地基土含水量增加，地基承载力降低，导致建筑物出现不均匀沉降。在施工环境方面，施工现场的场地条件、施工设备的运行状况等也会影响工程质量。如施工现场狭窄，材料堆放混乱，可能导致材料损坏或混用，影响工程质量。施工设备老化、故障频繁，如混凝土搅拌机搅拌不均匀，会导致混凝土质量不稳定，会影响施工进度和质量。管理因素也是导致质量问题的重要原因之一，建设工程涉及多个参与方，包括建设单位、施工单位、监理单位等，各方的管理水平和协调配合程度对工程质量有着重要影响。建设单位的管理不善，如不合理压缩工期，会导致施工单位为赶进度而忽视质量，采用一些不规范的施工方法和工艺，从而引发质量问题。施工单位的质量管理体系不完善，质量管理制度不健全，质量责任落实不到位，也是导致质量问题的重要原因。例如，施工单位未建立有效的质量检查制度，对施工过程中的质量问题未能及时发现和整改。监理单位的监理不到位，对施工单位的施工质量监督不力，未能严格按照监理规范和标准进行验收，也会使质量问题得不到及时纠正和解决。此外，建设工程各参与方之间的沟通协调不畅，信息传递不及时、不准确，也容易导致质量问题的发生。如设计单位对设计变更通知不及时，施工单位按原设计施工，导致工程质量不符合要求。

三、整改措施制定

在建设工程质量问题处理中，针对前文深度剖析的各类成因，制定行之有效的整改措施至关重要。整改措施需全面覆盖人员、材料、施工工艺、环境和管理等各个方面，力求从根源上解决质量问题，保障工程质量达到预期标准。在人员方面，首要任务是强化培训，针对施工人员专业技能不足的问题，施工单位应组织系统的专业培训课程。对于钢筋焊接人员，邀请经验丰富的焊接专家进行现场实操培训，详细讲解焊接电流、电压、焊接时间等参数的调整原理与方法，通过大量实际操作练习，让焊接人员熟练掌握焊接技巧，确保焊接接头质量合格。同时，加强施工人员的质量意识教育，定期开展质量安全讲座，通过展示因质量问题导致的工程事故案例，让施工人员深刻认识到质量的重要性，增强其责任心。建立严格的人员考核机制，对施工人员的操作技能和质量意识进行定期考核，考核合格后方可继续上岗作业，对多次考核不合格的人员予以辞退，以此激励施工人员主动提升自身素质。在材料方面，严格把控采购源头，建设单位、施工单位与监理单位共同对供应商进行全面考察，选择资质齐全、信誉良好、生产能力稳定且产品质量经权威检测合格的供应商。在采购合同中，明确规定材料的质量标准、规格型号、验收方式和违约责任等关键条款。对于水泥，要求供应商提供详细的质量检测报告，包括安定性、强度等级等各项指标的检测结果，每批次水泥进场后，必须进行抽样复检，复检合格后方可使用。对于钢筋，除检查外观质量和质量证明文件外，按规定进行力学性能检测，确保钢筋强度符合设计要求。加强材料的存储管理，建立规范的材料仓库，根据材料特性进行分类存放，如水泥应存放在干燥、通风的仓库内，防止受潮结块；钢筋应架空存放，避免锈蚀。定期对库存材料进行盘点和质量检查，及时清理不合格材料，防止其流入施工现场。在施工工艺方面，优化施工方案，针对混凝土配合比不合理的问题，施工单位应委托有资质的检测机构，根据工程实际情况和设计要求，进行混凝土配合比设计优化。在设计过程中，充分考虑水泥、砂、石、水和外加剂的性能和相互作用，通过多次试配和调整，确定最佳配合比，确保混凝土的和易性、强度、抗渗性等性能满足工程要求。在混凝土浇筑前，制定详细的浇筑方案，明确浇筑顺序、振捣方法和振捣时间，安排专人负责监督浇筑过程，确保施工人员严格按照方案执行。对于模板工程，加强模板的设计和安装管理。在模板设计阶段，根据混凝土构件的形状、尺寸和受力情况，合理确定模板的强度、刚度和稳定性参数。在模板安装过程中，严格控制模板的安装精度，确保模板拼接严密、支撑牢固，避免在混凝土浇筑过程中出现变形、位移等问题。模板拆除应严格按照规定的时间和顺序进行，在混凝土强度达到设计要求后，方可拆除模板。在环境方面，采取有效的应对措施，针对自然环境因素，在高温天气下进行混凝土浇筑时，应采取降温措施，如对原材料进行降温处理，在混凝土中添加缓凝剂，降低混凝土的水化热，同时对浇筑后的混凝土及时进行覆盖保湿养护，防止混凝土因水分蒸发过快而出现干缩裂缝。在低温环境下，制定冬期施工方案，对混凝土原材料进行加热，提高混凝土的入模温度，采用蓄热法、暖棚法等养护方式，确保混凝土在低温环境下能够正常水化，强度正常增长。对于降水较多的地区，在施工前做好施工现场的排水规划，设置完善的排水系统，防止地基土受雨水浸泡。在施工过程中，密切关注天气预报，提前做好防雨准备，如在混凝土浇筑前，准备好防雨布，遇雨时及时覆盖，避免雨水冲刷混凝土。针对施工环境，合理规划施工现场，确保场地平整、材料堆放有序，设置专门的材料堆放区和加工区，避免材料混乱堆放和损坏。定期对施工设备进行维护保养，建立设备维护档案，记录设备的维护保养情况和故障维修记录，及时更换老化、损坏的设备部件，确保施工设备正常运行，提高施工效率和质量。在管理方面，完善质量管理体系，建设单位应合理安排工期，避免不合理压缩工期，确保施工单位有足够的时间和资源保证工程质量。施工单位应建立健全质量管理责任制，明确各部门和岗位的质量职责，将质量责任落实到每一个人。加强施工过程中的质量检查，建立"三检"制度，即施工人员自检、班组互检和质量管理人员专检，对施工过程中的每一道工序进行严格检查，发现质量问题及时整改。监理单位应严格履行监理职责，加强对施工现场的巡视和旁站监理，按照监理规范和标准对工程质量进行验收，对不符合质量要求的工程部位，坚决要求施工单位返工整改。建立建设工程各参与方之间的沟通协调机制，定期召开工程例会，及时解决施工过程中出现的问题。对于设计变更，设计单位应及时通知建设单位、施工单位和监理单位，各方协商确定变更方案，确保工程施工符合设计要求。通过完善质量管理体系，加强各方之间的沟通协调，提高工程质量管理水平，有效预防和解决质量问题。

四、预防机制建立

在建设工程领域，质量问题关乎建筑的安全使用与寿命，建立健全质量问题预防机制刻不容缓。这一机制旨在从根源上减少质量隐患，确保工程顺利推进并达到预期质量标准。完善的制度体系是预防机制的基础框架，建设单位需制定严谨的工程质量管理制度，明确各参与方的质量责任与义务，详细规定从项目规划到竣工验收全过程的质量管控流程。例如，清晰界定施工单位在施工过程中的质量自检责任，和监理单位的监督与验收职责。建立质量问题反馈与处理制度，当施工过程中发现质量问题时，施工人员可通过专门渠道迅速上报，相关责任部门需在规定时间内响应并给出处理方案，确保问题不拖延、不恶化。同时，设立质量奖惩制度，对在工程质量方面表现优秀的团队与个人给予物质奖励与荣誉表彰，对造成质量问题的责任方进行严厉处罚，以此激励各方积极保障工程质量。人员管理是预防质量问题的关键环节，施工单位要对施工人员进行严格筛选，优先录用具备丰富经验与专业技能的人员。在人员上岗前，施工单位组织全面且系统的培训，内容涵盖施工工艺标准、安全操作规程和质量意识教育。以混凝土浇筑施工培训为例，详细讲解混凝土的搅拌、运输、浇筑及振捣要点，确保施工人员熟练掌握正确操作流程。定期对施工人员进行技能考核，考核结果与绩效挂钩，激励施工人员不断提升自身专业水平。对于管理人员，加强管理能力与质量意识培训，使其能够科学合理地组织施工，有效协调各方资源，及时解决施工过程中出现的质量问题。材料把控直接影响工程质量，建设单位、施工单位与监理单位需协同合作，对材料供应商进行严格审查。建立供应商资质审查制度，要求供应商提供营业执照、生产许可证、产品质量检测报告等相关资质文件，确保其具备稳定的生产能力与良好的产品质量。在采购环节，签订详细的采购合同，明确材料的规格、型号、质量标准、验收方式及违约责任等关键条款。材料进场时，遵循严格的检验程序。对于钢筋，不仅要检查外观有无锈蚀、裂纹等缺陷，还要按规定抽样送检，检测其屈服强度、抗拉强度、伸长率等力学性能指标，确保钢筋质量符合设计要求。对于水泥，检查其品种、标号、出厂日期，抽样检测凝结时间、安定性和强度，防止使用不合格水泥。同时，加强材料存储管理，依据材料特性分类存放，如水泥存放在干燥通风处，避免受潮结块；钢筋架空存放，防止锈蚀。定期盘点库存材料，及时清理过期或变质材料，杜绝将不合格材料用于工程建设中。施工工艺优化是提升工程质量的重要手段，在工程开工前，施工单位组织技术人员对施工图纸进行深入会审，结合工程实际情况，制定科学合理的施工组织设计与施工方案。对于复杂的施工工艺，如大体积混凝土浇筑、深基坑支护等，邀请专家进行论证，确保施工方案切实可行。在施工过程中，严格按照施工方案执行，加强对施工工艺的监督检查。例如，在模板安装过程中，控制模板的平整度、垂直度和拼接缝隙，确保模板支撑牢固，防止在混凝土浇筑时出现变形、位移等问题。对混凝土浇筑工艺，明确浇筑顺序、振捣方法和振捣时间，安排专人负责监督，确保混凝土振捣密实，避免出现蜂窝、麻面、孔洞等质量缺陷。定期对施工工艺进行总结与改进，收集施工过程中的问题反馈，分析原因，及时调整施工工艺，提高施工质量。质量检测与监督贯穿工程建设始终，施工单位建立内部质量检测体系，并配备专业的检测人员与设备，对施工过程中的关键工序与重要部位进行定期检测。例如，在钢筋隐蔽前，对钢筋的规格、数量、连接方式等进行全面检测；在混凝土浇筑过程中，对混凝土的坍落度、试块制作等进行实时检测。监理单位加强对施工现场的监督力度，按照监理规范与标准进行旁站监理、平行检验和巡视检查。对发现的质量问题，及时下达整改通知，要求施工单位限期整改，并跟踪整改情况，确保质量问题得到彻底解决。同时，引入第三方检测机构，对工程质量进行独立检测，为工程质量提供客观、公正的评价，进一步强化质量监督效果。通过完善的质量检测与监督机制，及时发现并消除质量隐患，保障建设工程质量。

第六章　施工技术管理

第一节　技术管理体系强化

一、管理目标精准定位

在建设工程施工技术管理体系强化过程中，管理目标的精准定位犹如灯塔，为整个工程的技术管理工作指明方向，确保各项技术活动有序开展，助力工程顺利达到预期效果。质量目标的精准定位是重中之重，建设工程质量关乎使用者的生命财产安全和建筑物的长期使用性能。在质量目标定位时，需紧密结合工程的设计要求与相关质量标准。对于住宅建筑，要确保建筑结构安全稳固，墙体、楼板等承重结构的混凝土强度必须达到设计强度等级，如 C30、C35 等。在建筑外观方面，墙面平整、色泽均匀，门窗安装牢固且密封良好，确保防水、隔音性能达标。对于公共建筑，如医院、学校等，除满足基本结构质量要求外，还需重点关注室内环境质量，如空气质量、噪声控制等。依据相关绿色建筑标准，合理定位室内新风量、甲醛等有害物质含量指标，为使用者提供健康舒适的环境。质量目标需细化到每一道施工工序，如钢筋绑扎工序，明确钢筋间距误差范围、绑扎牢固程度标准等，通过严格把控每道工序质量，实现整体工程质量目标。进度目标的精准定位直接影响工程的交付时间与经济效益，施工单位需综合考虑工程规模、施工工艺复杂程度、资源供应情况等因素来确定进度目标。对于小型建筑工程，若施工工艺相对简单，在资源充足的情况下，可制定较短的工期目标，如多层住宅建筑，计划在6~8个月内完成主体结构施工，10~12个月内完成整体竣工验收并交付使用。而对于大型复杂工程，如城市地标性建筑，涉及深基坑、超高层结构、复杂幕墙等施工工艺，进度目标需充分考虑各工序之间的衔接与合理工期。例如，深基坑支护工程可能需要2~3个月，主体结构施工按每层7~10天的速度推进，整体工期可能长达2~3年。进度目标要分解到每月、每周甚至每天的施工任务，明确各阶段的里程碑节点，如基础完工时间、主体封顶时间等，便于实时监控与调整施工进度。成本目标的精准定位是实现工程经济效益的关键，建设工程成本涵盖人工成本、材料成本、设备成本和管理成本等多个方面。在成本目标定位时，需进行详细的成本核算与分析。在人工成本方面，根据工程所在地的劳动力市场价格和施工人员的技能水平，合理估算各工种的人工费用，如熟练钢筋工、混凝土工的日工资标准。材料成本要考虑材料的市场价格波动、采购渠道和运输成本等因素。对于常用建筑材料，如钢材、水泥、砂石等，通过与多家供应商洽谈，获取最优采购价格，并合理规划材料运输路线，降低运输成本。设备成本包括设备的购置、租赁和维护费用，根据工程施工需求，选择性价比高的设备购置或租赁方案。同时，严格控制管理成本，精简管理机构，提高管理效率，减少不必要的管理开支。通过精准定位成本目标，将成本控制在合理范围内，实现工程经济效益最大化。安全目标的精准定位是保障工程顺利进行的前提，建设工程施工环境复杂，安全风险高，必须明确安全目标，确保施工过程中人员安全与设备安全。安全目标要符合国家相关安全法规与行业标准，如杜绝重大安全事故发生，减少一般安全事故发生率。在施工现场，设置完善的安全防护设施，如临边防护栏杆、安全网等，确保施工人员在高空作业、洞口作业等危险环境下的安全。对施工设备进行定期安全检查与维护，如塔吊、施工电梯等大型设备，建立设备安全档案，记录设备的维护保养情况与安全检查结果，确保设备安全运行。加强施工人员的安全教育培训，定期组织安全知识讲座与应急演练，提高施工人员的安全意识与应急处理能力。通过精准定位安全目标，采取有效的安全措施，为工程施工创造安全稳定的环境。

二、制度体系更新优化

在建设工程技术管理体系强化进程中，制度体系的更新优化起着举足轻重的作用。它如同精密齿轮组，促使技术管理各环节紧密咬合、高效运转，适应不断变化的工程建设需求，确保工程质量、进度与安全等目标的达成。施工技术方案审批制度需与时俱进地更新，传统审批流程可能存在环节烦琐、效率低下的问题，在面对复杂多变的工程环境时，难以快速响应。因此，优化审批流程势在必行。引入信息化审批平台，实现线上提交、流转与审批。施工单位在工程开工前，依据工程特点、规模及施工条件，制定详细的施工技术方案，通过平台提交给相关部门与专家。各审核人员可在平台上同步审阅方案，在线提出意见与建议，避免线下传递文件的时间损耗。对于常规工程技术方案，设置限时审批机制，规定在 3~5 个工作日内完成审批，提高审批效率。对于重大复杂工程技术方案，如超高层结构施工、大型桥梁建设等方案，组织多轮专家论证会，通过视频会议、线上研讨等多元化方式，广泛征求各方意见，确保方案的科学性与可行性。同时，建立审批责任追溯制度，明确各审核人员在审批过程中的责任，若因审批失误导致工程质量问题或安全事故，追究相关人员责任，以强化审核人员的责任意识。技术交底制度的更新优化旨在确保施工技术准确传达至一线施工人员，传统技术交底可能存在内容简单、形式单一的情况。如今，丰富技术交底内容，不仅涵盖施工工艺、质量标准、安全注意事项，还增加新技术、新工艺的操作要点与优势说明。例如，在装配式建筑施工技术交底中，详细讲解预制构件的吊装流程、连接节点处理、防水密封措施等内容，同时介绍装配式建筑相较于传统现浇建筑在节能环保、施工速度等方面的优势，提高施工人员对新技术的理解与应用的积极性。创新技术交底形式，除书面交底与现场口头讲解外，利用多媒体手段，制作生动形象的技术交底视频，直观展示施工过程中的关键环节与操作细节，方便施工人员理解与记忆。在交底过程中，增加互动环节，施工人员可当场提问，技术人员及时解答，确保施工人员完全掌握交底内容。

交底完成后，要求施工人员签字确认，并定期对施工人员进行技术交底内容考核，考核结果与绩效挂钩，促使施工人员重视技术交底。技术档案管理制度的优化对工程质量追溯与后期维护至关重要，随着工程建设规模扩大与技术复杂性增加，传统档案管理方式难以满足需求。建立数字化技术档案管理系统，将施工过程中的技术文件、图纸、变更通知、技术交底记录、检测报告等资料进行电子化存储，实现档案的快速检索与共享。利用云存储技术，确保档案数据的安全性与稳定性，防止数据丢失。对技术档案进行分类细化管理，按照工程阶段、专业领域等维度进行分类，如分为基础工程档案、主体结构工程档案、装饰装修工程档案等，方便查询与调用。制定严格的档案借阅制度，明确借阅流程与借阅权限，借阅人员需填写借阅申请表，注明借阅目的、借阅期限等信息，经审批后方可借阅，借阅过程中严格遵守保密规定，防止档案信息泄露。同时，定期对技术档案进行备份与更新，确保档案内容的准确性与完整性。推动新技术应用制度的更新是提升工程技术水平的重要举措，建筑行业新技术、新工艺、新材料不断涌现，为鼓励施工单位积极应用新技术，建立新技术应用激励机制。对采用新技术并取得显著成效的项目，给予经济奖励与荣誉表彰，如设立新技术应用专项奖金，对在工程中成功应用绿色节能技术，降低能耗达到一定比例的项目团队给予奖励。建立新技术推广平台，定期组织新技术研讨会、观摩会，邀请行业专家、技术研发人员进行新技术讲解与案例分享，促进新技术在行业内的交流与推广。施工单位内部成立新技术应用小组，负责新技术的引进、试验与应用推广工作，制订新技术应用计划与实施步骤，对新技术应用过程中的风险进行评估与管控，确保新技术在工程中安全、有效地应用。通过更新推动新技术应用制度，激发施工单位应用新技术的积极性，提升建设工程的整体技术水平。

三、职责分工细化明确

在建设工程技术管理体系强化过程中，清晰且细化的职责分工是确保各项技术工作有序推进、高效落实的关键。明确不同岗位在技术管理中的具体职责，能避免因职责不清导致的工作推诿、效率低下等问题，提升整体技术管理水平，为工程质量、进度与安全提供有力保障。技术负责人作为技术管理的核心人物，肩负着全面统筹的重任。在工程筹备阶段，需深入研究工程设计文件，组织专业技术人员进行图纸会审，对设计图纸中的技术问题、可行性及优化空间进行梳理与分析，及时与设计单位沟通协调，确保设计意图准确传达且符合工程实际施工条件。例如，在大型商业综合体项目中，技术负责人针对复杂的空间布局与机电系统设计，组织多轮图纸会审，与设计团队共同优化消防疏散通道设计，使其既满足安全规范又符合商业运营需求。在施工过程中，技术负责人负责制定总体施工技术方案，根据工程特点、施工工艺要求及资源配置情况，确定施工顺序、施工方法与技术措施。对于关键施工技术，如深基坑支护、大跨度结构施工等，组织专家进行论证，确保技术方案科学合理、安全可靠。同时，技术负责人要对施工现场的技术工作进行全程监督与指导，定期巡查施工现场，及时解决施工过程中出现的技术难题，对重大技术变更进行审核与决策，保障施工技术的正确实施。专业技术人员依据各自专业领域，承担着具体技术工作的执行与管理职责。以土建专业技术人员为例，在基础工程施工中，负责测量放线工作，确保基础位置准确无误，根据地质勘察报告与设计要求，指导施工人员进行地基处理，监督施工过程中灰土换填、桩基础施工等工艺的执行情况，对每一道工序的质量进行检查与验收，如检查桩身垂直度、桩径偏差、混凝土浇筑质量等，确保基础工程质量符合设计与规范要求。在主体结构施工阶段，负责钢筋工程、模板工程、混凝土工程的技术管理。对钢筋的加工、连接与安装进行技术指导，确保钢筋规格、数量、间距及锚固长度等符合设计图纸，监督模板安装的平整度、垂直度与支撑牢固程度，控制混凝土的配合比、浇筑工艺与养护措施，保证主体结构的稳定性与耐久性。机电专业技术人员则负责电气、给排水、通风空调等系统的技术管理，参与深化设计工作，协调各专业之间的管线布置，避免施工过程中的管线碰撞问题，指导施工人员进行设备安装、线路敷设等工作，对系统调试进行技术支持，确保机电系统正常运行。施工班组长作为一线施工的组织者与管理者，在技术管理中发挥着承上启下的关键作用。在每道工序施工前，施工班组长需认真学习技术交底文件，理解施工技术要求、质量标准与安全注意事项，然后向班组成员进行详细的二次交底，确保每一位施工人员清楚掌握施工要点。在施工过程中，施工班组长带领班组成员严格按照技术交底与施工规范进行操作，对施工过程进行实时监督，及时纠正施工人员的不规范操作行为。例如，在墙面抹灰施工中，监督施工人员控制抹灰厚度、平整度与垂直度，确保灰缝饱满、均匀，防止出现空鼓、开裂等质量问题。同时，施工班组长要及时向专业技术人员反馈施工过程中遇到的技术问题与实际困难，协助专业技术人员解决问题，保证施工顺利进行。在工序完成后，组织班组成员进行自检，对自检发现的质量问题及时整改，整改合格后向专业技术人员申请验收，确保每一道工序质量过关。材料设备管理人员在技术管理体系中也有着明确职责，负责材料设备的采购管理，根据工程施工进度与技术要求，选择符合质量标准的材料与设备供应商，签订采购合同，确保材料设备按时、按质、按量供应。在材料设备进场时，严格进行验收，检查材料的质量证明文件、规格型号、外观质量等，对设备进行性能测试，如对钢筋进行力学性能检测，对塔吊进行安全性能测试等，杜绝不合格材料设备进入施工现场。同时，负责材料设备的存储与维护管理，根据材料特性进行分类存放，如水泥存放在干燥通风处，防止受潮结块，对设备进行定期保养与维修，建立设备维护档案，记录设备的维护保养情况与故障维修记录，确保设备正常运行，为施工技术的实施提供可靠的物质保障。

四、管理流程动态调整

在建设工程技术管理体系的强化进程中，管理流程的动态调整至关重要。建设工程施工环境复杂多变，涉及众多参与方、多种施工工艺及大量的材料设备，静态的管理流程难以适应工程实际需求。只有根据工程进展中的各种变化，及时、灵活地调整管理流程，才能确保技术管理工作的高效性与科学性，保障工程质量、进度与安全目标的实现。在工程施工前的筹备阶段，管理流程需依据项目初步规划与设计方案进行构建。此时，重点在于梳理施工技术需求与资源配置计划。然而，随着详细设计图纸的逐步完善和对施工现场实际情况的深入勘察，可能会发现原有的管理流程存在不合理之处。例如，在某大型住宅小区建设项目中，最初规划的施工场地布置方案，在考虑到周边居民的交通出行与噪声影响后，需要进行调整。原本设置在靠近居民区一侧的材料堆放区，为了减少对居民生活的干扰，需被重新规划至远离居民区且交通便利的位置。相应地，材料运输路线、设备停放区域等管理流程环节都要随之改变。此外，若设计图纸在会审过程中发现重大技术问题，导致施工工艺发生较大变更，如从传统的现浇混凝土结构改为装配式混凝土结构，那么施工技术方案的制定、技术交底流程和质量验收标准等管理流程都必须进行全面调整，以适应新的施工工艺要求。进入施工过程阶段，管理流程的动态调整更为频繁。在施工过程中，各种不确定因素随时可能出现。天气变化是常见的影响因素之一，在雨季施工时，若遭遇连续暴雨，原计划的室外土方开挖与基础施工流程将受到严重影响。此时，需要及时调整施工顺序，优先安排室内工程施工，如砌筑工程、水电管线预埋等，同时加强施工现场的排水措施完善与安全防护力度。待天气好转后，再重新规划室外工程施工流程，合理安排施工进度，确保工程整体进度不受太大影响。另外，施工人员的变动也可能促使管理流程调整。若某关键工种的施工人员因突发情况大量减少，为保证施工质量与进度，需要重新调配人力资源，调整施工班组的任务分配，相应地，施工技术交底、质量检查流程也要针对新的人员配置进行优化。例如，对新加入的施工人员进行专项技术培训，增加质量检查的频次与力度，确保施工技术得以正确执行。在施工后期，随着工程接近尾声，管理流程的重点逐渐转向竣工验收与资料整理。但在此阶段，仍可能出现需要动态调整的情况。当进行工程质量验收时，若发现部分工程存在质量缺陷，如墙面平整度不达标、门窗密封不严等问题，则需要立即启动整改流程。这就要求调整原有的验收流程，增加整改复查环节，明确整改责任人和整改期限，对整改过程进行全程监督。同时，资料整理流程也可能因工程变更、质量问题整改等情况而发生变化。例如，由于设计变更导致部分施工图纸作废，因此需要及时更新资料清单，重新整理与变更相关的技术文件、施工记录等资料，确保竣工资料的完整性与准确性。

第二节 施工技术创新与应用

一、前沿技术引入策略

在建设工程领域，施工技术创新与应用对提升工程质量、效率和竞争力起着关键作用。前沿技术的引入作为推动创新的重要途径，需制定科学合理的策略，确保新技术能在工程中有效落地并发挥最大价值。全面深入的新兴技术调研是前沿技术引入的首要环节，建设工程涉及众多专业领域，包括结构、岩土、电气、给排水等，不同领域都有各自的前沿技术发展方向。施工企业应组建专业的技术调研团队，成员涵盖各专业技术骨干与行业研究专家。团队通过多种渠道收集信息，密切关注国内外建筑行业权威期刊、学术会议动态，及时掌握最新的技术研究成果与发展趋势。例如，在结构工程领域，关注新型建筑材料的研发进展，如高强度、高韧性且轻质的复合材料，这类材料有望在大跨度结构、超高层建筑中替代传统钢材与混凝土，大幅减轻结构自重，提高建筑安全性与空间利用率。同时，调研团队深入研究行业知名企业的技术创新实践，分析其在新技术应用方面的成功案例与经验教训。如一些大型建筑企业率先采用 BIM 技术进行项目全生命周期管理，通过对其应用效果的分析，了解 BIM 技术在设计协同、施工进度控制、质量安全管理等方面的优势与可能面临的挑战。此外，积极参与国内外建筑技术展会，与前沿技术研发企业、科研机构直接交流，获取一手技术资料与产品信息。完成新兴技术调研后，需进行严谨的技术适配评估。每种前沿技术都有其适用场景与条件，并非所有新技术都能直接应用于各类建设工程。施工企业要结合自身业务特点、工程类型和项目实际需求，对调研收集到的前沿技术进行筛选与适配评估。对于大型基础设施建设项目，如桥梁、隧道工程，评估诸如智能建造技术、高性能混凝土技术等前沿技术的适用性。智能建造技术借助物联网、大数据、人工智能等技术手段，实现施工设备的自动化控制与施工现场的智能化管理，可有效提高大型基础设施项目施工的精准度与安全性，降低施工风险。高性能混凝土技术则能满足桥梁、隧道等结构对混凝土耐久性、高强度的要求，延长结构使用寿命。对于住宅建设项目，重点评估装配式建筑技术、绿色节能技术等的适配性。装配式建筑技术可加快住宅建设速度，保证施工质量，减少施工现场建筑垃圾排放；绿色节能技术如太阳能光伏发电系统、地源热泵系统等，能有效降低住宅能耗，提升居住舒适度，符合现代住宅建设的绿色环保发展趋势。在评估过程中，组织内部技术专家与外部行业权威专家共同论证，从技术可行性、经济合理性、施工便利性等多维度进行分析，确保引入的前沿技术能切实解决工程实际问题，为企业带来经济效益与社会效益。拓宽前沿技术引入渠道是保障技术来源多元化的重要举措，施工企业应积极与高校、科研机构建立长期合作关系。高校与科研机构拥有丰富的科研资源与专业人才，是前沿技术研发的重要力量。通过合作共建研发中心、实验室等方式，施工企业可提前介入高校与科研机构的技术研发过程，根据工程实际需求提出研发方向与要求，加速前沿技术的研发进程，并优先获得技术成果的使用权。例如，施工企业与高校合作开展新型建筑防水材料的研发，针对建筑屋面、地下室等易渗漏部位的防水需求，共同研发出一种具有自修复功能的防水材料，提高建筑防水工程质量。同时，施工企业加强与前沿技术研发企业的合作，直接引进成熟的前沿技术产品与解决方案。关注国内外新兴技术企业的发展动态，通过技术采购、技术入股等方式，快速获取先进的施工技术与设备。如引进国外先进的 3D 打印建筑设备与技术，应用于建筑异形构件的制作，提高施工效率与精度。此外，施工企业还可参与行业技术联盟、技术创新平台等组织，与同行企业共享前沿技术资源，共同开展技术研发与应用推广，拓宽前沿技术引入渠道。前沿技术引入后，有效地整合优化至关重要。施工企业要将引入的前沿技术与现有施工技术体系、管理模式进行有机融合。在技术层面，对引入的新技术进行二次开发与优化，使其更好地适应企业的施工工艺与流程。例如，引入 BIM 技术后，根据企业内部项目管理流程与施工特点，开发适合本企业的 BIM 应用模块，实现与企业现有的项目管理软件、设计软件的无缝对接，提高信息流通效率与协同工作能力。在管理层面，调整企业组织架构与管理制度，为前沿技术的应用提供支持。设立专门的技术创新管理部门，负责前沿技术引入后的推广应用、培训指导及效果评估等工作。制定相应的激励政策，鼓励员工积极学习与应用前沿技术，对在前沿技术应用过程中表现突出的团队与个人给予奖励。同时，加强对施工人员的技术培训，使其掌握前沿技术的操作要点与应用方法，确保新技术在施工现场得到正确应用。通过整合优化，前沿技术真正融入企业的施工技术体系，为企业的持续发展提供强大动力。

二、技术集成应用模式

在建设工程领域，施工技术创新与应用对于提升工程质量、效率和竞争力至关重要。技术集成应用模式作为一种创新手段，将不同类型、不同领域的施工技术进行有机整合，使其相互协同、优势互补，从而在工程建设中发挥更大的效能。技术集成应用模式的核心在于打破技术之间的壁垒，实现多种技术的融合与协同运作。在传统施工模式下，各项技术往往独立应用，缺乏系统性的整合，导致资源浪费、效率低下等问题。而技术集成应用模式通过对各类技术的优化组合，构建一个有机的技术体系。例如，将 BIM 技术与装配式建筑技术相结合。BIM 技术能够对建筑项目进行三维数字化建模，实现设计、施工、运营等阶段的信息共享与协同工作。装配式建筑技术则将建筑构件在工厂预制，再运输至施工现场进行组装。通过技术集成，在 BIM 模型中可以精确模拟装配式构件的生产、运输和安装过程，提前发现并解决可能出现的问题，如构件尺寸偏差、安装顺序不合理等，提高装配式建筑的施工精度和效率，减少施工现场的返工和浪费。在多个领域，技术集成应用模式都展现出显著优势。在绿色建筑领域，将太阳能光伏发电技术、地源热泵技术与建筑节能设计技术集成应用。太阳能光伏发电技术利用太阳能转化为电能，为建筑提供部分电力。地源热泵技术则通过地下土壤的热量交换，实现建筑的供暖和制冷。建筑节能设计技术通过优化建筑围护结构、合理规划建筑朝向等措施，降低建筑能耗。这三种技术的集成，使建筑在能源利用方面形成一个闭环系统，大幅降低对传统能源的依赖，实现建筑的绿色节能目标。在智能建造领域，将物联网技术、大数据技术、人工智能技术与施工机械设备相结合。物联网技术实现施工设备的互联互通，实时采集设备运行数据。大数据技术对这些数据进行分析处理，挖掘数据背后的规律和价值。人工智能技术则基于数据分析结果，实现施工设备的自动化控制和智能决策。例如，通过对混凝土搅拌设备运行数据的分析，利用人工智能算法自动调整搅拌参数，确保混凝土质量稳定；通过物联网技术远程控制塔吊等施工设备，提高施工安全性和效率。实施技术集成应用模式，有几个要点需重点关注。首先是技术选型。施工企业应根据工程特点、项目需求和自身技术实力，选择合适的技术进行集成。例如，对于超高层建筑项目，在选择垂直运输技术时，可考虑将高速电梯技术与新型施工升降机技术集成，同时结合智能调度系统，提高垂直运输效率。其次是系统设计。要对集成的技术进行系统规划和设计，确保各技术之间接口顺畅、数据流通无阻。例如，在将 BIM 技术与项目管理信息系统集成时，需设计统一的数据标准和接口规范，实现两者之间的数据共享和交互。最后是人员培训。技术集成应用需要施工人员具备跨领域的技术知识和操作技能。施工企业应加强对员工的培训，使其熟悉集成技术的原理、操作方法和协同工作流程。例如，对参与装配式建筑施工的人员进行 BIM 技术培训，使其能够利用 BIM 模型指导施工。技术集成应用模式在实际工程中取得了良好的应用效果，以某大型商业综合体项目为例，通过将 BIM 技术、绿色建筑技术、智能建造技术集成应用，项目在设计阶段通过 BIM 模型进行多方案比选，优化设计方案，减少设计变更；在施工阶段利用智能建造技术实现施工现场的智能化管理，提高施工效率；采用绿色建筑技术降低建筑能耗，实现节能减排目标。项目最终提前竣工交付，工程质量优良，运营成本显著降低，为业主带来了良好的经济效益和社会效益。

三、技术改造升级路径

在建设工程领域，施工技术的持续改造升级是推动行业进步、提升工程质量与效率的核心动力。随着科技的飞速发展与市场需求的不断变化，探寻科学有效的技术改造升级路径成为施工企业保持竞争力的关键所在。紧跟行业技术发展趋势，是开启技术改造升级之路的首要步骤。建筑行业时刻处于技术革新的浪潮中，从新型建筑材料的研发到智能化施工设备的应用，从绿色节能技术的推广到数字化管理手段的普及，各类新技术层出不穷。施工企业需组建专业的技术情报团队，密切关注国内外行业权威期刊、学术会议、专业论坛等信息平台，及时掌握前沿技术动态。例如，关注纳米技术在建筑材料领域的应用进展，纳米材料凭借其独特的物理化学性质，有望大幅提升建筑材料的强度、耐久性与防水性能。又如，关注智能建造领域中无人机测绘、机器人施工等新兴技术，这些技术能够提高施工测量的精度与效率，减少人力成本与安全风险。通过持续跟踪行业趋势，施工企业能够明确技术改造升级的方向，提前布局，抢占技术发展先机。全面评估企业内部现有技术水平，是制定针对性改造升级策略的基础。施工企业应组织技术专家对企业当前所采用的各类施工技术进行详细梳理与评估。从基础施工技术，如地基处理、桩基施工技术，到主体结构施工技术，如混凝土浇筑、钢结构安装技术，再到装饰装修与设备安装技术，逐一分析其技术成熟度、应用效果、存在的问题和与行业先进水平的差距。例如，评估现有的混凝土浇筑技术，若发现存在浇筑速度慢、振捣不密实导致混凝土质量不稳定等问题，就需将其列为重点改造升级对象。同时，分析企业在技术管理、技术人才储备等方面的优势与不足，为后续技术改造升级方案的制定提供依据。通过内部技术评估，施工企业能够精准定位自身技术短板，有针对性地制订改造升级计划，避免盲目跟风新技术，确保技术改造升级工作切实符合企业实际需求。积极开展对外合作，借助外部力量加速技术改造升级进程。施工企业可与高校、科研机构建立紧密的产学研合作关系。高校与科研机构拥有雄厚的科研实力与专业人才资源，能够为企业提供前沿的技术研究成果与创新思路。企业通过与高校、科研机构合作开展技术研发项目，共同攻克施工技术难题。例如，与高校合作研发新型建筑防水技术，针对建筑屋面、地下室等易渗漏部位，利用高校的材料科学研究优势，开发出具有自修复功能的高性能防水材料，提升建筑防水工程质量。此外，施工企业还可与同行业优秀企业开展技术交流与合作，学习借鉴先进的施工技术与管理经验。通过参观学习、技术研讨等活动，了解同行业在技术创新与应用方面的成功案例，引进适合自身企业的先进技术与管理模式。例如，学习优秀企业在装配式建筑施工技术方面的先进经验，结合自身实际情况进行消化、吸收、再创新，提升企业在装配式建筑领域的技术水平。大力培养和引进技术人才，为技术改造升级提供坚实的人才保障。施工技术的改造升级离不开专业技术人才的支撑。企业应制订完善的人才培养计划，针对不同层次、不同专业的技术人员开展有针对性的培训。对于基层施工人员，加强新技术、新工艺的操作技能培训，使其能够熟练掌握先进的施工技术与设备的使用方法。例如，开展 BIM 技术应用培训，使施工人员能够利用 BIM 模型进行施工交底、质量检查等工作。对于技术骨干与管理人员，提供高层次的技术培训与管理培训，拓宽其技术视野，提升其技术创新与管理能力。例如，选派技术骨干参加国际建筑技术研讨会，了解全球最新技术发展趋势。同时，企业应积极引进外部优秀技术人才，尤其是具有跨学科知识背景、掌握前沿技术的高端人才。通过引入新鲜血液，为企业技术创新注入新的活力，加速技术改造升级进程。

四、技术应用效果评估

在建设工程施工技术创新与应用的进程中，技术应用效果评估是衡量新技术、新工艺、新材料实际价值的关键环节。通过全面、科学的评估，能够清晰了解技术应用所带来的成效与问题，为后续技术改进、推广或调整提供有力依据，推动施工技术持续创新与优化。工程质量是技术应用效果评估的核心指标之一，新技术的应用旨在提升工程质量，保障建筑物的安全性与耐久性。以新型混凝土添加剂的应用为例，在评估时，需重点关注混凝土的强度、抗渗性、抗冻性等性能指标变化。通过对使用该添加剂前后混凝土试块的抗压强度测试对比，分析强度增长幅度是否达到预期。若采用新型添加剂后，混凝土设计强度等级为 C30，经测试实际强度均值提升至 C35，且强度离散性减小，表明该添加剂在提高混凝土强度方面效果显著。对于抗渗性，可通过混凝土抗渗试验，观察试件在一定水压下的渗水情况，若使用新技术后，混凝土抗渗等级从 P6 提升至 P8，说明抗渗性能得到增强，有助于提高建筑物防水性能，减少渗漏隐患。在耐久性方面，跟踪混凝土在长期使用过程中的外观变化、内部结构损伤情况等，评估新技术对混凝土耐久性的影响。施工效率是评估技术应用效果的重要考量因素，先进的施工技术通常能够缩短施工周期，提高施工效率。例如，装配式建筑技术的应用，将大量构件在工厂预制，再运输至现场组装。在评估时，对比传统现浇建筑与装配式建筑的施工进度，统计各阶段施工时间。如在某住宅项目中，传统现浇建筑主体结构施工每层需 10 天，而采用装配式技术后，每层施工时间缩短至 6 天，整体工期缩短了约 30%，显著提高了施工效率，减少了人工成本与设备租赁成本。又如，采用 BIM 技术进行施工管理，通过三维模型可视化展示，提前发现设计与施工中的问题，减少施工过程中的变更与返工。经统计，应用 BIM 技术后，项目变更次数减少了 40%，返工率降低了 30%，有效加快了施工进度。成本控制是技术应用效果评估不可忽视的方面，新技术应用可能带来成本的增加或降低，需综合分析各项成本因素。对于新材料的应用，要评估材料采购成本、运输成本、施工安装成本等。例如，采用新型保温材料，虽然材料单价可能高于传统保温材料，但因其保温性能更好，可减少建筑能耗，降低后期使用成本。同时，新型保温材料施工工艺简单，安装速度快，能节约人工成本。通过全生命周期成本分析，若采用新型保温材料后，项目整体成本在运营 10 年后开始降低，且长期经济效益显著，则说明该材料在成本控制方面具有应用价值。在施工设备技术升级方面，引入自动化施工设备，虽设备购置成本较高，但能提高施工精度与效率，减少人工数量与施工误差，从长远看可降低综合成本。安全环保是现代建设工程的重要要求，也是技术应用效果评估的关键内容。在安全方面，评估新技术对施工安全的影响。如采用智能安全帽技术，通过内置传感器，可实时监测施工人员位置、运动状态、是否佩戴安全帽等信息，一旦发生异常情况，如人员摔倒、进入危险区域等，能及时发出警报。统计应用该技术前后施工现场安全事故发生率，若事故发生率从原来的 0.5% 降低至 0.2%，表明智能安全帽技术在提升施工安全方面效果良好。在环保方面，评估新技术对环境的影响。例如，采用绿色施工技术，如雨水收集利用系统、施工现场扬尘控制技术等。通过监测施工现场的扬尘浓度、污水排放量等指标，评估环保技术应用效果。若采用扬尘控制技术后，施工现场扬尘浓度降低了60%，符合环保标准要求，说明该技术在减少环境污染方面成效显著。

第三节　技术资料与知识管理

一、资料收集标准规范

　　在建设工程技术资料与知识管理体系中，资料收集标准规范是确保资料质量、完整性与可用性的基石。遵循严格的标准规范进行资料收集，能够为工程建设全过程提供准确、可靠的信息支撑，助力项目顺利推进，并为后续的知识提炼与应用奠定坚实基础。从资料类别来看，建设工程技术资料涵盖多个方面。工程前期资料是项目开展的重要依据，包括项目立项文件、可行性研究报告、建设用地规划许可证、建设工程规划许可证等。这些文件明确了项目的合法性、建设规模、规划要求等关键信息，在资料收集时，必须确保文件的完整性与真实性，每一份文件都应具备相关部门的盖章与签字，注明文件编号与日期。设计资料同样不可或缺，包含建筑、结构、给排水、电气、暖通等各专业设计图纸和设计变更文件、设计交底记录等。设计图纸要清晰标注尺寸、标高、材料规格等详细信息，收集时需核对图纸版本，确保施工依据的是最新有效的图纸。设计变更文件应详细记录变更原因、变更内容和变更的影响范围，并且要有设计单位、建设单位与施工单位的共同确认。施工过程资料是反映工程实际建设情况的核心资料，施工技术资料包括施工组织设计、专项施工方案等。施工组织设计应全面规划工程施工的总体部署、施工进度计划、资源配置计划等内容，专项施工方案则针对如深基坑支护、大体积混凝土浇筑等危险性较大的分部分项工程制定详细的施工技术措施。在收集这些资料时，要确保方案内容完整、技术可行，且经过专家论证（如需要）与相关部门审批。施工质量验收资料也是重点收集对象，涵盖检验批、分项工程、分部工程和单位工程的质量验收记录。每一份验收记录都要如实填写验收项目、验收结果、验收人员等信息，并且要有监理单位的签字确认，以保证工程质量符合规范要求。此外，施工过程中的材料设备资料也不容忽视，包括材料的质量证明文件、检验报告，设备的出厂合格证、安装调试记录等，这些资料用于证明材料设备的质量与性能满足工程需求。在资料内容要求方面，准确性是首要原则，所有资料中的数据、信息必须真实可靠，与工程实际情况相符。例如，混凝土试块的抗压强度检测数据应如实记录，不得篡改。完整性同样重要，资料应涵盖工程建设的各个环节与方面，不能有遗漏。如一份完整的隐蔽工程验收记录，不仅要记录隐蔽工程的施工情况，还应包括施工单位的自检情况、监理单位的验收意见以及相关的影像资料等。资料的时效性也需严格把控，要及时收集与更新。在工程施工过程中，一旦发生设计变更，应立即收集变更文件，确保施工依据的及时性。对于施工进度计划等动态资料，要根据实际施工情况定期更新，以反映工程的最新进展。资料格式规范也是资料收集标准规范的重要组成部分，文件格式应统一，一般采用 PDF、DOC 等通用格式，便于存储、传输与查阅。文字表述应规范、简洁、明了，避免使用模糊、歧义的词汇。在表格制作方面，要有统一的表头格式，明确各栏目的含义与填写要求，表格中的数据应采用规范的计量单位。对于图纸资料，要遵循国家或行业的制图标准，标注清晰、比例准确，图纸的折叠与装订也应符合相关规定，以便于保管与使用。资料收集流程需严谨有序，在工程开工前，施工单位应制订详细的资料收集计划，明确各类资料的收集责任人、收集时间节点和收集要求。在施工过程中，资料收集责任人要按照计划及时收集各类资料，每完成一道工序或一个阶段的工作，应同步完成相关资料的收集与整理。例如，每完成一个检验批的施工，施工单位的质量检验人员应及时填写检验批质量验收记录，并提交给监理单位进行审核签字。对于重要资料，如设计变更文件，应建立专门的收发登记制度，记录文件的接收时间、接收人、文件内容等信息，确保资料的可追溯性。同时，定期对收集到的资料进行检查与审核，发现问题及时整改，保证资料符合标准规范要求，为建设工程技术资料与知识管理提供高质量的基础资料。

二、知识图谱构建方法

在建设工程技术资料与知识管理领域，构建知识图谱是一项具有创新性与实用性的工作。知识图谱能够将海量、分散的工程技术知识进行系统整合与关联，以直观、可视化的方式呈现知识之间的内在联系，为工程建设各参与方提供高效的知识检索与应用服务，提升知识管理效率与决策科学性。构建知识图谱的首要任务是全面的数据收集，建设工程涉及众多领域与专业，数据来源广泛。从工程前期的项目规划、可行性研究报告，到设计阶段的建筑、结构、给排水、电气等各专业设计图纸与说明，再到施工过程中的施工组织设计、专项施工方案、质量验收记录、材料设备信息，和竣工阶段的竣工验收报告、工程结算资料等，都是重要的数据来源。此外，还需收集行业标准规范、学术文献、专家经验等外部知识资源。例如，收集《混凝土结构工程施工质量验收规范》《建筑施工安全检查标准》等现行有效的标准规范，和建筑领域知名学术期刊上发表的最新研究成果。通过多渠道、全方位的数据收集，为知识图谱构建提供丰富的数据基础。完成数据收集后，进行实体识别，实体是知识图谱中的基本元素，在建设工程领域，包括工程项目、建筑材料、施工工艺、质量标准、技术规范、专业术语等。利用自然语言处理技术中的命名实体识别算法，从收集到的数据中提取出这些实体。例如，从施工组织设计文件中识别出"深基坑支护""大体积混凝土浇筑"等施工工艺实体，从材料设备清单中识别出"钢筋""水泥""塔吊"等建筑材料与设备实体。对于一些复杂的实体，如"建筑信息模型（BIM）技术在装配式建筑中的应用"，需要通过语义分析与领域知识相结合的方法，准确识别出其中的"BIM 技术""装配式建筑"等核心实体。在实体识别过程中，要建立实体库，对识别出的实体进行规范化处理，确保同一实体在不同数据来源中的表述一致，避免出现同义不同名的情况。关系抽取是知识图谱构建的关键环节，在建设工程领域，实体之间存在多种复杂关系，如"使用"关系（施工工艺与建筑材料之间，如"钢筋混凝土施工工艺使用钢筋与水泥"）、"关联"关系（工程项目与相关的设计规范之间，如"某商业综合体项目关联《商业建筑设计规范》")、"包含"关系（分部工程与分项工程之间，如"主体结构分部工程包含混凝土结构分项工程"）、"因果"关系（施工质量问题与导致该问题的原因之间，如"混凝土裂缝是由于水泥水化热过大导致"）等。采用基于规则的方法、机器学习算法和深度学习模型等多种技术手段进行关系抽取。基于规则的方法通过制定一系列语法与语义规则，从文本中提取实体关系。例如，制定规则"如果文本中出现'使用'一词，且前后分别为施工工艺与建筑材料实体，则认定两者存在'使用'关系"。机器学习算法则通过对大量标注数据的学习，构建分类模型来识别实体关系。深度学习模型如卷积神经网络（CNN）、循环神经网络（RNN）及其变体长短时记忆网络（LSTM）等，能够自动学习文本中的语义特征，有效抽取实体关系。通过多种方法的结合使用，提高关系抽取的准确性与覆盖率。在完成实体识别与关系抽取后，进行知识图谱的构建。选择合适的知识图谱存储与表示方式，常用的有资源描述框架（RDF）、属性图等。以 RDF 为例，将实体表示为节点，实体之间的关系表示为边，每条边都带有属性描述关系的类型与相关信息。利用图数据库技术，如 Neo4j，将构建好的知识图谱存储起来，便于进行高效的查询与分析。在图谱构建过程中，要对数据进行质量检查，确保实体与关系的准确性、完整性。对于存在歧义或错误的数据，及时进行修正与补充。同时，建立知识图谱更新机制，随着工程建设的推进和新知识的产生，定期更新知识图谱，保证知识图谱的时效性与实用性。

三、资料存储与检索优化

在建设工程技术资料与知识管理体系里，资料存储与检索优化对于提升管理效率、保障工程顺利推进具有关键意义。科学合理的资料存储方式可确保资料的安全与完整，高效便捷的检索手段能让使用者快速获取所需信息，为工程决策、施工操作、质量把控等提供有力支撑。从存储环境优化来看，实体资料存储需要适宜的物理空间。建设专门的资料档案室，配备防火、防潮、防虫、防盗等设施。档案室应选择干燥、通风良好的区域，避免因潮湿环境导致纸质资料发霉、字迹模糊。安装防火设备，如烟雾报警器、灭火器等，制定严格的防火制度，禁止在档案室内使用明火，防止因火灾对资料造成毁灭性破坏。设置防虫网、投放防虫药剂，防止害虫蛀蚀资料。安装防盗门窗、监控设备，加强对档案室的安全监控，确保资料不被盗窃或损坏。对于电子资料存储，构建稳定可靠的服务器环境。选择高性能的服务器设备，具备足够的存储容量与强大的运算能力，以应对大量工程技术资料的存储与处理需求。配备不间断电源（UPS），防止因突然停电导致数据丢失。同时，设置防火墙、入侵检测系统等网络安全防护设备，抵御外部网络攻击，保障电子资料的安全性与保密性。存储方式创新是提升资料管理水平的重要途径，对于纸质资料，采用分类归档与编号管理相结合的方式。按照工程阶段、专业类别、资料类型等维度进行分类，如将资料分为工程前期资料、施工过程资料、竣工验收资料；在施工过程资料中，又细分为土建资料、安装资料、装饰装修资料等。为每一类资料编制唯一的编号，建立详细的目录索引，方便快速查找。例如，一份建筑结构设计图纸，可编号为"施工过程资料—土建资料—设计图纸—结构—001"，通过编号能迅速定位到该图纸所在位置。对于电子资料，除进行数字化分类存储外，利用云存储技术拓展存储空间并提高数据的可靠性与可扩展性。云存储服务提供商拥有大规模的数据中心，具备强大的存储与备份能力，可将建设工程技术资料存储在云端，实现随时随地访问。同时，采用分布式存储技术，将数据分散存储在多个存储节点上，避免因单个节点故障导致数据丢失，提高数据存储的安全性。构建高效的检索系统是实现资料快速检索的核心，开发专门的资料检索软件，结合数据库技术与全文检索技术。在数据库设计方面，根据资料的分类与属性，建立合理的数据表结构，如工程信息表、图纸信息表、施工方案表等，每个表中包含资料名称、编号、关键词、创建时间、相关责任人等字段，方便进行数据的存储与查询。利用全文检索技术，对资料的内容进行索引，使检索系统能够快速定位到包含特定关键词的资料。例如，当用户输入"深基坑支护方案"关键词时，检索系统能迅速从数据库中筛选出相关的施工方案资料，并按照相关性排序展示给用户。此外，引入智能检索技术，如基于语义分析的检索算法。该算法能够理解用户输入的语义，而非仅仅匹配关键词，提高检索的准确性与全面性。例如，当用户输入"如何提高混凝土浇筑质量"，智能检索系统能够识别出与混凝土浇筑质量提升相关的资料，包括施工工艺改进措施、质量控制要点等，即使资料中未出现与用户输入完全一致的关键词。检索流程改进也是优化资料检索的重要环节，简化检索操作步骤，设计简洁明了的检索界面，用户只需在搜索框中输入关键词，选择相关的检索范围（如工程阶段、专业类别等），即可进行检索。提供多种检索方式，除关键词检索外，支持按资料编号、时间范围、责任人等条件进行检索，满足不同用户的多样化检索需求。例如，施工人员可通过输入自己负责的工程编号，快速检索到与该工程相关的所有资料；管理人员可按时间范围检索特定时间段内产生的资料，便于了解工程进展情况。同时，建立检索结果反馈机制，用户对检索结果不满意时，可通过反馈渠道提交意见，检索系统根据用户反馈不断优化检索算法与数据索引，提高检索结果的质量与准确性，从而实现建设工程技术资料存储与检索的高效优化，为工程建设各参与方提供优质的资料管理服务。

四、知识共享机制建立

在建设工程领域，知识共享机制的建立对于提升行业整体技术水平、促进项目高效开展意义重大。建设工程技术资料与知识管理中的知识共享机制，旨在打破企业内部以及行业内各参与方之间的知识壁垒，实现知识的高效流通与利用，为工程建设提供更坚实的技术支撑。搭建便捷高效的知识共享平台是建立知识共享机制的基础。企业内部可构建基于网络的知识管理系统，该系统具备文档存储、检索、交流讨论等功能。员工能够将自身积累的工程技术资料，如施工方案、质量验收报告、技术创新成果等上传至系统中相应的知识库模块。同时，通过强大的检索功能，能够快速查找到所需知识。例如，在某大型建筑企业的知识管理系统中，设置了按工程类型、专业领域、施工阶段等多种维度的检索方式，员工若要查找高层住宅项目主体结构施工阶段的钢筋连接技术资料，只需在系统中输入相关关键词，就能迅速获取以往项目中积累的相关施工方案、技术交底文件和实际应用案例等资料。此外，平台还应配备交流讨论板块，员工可针对特定技术问题发起讨论，分享见解与经验，形成良好的知识交流氛围。在行业层面，可建立开放性的知识共享平台，由行业协会或专业机构牵头，整合行业内的优质技术资源。例如，建筑行业的权威网站或在线社区，定期发布行业内最新的技术标准解读、优秀工程案例分析等知识内容，各企业、科研机构和专业人员均可在平台上发布知识成果、参与讨论，促进整个行业的知识共享与技术进步。制定合理的激励措施是推动知识共享的关键动力，在企业内部，设立知识贡献奖励制度。对于积极上传高质量技术资料、分享实用技术经验和在知识交流中表现突出的员工，给予物质奖励与精神奖励。物质奖励可包括奖金、奖品、晋升机会等。例如，某企业规定，员工分享的技术知识若被广泛应用于项目中，并为项目带来显著效益，如缩短施工周期、降低成本或提高质量，将给予该员工一定金额的奖金，并在年度绩效考核中加分，优先考虑晋升。精神奖励则包括荣誉证书、内部表彰等，通过在企业内部刊物、宣传栏等渠道对知识贡献者进行表彰，增强员工的荣誉感与归属感。在行业层面，行业协会可设立技术创新与知识共享奖项，对在知识共享方面表现卓越的企业或个人进行表彰。例如，每年评选"行业知识共享先进企业""优秀技术分享个人"等，通过树立行业标杆，激励更多企业与个人积极参与知识共享活动。对知识进行合理分类与标准化处理，有助于提高知识共享的效率与质量。在企业内部，根据建设工程的特点与流程，将知识分为工程前期策划、设计技术、施工技术、质量安全管理、竣工验收等类别。在每个类别下，进一步细化知识内容，如施工技术类别下，可分为地基基础施工、主体结构施工、装饰装修施工、安装工程施工等子类别。同时，制定知识内容的标准化模板，例如施工方案模板应包含工程概况、施工部署、施工方法、质量保证措施、安全保证措施等固定板块，确保知识的规范性与完整性。在行业层面，行业协会或标准化组织应制定统一的知识分类标准与内容规范。例如，对于建筑材料相关知识，统一规定材料的分类方式、性能参数描述标准等，使不同企业、不同地区的知识能够在统一框架下进行共享与交流，避免因知识表述不一致而导致的理解障碍。加强培训与推广，提高员工与行业人员对知识共享机制的认知与参与度。在企业内部，定期组织知识管理与共享培训活动。培训内容包括知识共享平台的使用方法、知识分类与上传规范、知识交流技巧等。例如，通过举办线上线下相结合的培训课程，邀请专业讲师为员工详细讲解知识管理系统的操作流程，现场演示如何高效检索知识、上传资料和参与讨论。同时，通过内部宣传渠道，如企业邮件、内部论坛等，定期发布知识共享成功案例，宣传知识共享的重要性与好处，引导员工积极参与知识共享。在行业层面，行业协会可组织各类技术研讨会、培训讲座等活动，将知识共享机制作为重要内容进行推广。例如，在行业技术研讨会上，设置专门环节介绍知识共享平台的功能与使用方法，邀请行业专家分享知识共享对企业与行业发展的推动作用，鼓励更多企业与专业人员加入知识共享行列，从而逐步建立起完善的建设工程技术资料与知识管理中的知识共享机制，促进整个行业的创新发展与技术提升。

第四节　技术成果转化与推广

一、转化路径设计规划

在建设工程施工技术管理范畴内，技术成果转化路径的精心设计规划，犹如铺设一条畅通的高速公路，能使创新的技术成果高效地从研发端驶向应用端，切实发挥其提升工程质量、提高施工效率、降低成本等重要价值。首先要对技术成果进行适配性分析，建设工程涉及众多不同类型项目，从住宅建筑到商业综合体，从桥梁道路到水利设施，各项目在规模、结构、施工环境等方面差异显著。一项新型的建筑结构加固技术，可能在砖混结构的老旧住宅改造项目中效果显著，但在钢结构的现代化厂房建设中适用性欠佳。所以，需组建由技术专家、工程管理人员等构成的专业团队，深入研究技术成果的原理、特点与适用条件。针对新型建筑材料，分析物理化学性能、施工工艺要求，对比不同类型工程对材料性能的需求，判断该材料在何种项目中能发挥最大优势。通过详细的适配性分析，精准定位技术成果的目标应用场景，为后续转化路径的设计奠定基础。试点项目的推进是转化路径中的关键一步，在确定技术成果的适配项目类型后，选取具有代表性的试点项目。对于一项创新的装配式建筑施工技术，应选择一个中等规模、建筑结构具有一定复杂性的装配式住宅项目作为试点。在试点项目中，全面应用该技术成果，从预制构件的生产、运输，到现场的组装、连接，严格按照技术标准与操作规程执行。同时，安排专业技术人员全程跟踪，详细记录技术应用过程中的每一个环节，包括施工进度、质量控制情况、遇到的问题及解决方法。例如，在试点项目中发现预制构件的连接节点在施工过程中存在定位不准确、连接不牢固的问题，技术人员立即组织研讨，通过改进连接工艺、优化施工流程，成功解决问题。试点项目完成后，对项目成果进行全面评估，对比采用新技术前后项目在质量、进度、成本等方面的变化，总结经验教训，为技术成果的进一步优化与推广提供实践依据。当试点项目取得成功经验后，开启企业内部全面推广阶段。制订详细的推广计划，明确推广目标、推广范围、推广时间节点和责任人。在企业内部组织多场技术培训活动，邀请技术成果研发人员与试点项目技术骨干作为讲师，为其他项目团队的施工人员、技术人员、管理人员进行培训。培训内容涵盖技术原理、施工操作要点、质量控制标准、安全注意事项等。例如，针对新型的绿色节能施工技术，培训人员详细讲解该技术如何利用太阳能、地热能等可再生能源降低建筑能耗，现场演示节能设备的安装与调试，指导施工人员正确操作。同时，建立技术支持小组，为各项目团队在技术应用过程中遇到的问题提供及时解答与现场指导。通过在企业内部多个项目中广泛应用技术成果，实现技术的规模化应用，提高企业整体施工技术水平与竞争力。在企业内部成功推广后，进一步拓展外部市场，扩大技术成果的应用范围。积极与行业内其他企业开展合作交流，通过参加行业技术研讨会、举办技术交流会等形式，向同行介绍技术成果的优势与应用案例。例如，在行业技术研讨会上，企业技术专家发表主题演讲，详细阐述新型建筑防水技术在实际项目中的应用效果，展示防水工程的长期质量监测数据，吸引其他企业的关注。与有合作意向的企业签订技术转让或合作推广协议，将技术成果输出到更多项目中。此外，关注政府部门发布的工程建设项目招标信息，利用技术成果的优势参与投标，在中标项目中应用新技术，提升企业在外部市场的知名度与影响力，推动技术成果在整个建设工程行业的广泛应用，促进建筑行业技术进步与创新发展。

二、推广渠道拓展方法

在建设工程领域，技术成果转化与推广的成效，很大程度上取决于推广渠道的广度与有效性。拓宽丰富多样的推广渠道，能够让创新的技术成果被更多人知晓与应用，从而推动行业技术进步。参加行业展会是重要的推广渠道之一，行业展会汇聚了众多建设工程领域的企业、专业人士以及相关机构。在展会上设置专门展位，通过实物展示、模型演示、宣传视频播放等方式，全方位展示技术成果的特点与优势。对于新型建筑材料成果，在展位上陈列不同规格、颜色的材料样品，安排专业人员现场讲解材料的性能参数，如强度、耐久性、环保指标等，同时通过模型展示材料在实际建筑结构中的应用效果。制作精美的宣传视频，展示材料从生产到在工程项目中安装使用的全过程，让参观者更直观地了解技术成果。展会期间，还可举办技术成果发布会，邀请行业专家、媒体记者以及潜在客户参加，由技术研发团队详细介绍技术成果的研发背景、创新点和应用前景，吸引更多关注，提升技术成果的知名度。参与技术研讨会也是拓展推广渠道的有效途径，技术研讨会通常聚焦于行业内前沿技术与热点问题，吸引了大量技术专家、学者和企业技术骨干参与。在研讨会上，积极发表与技术成果相关的主题演讲，分享技术成果的研究过程、应用案例以及取得的实际效果。例如，对于一项新型施工工艺技术成果，在演讲中详细阐述该工艺如何优化施工流程、提高施工效率，展示实际项目中应用该工艺前后施工进度对比数据、工程质量提升情况等。与参会人员进行深入交流，解答他们对技术成果的疑问，收集反馈意见，不仅能加深对技术成果的理解，还能借助研讨会的平台，与同行建立联系，为技术成果的推广创造更多机会。线上平台的利用为技术成果推广开辟了广阔空间，建设专业的企业网站，在网站上设立技术成果展示专区，详细介绍各类技术成果的详细信息，包括技术原理、应用范围、技术优势、成功案例等内容。利用搜索引擎优化（SEO）技术，提高企业网站在搜索引擎中的排名，使潜在客户在搜索相关技术关键词时，能够更容易找到企业网站，增加技术成果的曝光度。同时，借助社交媒体平台进行推广。在微信公众号、微博、抖音等社交媒体上开设官方账号，定期发布与技术成果相关的图文、视频内容。制作生动有趣的短视频，介绍技术成果的应用场景与操作方法，吸引用户关注与分享。通过社交媒体平台的互动功能，与用户进行沟通交流，解答用户疑问，收集用户需求，进一步扩大技术成果的传播范围。与行业上下游企业、科研机构等建立合作网络，也是拓宽推广渠道的重要方式。与上游材料供应商合作，在其供应的材料包装、宣传资料中，融入企业技术成果的相关信息，借助供应商广泛的客户群体，推广技术成果。例如，与水泥供应商合作，在水泥包装袋上印刷企业研发的新型混凝土添加剂技术成果的应用推荐信息，让更多使用水泥的建筑企业了解该技术。与下游施工企业建立技术合作关系，在合作项目中应用技术成果，通过实际项目案例向其他施工企业展示技术成果的优势。与科研机构合作开展技术研发项目，借助科研机构的学术影响力与行业资源，推广技术成果。例如，与高校建筑学院合作，将企业的技术成果纳入学院的教学与科研实践中，通过高校的学术交流活动、科研成果发布会等渠道，向行业内宣传推广技术成果。维护良好的客户关系，也是技术成果推广的有效渠道。对于已应用技术成果的客户，定期回访，了解技术成果在实际应用中的使用情况，及时解决客户遇到的问题，提供技术支持与售后服务。通过在客户中积累的良好口碑传播技术成果，吸引更多潜在客户。例如，邀请满意的客户撰写技术成果应用体验报告，在企业网站、宣传资料以及行业平台上展示，让其他潜在客户能够直观地了解技术成果的实际应用效果。同时，举办客户技术交流活动，邀请新老客户参加，在活动中介绍最新技术成果，解答客户在技术应用方面的疑问，加强与客户的沟通与合作，进一步拓宽技术成果的推广渠道，促进技术成果在建设工程领域的广泛应用。

三、成果应用跟踪反馈

在建设工程技术成果转化与推广进程中，成果应用跟踪反馈是确保技术持续优化、广泛应用的关键支撑。通过对技术成果在实际项目中应用情况的持续跟踪，全面收集反馈信息，深入分析数据，进而依据反馈实施针对性优化，能有效提升技术成果的实用性与市场竞争力，推动建设工程行业技术进步。建立完善的成果应用跟踪机制是开展后续工作的基础，施工企业应组建专门的跟踪团队，成员涵盖技术专家、项目经理、质量检测人员等。跟踪团队依据技术成果的特点与应用场景，制订详细的跟踪计划，明确跟踪内容、时间节点和跟踪方式。对于一项新型建筑防水技术，跟踪内容包括防水层施工过程中的工艺执行情况，如涂料涂刷厚度、卷材铺贴搭接宽度等；防水工程完成后的质量检测数据，如闭水试验的渗漏情况、防水层的耐久性指标等。时间节点方面，在防水层施工过程中，每天安排人员现场巡查记录；防水工程完工后，定期进行质量抽检，如每季度进行一次全面的闭水试验检测。在跟踪方式上，采用现场观察、数据测量、问卷调查等多种手段。现场观察施工人员的操作是否符合技术规范，数据测量获取防水层厚度、渗漏面积等具体数值，通过向施工人员、项目管理人员发放问卷，了解他们对技术应用的感受与意见。全面收集反馈信息是准确把握技术成果应用状况的关键，跟踪团队在施工现场与施工人员密切沟通，了解他们在技术应用过程中遇到的实际困难。例如，施工人员反馈新型防水卷材的柔韧性不足，在阴阳角等部位铺贴时容易出现断裂现象。与项目管理人员交流，获取技术应用对项目进度、成本的影响信息。若管理人员表示由于新型防水技术施工工艺复杂，导致施工进度较原计划滞后了 10%。同时，收集业主方的反馈意见，业主可能关注防水效果对建筑使用功能的影响，如是否出现渗漏导致室内装修受损等情况。此外，还应关注行业内其他专业人士的评价，通过参加行业研讨会、浏览专业论坛等方式，收集他们对技术成果应用的看法与建议。如行业专家指出该防水技术在环保性能方面有待提升。深入分析反馈数据是挖掘问题根源、制定优化策略的核心，对收集到的各类反馈信息进行分类整理，运用数据分析方法找出技术成果应用中存在的关键问题。对于施工工艺方面的反馈，分析是技术规范本身不合理，还是施工人员未正确掌握操作方法。若发现多数施工人员在涂刷防水涂料时厚度不达标，经调查是技术交底培训不到位，施工人员对涂刷厚度标准理解有误。对于质量问题反馈，通过对比不同项目的质量检测数据，分析出现质量差异的原因。如部分项目防水效果良好，而部分项目出现渗漏，经分析发现渗漏项目在施工时当地气温较低，影响了防水涂料的固化效果。对于成本与进度反馈，结合项目实际情况，评估技术应用对项目经济效益的综合影响。若技术应用导致成本增加，但能显著提高防水工程质量，延长建筑使用寿命，从长期来看仍具有经济可行性。依据反馈实施针对性优化是成果应用跟踪反馈的最终目的，针对施工工艺问题，加强技术交底培训，制作详细的施工操作手册与视频教程，对施工人员进行再次培训，确保他们正确掌握技术规范。对于质量问题，若因环境因素影响技术效果，研究开发适应不同环境条件的技术改进方案。如针对低温环境，研发低温固化型防水涂料，或改进施工工艺，增加加热保温措施。对于成本与进度问题，优化技术应用流程，通过合理安排施工工序、采用先进的施工设备等方式，提高施工效率，降低成本。同时，持续关注行业技术发展动态，将新的理念与方法融入技术成果优化中。通过不断优化，技术成果更好地满足建设工程实际需求，在市场竞争中占据优势，实现技术成果的高效转化与广泛推广，为建设工程行业的高质量发展提供有力技术支持。

四、技术效益评估指标

在建设工程领域，对技术成果转化与推广过程中的技术效益进行精准评估，对于衡量技术的实际价值、推动技术持续创新和优化资源配置具有重要意义。一套科学合理的技术效益评估指标体系，能够全面、客观地反映技术成果在应用过程中所带来的效益变化。工程质量提升是关键评估指标之一，新技术的应用往往旨在提高工程质量，保障建筑物的安全性与耐久性。以新型混凝土添加剂的应用为例，评估其对混凝土强度、抗渗性、抗冻性等性能指标的影响。通过对比使用添加剂前后混凝土试块的抗压强度测试结果，分析强度提升的幅度。若原本设计强度等级为 C30 的混凝土，使用添加剂后实际强度均值达到 C35，且强度离散性减小，表明该添加剂在增强混凝土强度方面效果显著。对于抗渗性，可通过混凝土抗渗试验，观察试件在一定水压下的渗水情况。若使用新技术后，混凝土抗渗等级从 P6 提升至 P8，说明抗渗性能得到增强，有助于减少建筑物渗漏隐患，提高防水性能。在耐久性方面，跟踪混凝土在长期使用过程中的外观变化、内部结构损伤情况等，评估新技术对混凝土耐久性的改善效果，如是否减少了因环境侵蚀导致的钢筋锈蚀、混凝土开裂等问题。施工效率提高也是重要评估指标，先进的施工技术通常能够缩短施工周期，提升施工效率。

第七章　施工成本控制

第一节　成本控制体系搭建

一、控制目标设定

在搭建建设工程成本控制体系时，科学合理地设定控制目标至关重要。控制目标如同灯塔，为成本控制工作指引方向，决定着成本控制的成效与项目的经济效益。建设工程成本控制目标的设定需紧密结合项目实际情况，不同类型的建设项目，如住宅、商业综合体、桥梁、道路等，其工程特点、施工工艺、建设规模等存在显著差异，成本构成与控制重点也各不相同。对于住宅项目，建筑安装工程成本占比较大，其中主体结构施工、装饰装修和水电安装等环节的成本控制尤为关键。在设定控制目标时，要根据住宅的户型设计、建筑层数、装修标准等具体情况，精确计算各项成本费用。例如，对于高层住宅项目，考虑到垂直运输成本、基础工程的复杂性等因素，在主体结构施工成本控制目标设定上，需对混凝土、钢筋等主要材料的用量与采购价格进行严格把控，制定合理的损耗率指标。而商业综合体项目，除建筑安装成本外，还需重点关注商业空间布局、智能化系统等方面的成本投入。根据商业业态规划、消防与安防要求等，设定相应的成本控制目标，如在智能化系统成本控制上，明确各类设备的品牌、规格与价格区间，确保在满足商业运营需求的前提下，实现对成本的有效控制。参考历史项目数据是设定成本控制目标的重要依据，企业应建立完善的历史项目成本数据库，涵盖不同类型、不同规模项目在各个施工阶段的详细成本数据，包括人工成本、材料成本、机械成本、管理费用等。通过对历史数据的分析，总结成本变化规律与影响因素。例如，分析多个类似住宅项目的主体结构施工成本数据，发现随着建筑高度的增加，混凝土与钢材的用量呈现一定的增长趋势，且不同地区的材料价格波动对成本影响较大。在设定新项目的成本控制目标时，参考这些历史数据，结合新项目的特点与实际情况，对各项成本进行合理预估与调整。若新项目所在地区的钢材价格近期波动较大，在设定钢材采购成本控制目标时，需充分考虑价格风险，预留一定的价格调整空间，同时制定相应的采购策略，如与供应商签订价格浮动协议等。市场因素对建设工程成本影响显著，因此设定控制目标时必须充分考虑。建筑材料市场价格波动频繁，钢材、水泥、木材等主要材料价格受原材料供应、市场需求、宏观经济政策等多种因素影响。例如，当国际铁矿石价格上涨时，国内钢材价格往往随之上升，这将直接增加建设工程的钢材采购成本。在设定材料成本控制目标时，要密切关注市场价格走势，通过市场调研、价格预测等手段，合理预估材料价格变化。对于价格波动较大的材料，可采用套期保值等金融工具，锁定一定时期内的采购价格，降低价格风险。同时，劳动力市场的变化也会影响人工成本。随着劳动力市场供求关系的变化，工人工资水平不断调整。在设定人工成本控制目标时，要参考当地劳动力市场的工资指导价，结合项目施工进度计划与劳动力需求情况，合理确定人工费用标准。此外，建筑机械设备租赁市场的价格波动也需纳入考虑范围，根据市场行情合理安排设备租赁时间与租赁方式，控制机械成本。为确保成本控制目标的有效实施，需将总体目标进行分解细化。按照施工阶段，将成本控制目标分解为施工准备阶段、基础施工阶段、主体结构施工阶段、装饰装修阶段、竣工验收阶段等各个阶段的分目标。例如，在施工准备阶段，重点控制临时设施搭建成本、施工图纸会审与技术交底费用等；在基础施工阶段，设定地基处理、桩基工程等的成本控制目标。按照分部分项工程，将成本目标进一步细化到土方工程、钢筋工程、混凝土工程、砌体工程等各个分部分项工程。以钢筋工程为例，明确钢筋的采购成本、加工成本、安装成本和损耗控制目标。同时，将成本控制目标落实到具体的部门与岗位，明确各部门与岗位在成本控制中的职责与任务。如采购部门负责材料采购成本控制；施工部门负责施工过程中的人工与机械成本控制；技术部门通过优化施工技术方案降低成本等。通过目标分解细化，成本控制工作责任明确、目标清晰，便于各部门与岗位协同开展成本控制工作，确保建设工程成本控制目标的顺利实现，为项目的成功实施提供有力保障。

二、责任划分明确

在搭建建设工程成本控制体系的过程中，明确的责任划分是确保成本控制工作得以有效落实的核心要素。清晰界定各部门、各岗位在成本控制中的职责，能够充分调动各方积极性，形成合力，共同实现成本控制目标，提升项目的经济效益。项目经理作为项目的核心负责人，对整体成本控制负有全面领导责任。项目经理需依据项目的规模、特点、合同要求等，组织制订详细且切实可行的成本控制计划。在项目实施过程中，监督成本控制计划的执行情况，定期检查各项成本指标的完成进度。例如，每月主持召开成本分析会议，对比实际成本与预算成本，分析成本偏差产生的原因，及时采取纠偏措施。同时，协调各部门之间的工作，确保成本控制工作的协同性。当施工部门提出因设计变更可能导致成本增加时，项目经理需组织技术、采购、造价等部门共同评估变更的必要性与合理性，权衡成本增加与项目功能提升之间的关系，做出科学决策。在资源调配方面，项目经理要根据成本控制目标，合理安排人力、物力与财力资源，避免资源的浪费与闲置，确保项目在成本可控的前提下顺利推进。施工部门是成本控制的直接执行主体之一，在人工成本控制上，施工部门需严格按照施工进度计划组织劳动力，避免出现人员窝工或过度加班现象。根据各工种的工作任务与施工难度，合理安排施工人员数量，通过优化施工组织设计，提高施工效率，降低人工成本。例如，在主体结构施工中，合理安排钢筋工、木工、混凝土工等工种的施工顺序与作业时间，减少不同工种之间的等待时间，提高劳动生产率。在材料成本控制方面，施工人员要严格执行限额领料制度，按照施工任务领取材料，杜绝材料浪费。在施工现场，加强对材料的保管与使用管理，防止材料丢失、损坏或被盗。如在砌筑工程中，根据墙体砌筑量精确计算砖块与砂浆的用量，施工班组按照限额领取材料，对剩余材料及时回收利用。对于机械成本，施工部门要合理调度施工机械设备，提高设备的利用率，避免设备闲置浪费。根据施工任务的轻重缓急，合理安排机械设备的使用时间，减少设备的租赁天数或闲置台班，降低机械使用成本。采购部门在成本控制中承担着关键责任，在材料采购环节，采购部门要通过广泛的市场调研，收集材料供应商的信息，对比不同供应商的材料质量、价格、交货期等因素，选择性价比高的供应商。采用招标、询价等方式，降低材料采购成本。例如，对于钢材、水泥等大宗材料，组织公开招标，吸引多家供应商参与竞争，从而获取较为优惠的采购价格。在采购过程中，要严格控制采购数量，避免因采购过多导致材料积压浪费，增加库存成本。同时，合理规划材料运输路线，降低运输费用，与供应商协商运输方式与费用分担，减少运输过程中的损耗。对于设备采购，采购部门要根据项目的实际需求，选择性能优良、价格合理的设备。在设备选型时，综合考虑设备的购置成本、使用成本、维护成本和设备的使用寿命等因素，确保设备的性价比最优。在设备采购合同签订过程中，明确设备的质量标准、售后服务条款等，避免因设备质量问题或售后服务不到位增加额外成本。技术部门在成本控制中发挥着重要的技术支持作用，技术部门要在保证工程质量与安全的前提下，优化施工技术方案，降低施工成本。通过对施工工艺的研究与改进，提高施工效率，减少人工与材料的消耗。例如，在深基坑支护工程中，通过对不同支护方案的技术和经济分析，选择既安全可靠又经济合理的支护方案，降低支护工程成本。在施工过程中，及时解决施工中出现的技术问题，避免因技术问题导致施工延误或质量事故，进而增加成本。同时，技术部门要积极推广应用新技术、新工艺、新材料，提高工程建设的科技含量，降低成本。如采用新型的建筑节能技术，虽然可能在前期设备购置与安装上投入一定成本，但从长期来看，能够有效降低建筑能耗，节约运营成本。在设计变更管理方面，技术部门要严格把控设计变更的合理性，对于不必要的设计变更，要及时提出意见与建议，避免因设计变更导致成本增加。

三、控制流程设计

在搭建建设工程成本控制体系时，设计科学合理的控制流程是确保成本控制目标达成的关键环节。控制流程如同人体的血液循环系统，贯穿于项目建设的全过程，使成本控制工作有序、高效地开展。成本预测是控制流程的起始点，在项目启动初期，收集与项目相关的各类信息，包括项目的规模、结构类型、施工工艺、地质条件、市场价格信息以及类似项目的历史成本数据等。利用定量分析方法，如回归分析、时间序列分析等，对项目的各项成本进行初步估算。例如，通过分析历史项目数据，建立建筑规模与混凝土用量之间的回归模型，以此预测新项目的混凝土成本。同时，结合定性分析，如专家经验判断、市场趋势分析等，对定量分析结果进行修正与完善。考虑到市场上建筑材料价格的波动趋势、劳动力市场的供需变化等因素，对成本预测结果进行适当调整，为后续的成本预算编制提供较为准确的基础数据。成本预算编制是成本控制的重要依据，基于成本预测结果，结合项目的施工进度计划、资源配置计划等，编制详细的成本预算。将项目成本划分为直接成本和间接成本，直接成本涵盖人工成本、材料成本、机械成本等；间接成本包括管理费、临时设施费、水电费等。对于人工成本，根据施工进度计划中各工种的用工数量和时间，结合当地劳动力市场价格，计算出人工费用。在材料成本方面，详细列出所需材料清单，考虑材料的市场价格、采购运输费用和合理的损耗率，确定材料采购成本。机械成本则依据施工机械设备的使用计划、租赁价格或购置成本进行计算。在编制预算过程中，将成本预算分解到各个施工阶段、分部分项工程以及具体的工作包，明确每个阶段、每个部分的成本控制目标，使成本控制工作具有明确的方向和可操作性。施工过程中的成本监控是控制流程的核心环节，建立健全成本监控机制，对人工、材料、机械等各项成本的实际发生情况进行实时跟踪。在人工成本监控方面，通过考勤系统准确记录施工人员的出勤情况，核实项目的实际用工数量与工时是否与预算相符，防止出现人工浪费或窝工现象。对于材料成本，从采购、入库、领用、使用到库存盘点的全过程进行监控。对比材料实际采购价格与预算价格，若出现价格偏差，及时分析原因并采取措施，如与供应商协商价格调整、寻找替代材料等。在材料使用过程中，严格执行限额领料制度，监督施工人员是否按照规定领取和使用材料，避免材料浪费与丢失。机械成本监控主要关注机械设备的使用效率，检查设备是否存在闲置或过度使用情况，合理安排设备调度，提高设备利用率，降低机械使用成本。同时，利用信息化手段，如项目管理软件，实时收集和分析成本数据，及时发现成本偏差与潜在风险。当发现成本偏差时，及时进行偏差处理，首先，对成本偏差进行深入分析，找出偏差产生的原因，如施工工艺变更、材料价格波动、施工进度延误、管理不善等。针对不同原因，采取相应的纠偏措施。若因施工工艺变更导致成本增加，评估变更的必要性和合理性，如变更不合理，及时调整施工方案；若因材料价格上涨导致成本超支，可通过与供应商协商价格、寻找更具性价比的供应商或调整材料采购计划等方式来降低成本；对于因施工进度延误导致的成本增加，优化施工组织设计，合理安排施工工序，加快施工进度。其次，建立成本变更审批制度，对于任何可能导致成本增加的变更，必须经过严格的审批流程，确保成本变更的合理性与可控性。成本考核评估是控制流程的重要环节，用于检验成本控制工作的成效。在项目的不同阶段，如月度、季度或关键里程碑节点，和项目竣工后，对成本控制目标的完成情况进行考核评估。将实际成本与预算成本进行对比，计算成本节约率或超支率等考核指标。对在成本控制工作中表现出色的部门和个人给予奖励，如奖金、荣誉证书、晋升机会等，激励员工积极参与成本控制工作。对于成本控制不力的部门和个人，进行相应的惩罚，如扣减绩效奖金、警告等。最后，通过成本考核评估，总结经验教训，为后续项目的成本控制提供参考，不断完善成本控制体系与流程，提高成本控制水平。

四、考核机制建立

在建设工程成本控制体系搭建中，考核机制的建立是确保成本控制目标得以实现的关键环节。科学有效的考核机制能够明确各部门、各岗位在成本控制工作中的责任与绩效，激发员工积极参与成本控制的积极性，从而提升整个项目的成本管理水平。考核指标的设定是考核机制的基础，需涵盖成本控制的各个关键方面，且指标应具有可衡量性、可操作性与相关性。成本节约率是核心考核指标之一，通过计算实际成本与预算成本的差值占预算成本的比例，直观反映成本控制的成效。例如，某项目预算成本为1000万元，实际成本为950万元，成本节约率则为（1000-950）÷1000×100%＝5%。对于分部分项工程，也可设定相应的成本节约率指标，如主体结构工程预算成本为500万元，实际成本为480万元，其成本节约率为（500-480）÷500×100%＝4%。成本偏差率同样重要，它反映了成本实际值与目标值的偏离程度。当成本偏差率为正值时，表示成本超支；为负值时，则表示成本节约。例如，某阶段材料成本预算为200万元，实际成本210万元，成本偏差率为（210-200）÷200×100%＝5%，说明该阶段材料成本超支。此外，还应设置进度指标与质量指标。进度指标考核项目是否按照预定施工进度计划推进，因为施工进度延误往往会导致成本增加。例如，若某项目关键线路上的工作延误10天，可能会增加人工、机械租赁等成本。质量指标则确保在成本控制过程中，工程质量不受影响。如规定分项工程的质量验收合格率需达到95%以上，避免因追求成本降低而忽视质量，导致后期返工增加成本。合理确定考核周期是保证考核机制有效运行的关键，考核周期不宜过长或过短。过长的考核周期可能导致问题发现不及时，成本偏差难以纠正；过短则会增加考核工作量，影响工作效率。对于建设工程，可根据项目特点与施工阶段划分考核周期。在项目前期，如施工准备阶段与基础施工阶段，由于各项工作处于起步与逐步开展阶段，成本变化相对较有规律，考核周期可相对较长，如每月进行一次考核。在主体结构施工阶段，施工进度较快，成本投入大且变化频繁，可将考核周期缩短至每周一次，以便及时发现成本偏差并采取措施。在装饰装修与竣工验收阶段，考核周期可根据实际情况适当调整，如每两周考核一次。通过灵活设置考核周期，能够实时掌握成本控制动态，确保成本始终处于可控状态。考核执行过程要严格规范，成立专门的考核小组，考核成员包括成本管理专家、造价工程师、项目经理和各部门负责人代表等。考核小组依据预先设定的考核指标与考核周期，收集相关数据资料。在收集成本数据时，要确保数据的真实性与准确性，从财务部门获取实际成本支出数据，从施工部门获取施工进度数据，从质量检测部门获取工程质量数据等。例如，考核小组在考核某阶段人工成本时，从财务部门核实人工费用支出明细，与施工部门提供的考勤记录、用工计划进行比对，确保人工成本数据准确无误。对于考核过程中发现的问题，及时与相关部门沟通核实，如发现某部门材料成本超支，考核小组与采购部门、施工部门共同分析原因，是采购价格过高还是材料浪费严重等。考核小组根据核实后的情况，按照考核标准进行评分，形成详细的考核报告，报告中明确各部门、各岗位的考核得分、存在的问题与改进建议。考核结果的应用是考核机制发挥作用的关键，将考核结果与员工的薪酬、晋升、奖励等直接挂钩。对于在成本控制工作中表现优秀，成本节约率高、成本偏差率低且工程进度与质量均达标的部门与个人，给予丰厚的物质奖励，如奖金、奖品等，同时在晋升、评优等方面优先考虑。例如，对成本控制贡献突出的项目经理，给予 5 万元奖金，并在公司内部进行表彰，优先晋升其职位。对于成本控制不力，成本偏差率超过规定范围，且对项目整体成本造成较大影响的部门与个人，进行相应惩罚。如扣减绩效奖金，对相关责任人进行警告、降职等处理。同时，利用考核结果进行经验总结与教训反思，针对考核中发现的成本控制薄弱环节，组织相关部门与人员进行培训学习，优化成本控制流程与方法，不断完善建设工程成本控制体系，提高成本控制水平，实现项目经济效益的最大化。

第二节　成本预算编制

一、编制依据确定

在建设工程成本预算编制过程中，准确确定编制依据是确保预算科学性与可靠性的关键。编制依据涵盖多个方面，它们相互关联、相互支撑，共同为成本预算提供坚实基础。施工图纸是成本预算编制的核心依据之一，施工图纸详细展示了工程的全貌，包括建筑、结构、给排水、电气等各个专业的设计内容。从建筑图纸中，能够明确建筑物的尺寸、层数、建筑面积、空间布局等信息，这些信息对于计算建筑工程的各项工程量至关重要。例如，通过建筑图纸可精确计算墙体的面积、门窗的数量与尺寸，从而确定砌墙材料、门窗的用量。结构图纸则详细标注了各类结构构件的尺寸、配筋情况等，是计算混凝土、钢筋等结构材料用量的依据。以梁、板、柱等结构构件为例，根据结构图纸提供的尺寸与配筋信息，能够准确计算出混凝土的浇筑体积和钢筋的重量，为后续材料成本预算提供准确数据。给排水图纸与电气图纸明确了管道、线路的走向、规格和设备的安装位置等，有助于计算管道、线缆、开关、插座等材料与设备的用量，进而确定相应的成本。施工组织设计也是重要的编制依据，规划了工程施工的全过程，包括施工进度计划、施工方法、劳动力与机械设备的调配方案等。施工进度计划明确了各分部分项工程的开始与结束时间，这对于确定人工与机械的使用时间和费用起着关键作用。例如，若某分部分项工程施工周期较长，所需人工与机械的使用时间相应增加，成本也会随之上升。施工方法的选择直接影响到施工过程中的资源消耗。采用先进的施工工艺可能会提高施工效率，但同时也可能增加设备投入或对材料有特殊要求，从而影响成本。如在深基坑支护工程中，选择不同的支护方式，如土钉墙支护、桩锚支护等，成本差异较大。劳动力与机械设备的调配方案决定了人工与机械的数量及使用安排。根据劳动力配置计划，能够确定各工种的用工数量与工作时间，进而计算人工成本。通过机械设备调配方案，可明确所需机械设备的类型、数量与租赁或使用时间，用于计算机械成本。市场价格信息是成本预算编制不可或缺的依据，建筑材料市场价格波动频繁，钢材、水泥、木材、装饰材料等价格受原材料供应、市场需求、宏观经济政策等多种因素影响。及时、准确掌握市场价格信息，对于合理确定材料成本至关重要。通过市场调研、材料供应商报价、行业价格信息平台等渠道，收集各类材料的当前价格和价格走势。例如，钢材价格在不同时期可能会有较大波动，在编制成本预算时，需参考近期市场价格，并结合价格走势预测，合理确定钢材的预算价格。人工单价同样受劳动力市场供求关系影响。不同地区、不同工种的人工单价存在差异，且随着时间推移也会发生变化。参考当地建筑劳务市场行情、政府发布的人工工资指导价和企业过往项目的用工成本数据，确定合理的人工单价。机械租赁价格则通过向机械设备租赁公司咨询，了解各类机械设备的租赁费用标准，包括日租、月租、年租等不同租赁方式的价格，以便根据施工需求选择合适的租赁方案并计算机械租赁成本。定额标准是成本预算编制的重要参考依据，国家与地方颁布的建筑工程定额，规定了完成一定计量单位的分部分项工程或结构构件所需的人工、材料、机械台班的消耗数量标准。这些定额是在大量实践经验与数据统计分析的基础上制定的，具有权威性与指导性。在编制成本预算时，依据定额标准计算人工、材料、机械的消耗量，再结合市场价格计算成本。例如，根据预算定额中规定的每立方米混凝土浇筑所需的人工工时、水泥、砂、石子等材料用量，和搅拌机等机械台班用量，结合当地市场价格，计算出混凝土浇筑的成本。同时，定额标准还包括费用定额，规定了工程建设过程中各项费用的取费标准，如管理费、利润、规费等的计算方法与费率，为计算间接成本提供依据。类似项目经验也为成本预算编制提供了有益参考，企业过往完成的类似项目，在工程规模、结构类型、施工工艺等方面与当前项目可能存在相似之处。通过分析类似项目的成本数据，包括人工成本、材料成本、机械成本以及各项间接成本的实际发生情况，总结成本变化规律与影响因素。例如，通过对比多个类似住宅项目的成本数据，发现高层住宅项目在垂直运输成本、基础工程成本方面相对较高。在编制当前住宅项目成本预算时，参考这些经验数据，结合项目实际情况进行调整，使成本预算更加贴近实际。同时，借鉴类似项目在成本控制方面的成功经验与教训，避免在当前项目成本预算编制与实施过程中出现类似问题，提高成本预算的准确性与合理性。

二、直接成本计算

在建设工程成本预算编制中，直接成本计算是极为重要的环节，直接成本涵盖人工成本、材料成本与机械成本，精准计算这些成本对于确定项目总成本、合理控制造价起着关键作用。人工成本计算需依据施工组织设计中的劳动力配置计划，首先，明确各工种的用工数量与工作时间。在主体结构施工阶段，以常见的住宅项目为例，根据建筑规模与结构复杂程度，估算钢筋工、木工、混凝土工等主要工种的用工数量。假设一栋 18 层住宅，每层建筑面积 1000m²，经测算主体结构施工阶段需钢筋工 80 人，工作时长约为 90 天。接着确定各工种的人工单价，人工单价受地区差异、市场供求关系和工种技术难度等因素影响。通过参考当地建筑劳务市场行情、政府发布的人工工资指导价和企业过往项目用工成本数据，确定钢筋工日工资为 350 元。则该项目主体结构施工阶段钢筋工的人工成本为 80×90×350 = 2520000 元。对于其他工种，如木工、混凝土工等，同样按照此方法，根据各自的用工数量、工作时间与人工单价计算人工成本，再将各工种人工成本汇总，得出主体结构施工阶段的总人工成本。在整个项目施工过程中，分阶段计算各工种人工成本，最后累加得到项目人工总成本。材料成本计算要基于施工图纸计算出的材料用量，并结合市场价格信息。施工图纸详细标注了各类材料的规格、型号与数量要求。以混凝土为例，通过结构图纸计算出不同部位、不同强度等级的混凝土浇筑体积。在上述 18 层住宅项目中，经计算主体结构混凝土总用量约为 6000m³。确定混凝土市场价格时，通过市场调研、材料供应商报价等方式，获取当前不同强度等级混凝土的市场单价。假设 C30 混凝土市场单价为 420 元/立方米，则该项目主体结构混凝土材料成本为 6000×420 = 2520000 元。对于钢材，根据结构图纸中钢筋的配筋信息，计算出不同规格钢筋的重量。如计算出直径 12mm 钢筋用量为 100t，直径 16mm 钢筋用量为 150t 等。通过市场询价，了解不同规格钢筋的市场价格，假设直径 12mm 钢筋市场单价为 4800 元/吨，直径 16mm 钢筋市场单价为 4600 元/吨，则钢材材料成本为（100×4800+150×4600）= 1170000 元。在计算材料成本时，还需考虑材料运输、存储过程中的合理损耗。如钢材损耗率一般设定为 2%~3%，混凝土损耗率设定为 1%~2% 等。以钢材为例，若损耗率设定为 2%，则实际采购钢材重量需在理论用量基础上增加 2%，相应调整材料成本。机械成本计算依据施工组织设计中的机械设备使用计划，确定所需机械设备的类型、数量与使用时间。在住宅项目基础施工阶段，若采用桩基础施工工艺，需使用打桩机。根据施工方案，确定需租赁 2 台打桩机，租赁期为 30 天。通过向机械设备租赁公司咨询，了解打桩机租赁价格，假设打桩机日租金为 2000 元，则打桩机租赁成本为 $2\times30\times2000=120000$ 元。对于塔吊等垂直运输设备，根据建筑物高度、施工进度要求等确定塔吊的型号与数量。假设项目需配备 1 台塔吊，租赁期为 180 天，塔吊月租金为 35000 元，则塔吊租赁成本为 $180\div30\times35000=210000$ 元。对于一些小型机械设备，如混凝土搅拌机、电焊机等，若采用购置方式，需计算设备购置费用、安装调试费用和使用过程中的维护保养费用。例如，购置一台混凝土搅拌机，设备购置费用为 50000 元，安装调试费用为 5000 元，预计使用过程中每年维护保养费用为 8000 元，设备使用寿命为 5 年，根据项目施工周期，合理分摊设备成本到各施工阶段，计算出该设备在项目中的机械成本。将各类机械设备成本汇总，得出项目机械总成本。最后，将人工成本、材料成本与机械成本相加，得到建设工程成本预算编制中的直接成本。

三、间接成本估算

在建设工程成本预算编制里，间接成本估算对精准确定项目总成本起着关键作用。间接成本虽不直接作用于工程实体，但却是项目顺利推进不可或缺的部分，涵盖多个方面的费用。管理费是间接成本的重要组成部分，它包括管理人员工资、办公费、差旅费、业务招待费等多项费用。管理人员工资根据项目规模与管理架构确定。对于一个中等规模的建设项目，若设置项目经理 1 名、技术负责人 1 名、造价工程师 2 名、施工员 3 名、质检员 2 名等管理人员，参考当地同行业薪酬水平，假设项目经理月工资为 15000 元，技术负责人月工资 12000 元，造价工程师月工资 10000 元，施工员月工资 8000 元，质检员月工资 8000 元，项目预计施工周期为 12 个月，则管理人员工资总额为 $(15000+12000+2\times10000+3\times8000+2\times8000)\times12=1044000$ 元。办公费涵盖办公场地租赁、办公用品购置、水电费、通信费等。租赁办公场地，根据项目所在地的租金水平，假设每月租金为 10000 元，12 个月则为 120000 元。办公用品购置预计一次性投入 50000 元，在项目周期内分摊，每月约 4167 元。办公水电费每月预计 3000 元，通信费每月 2000 元，办公费每月总计约 19167元，12 个月办公费约为 230004 元。差旅费根据项目实际情况，预计管理人员每月出差次数与行程，假设每月差旅费支出为 30000 元，12 个月差旅费为360000 元。业务招待费按项目成本一定比例估算，假设按直接成本的 0.5% 计算，若直接成本为 50000000 元，则业务招待费为 50000000×0.5% = 250000元。将各项管理费相加，得到项目管理费估算总额。临时设施费也是间接成本的一部分，临时设施包括施工现场的临时办公区、生活区、仓库、加工场地等。临时办公区搭建，根据项目管理人员数量与办公需求，确定办公区面积。假设搭建一个 500m² 的临时办公区，每平方米造价为 800 元，则临时办公区搭建费用为 500×800 = 400000 元。生活区搭建，考虑施工人员数量与住宿条件，假设需搭建可供 200 人住宿的生活区，包含宿舍、食堂、卫生间等设施，每人住宿面积按 6m² 计算，每平方米造价 700 元，则生活区搭建费用为 200×6×700 = 840000 元。仓库与加工场地搭建根据材料存储与加工需求确定面积与造价，假设仓库与加工场地总面积为 800m²，每平方米造价 600 元，则费用为 800×600 = 480000 元。临时设施搭建完成后，还需考虑拆除费用，拆除费用一般按搭建费用的 10%~20% 估算，假设按 15% 计算，临时设施拆除费用为（400000+840000+480000）×15% = 258000 元。将临时设施搭建与拆除费用相加，得到临时设施费估算总额。水电费在施工期间持续产生，根据施工工艺与设备使用情况，估算施工用水用电量。在混凝土浇筑阶段，混凝土搅拌机、振捣棒等设备用电量大，同时施工人员生活也需消耗水电。通过参考类似项目水电消耗数据，结合本项目实际情况，假设施工期为 12 个月，每月施工用电预计 15000 度，每度电按 1 元计算，每月施工用电费用为 15000元。生活用电每月预计 5000 度，每度电 0.8 元，每月生活用电费用为 4000元。施工用水每月预计 1000m³，每立方米水按 5 元计算，每月施工用水费用为 5000 元。生活用水每月预计 300m³，每立方米水按 4 元计算，每月生活用水费用为 1200 元。则每月水电费总计为 15000+4000+5000+1200 = 25200 元，12 个月水电费估算为 302400 元。此外，还有其他间接费用。工程保险费用于保障项目在施工过程中因自然灾害、意外事故等造成的损失。根据项目类型、规模、风险程度等因素，参考保险公司报价，工程保险费一般按工程总造价的 0.3%~0.8% 估算。假设项目总造价 60000000 元，按 0.5% 计算，工程保险费为 60000000×0.5%＝300000 元。工程排污费根据当地环保部门规定与项目实际排污量计算，假设当地规定每立方米污水排污费为 3 元，项目施工期预计产生污水 20000m³，则工程排污费为 20000×3＝60000 元。将管理费、临时设施费、水电费、工程保险费、工程排污费等各项间接费用相加，得出建设工程成本预算编制中的间接成本估算总额，为项目成本预算提供完整数据支持。

四、预算审核调整

在建设工程成本预算编制工作中，预算审核调整是确保预算准确性与合理性的关键步骤，如同精密仪器的校准环节，对整个项目成本控制起着至关重要的作用。首先，组建专业的预算审核团队，团队成员应涵盖造价工程师、项目经理、施工技术人员、财务人员等多领域专业人才。造价工程师凭借其深厚的造价专业知识，对预算中的工程量计算、计价规则运用以及各项费用的合理性进行审核；项目经理从项目整体管理角度，考量预算是否符合项目实际施工需求与进度安排；施工技术人员依据施工工艺与技术要求，判断预算中关于人工、材料、机械等资源配置是否合理；财务人员则从财务合规性与资金流角度，审查预算的资金安排是否妥当。例如，在一个大型商业综合体项目中，预算审核团队由具有丰富经验的资深造价工程师担任组长，带领来自项目管理、施工技术、财务等部门的专业人员，共同开展预算审核工作。审核内容涉及多个关键方面，工程量计算准确性是审核重点之一。审核人员需依据施工图纸、工程量计算规则，仔细核对预算中各分部分项工程的工程量。如在主体结构工程中，对混凝土浇筑体积、钢筋用量等工程量进行重新核算。若发现预算中某楼层混凝土浇筑体积计算错误，多计了 10m³，按照混凝土每立方米 400 元的价格计算，将直接导致成本预算虚增 4000 元。计价准确性同样重要，审核各项费用的计价是否符合当地定额标准、市场价格行情以及合同约定。例如，检查材料价格是否与当前市场询价一致，人工单价是否参考了当地建筑劳务市场指导价。若发现某品牌钢材预算价格高于市场实际价格 500 元/吨，且该项目需使用钢材 100t，那么这一价格偏差将使成本预算增加 50000 元。费用项目完整性也是审核要点，确保预算中涵盖了所有应发生的费用，包括管理费、临时设施费、水电费、工程保险费等间接费用，以及可能存在的其他费用项目。如发现预算中遗漏了工程排污费，根据项目所在地环保部门规定，该项目预计需缴纳工程排污费 30000 元，这就需要及时补充完善预算。当审核发现预算偏差后，深入分析偏差产生的原因，一方面，可能是编制依据不准确导致。如施工图纸存在变更，但预算编制时未及时更新，以某建筑项目为例，施工过程中因设计变更，部分墙体结构发生改变，原预算中墙体工程量及相关材料用量未随之调整，从而造成预算偏差。另一方面，市场价格波动也可能引发偏差。建筑材料市场价格受原材料供应、市场需求等因素影响而波动频繁，如钢材、水泥等主要材料价格在预算编制后出现大幅上涨，导致预算成本与实际成本产生偏差。此外，预算编制人员的专业水平与经验不足，也可能导致工程量计算错误、费用计取不合理等问题，进而产生预算偏差。针对预算偏差，制定并实施合理的调整策略，若因施工图纸变更导致工程量变化，重新计算变更部分的工程量，并依据合同约定的计价方式调整预算。例如，对于上述墙体结构变更的情况，重新计算变更后的墙体工程量，按照新的工程量与相应的综合单价调整预算成本。若因市场价格波动引起偏差，对于价格上涨幅度较大的材料，与供应商协商价格调整，或者寻找性价比更高的替代材料。如钢材价格上涨时，经与供应商协商，争取到一定的价格优惠，降低材料采购成本，从而调整预算。对于因预算编制人员失误导致的偏差，组织相关人员进行培训学习，提高专业水平，同时对预算进行全面复查与修正，确保预算的准确性。调整完成后，还需进行复查，复查人员再次对调整后的预算进行审核，检查调整过程是否合理、准确，各项数据是否符合实际情况。复查内容包括调整后的工程量计算、价格确定和费用项目完整性等方面。如复查发现调整后的预算中，某部分费用计算仍存在小数点错误，及时进行更正。通过复查，确保预算审核调整工作的质量，为建设工程成本控制提供可靠的预算依据，保障项目在合理的成本范围内顺利推进。

第三节　成本过程管控

一、材料成本控制

在建设工程成本过程管控体系里，材料成本控制占据着举足轻重的地位。由于材料成本通常在整个工程成本中占比较大，因此高效的材料成本控制措施能够显著降低工程总成本，提升项目经济效益。从采购环节入手，这是控制材料成本的首要关卡。在采购前，需开展全面深入的市场调研。通过线上线下多种渠道，广泛收集各类材料供应商的信息，包括其产品质量、价格、交货期和售后服务等方面。对于钢材供应商，不仅要了解不同规格钢材的市场报价，还要实地考察其生产设备与工艺，评估产品质量稳定性。在某大型桥梁建设项目中，通过对多家钢材供应商的调研，发现一家供应商虽报价略低于市场平均水平，但生产工艺相对落后，产品质量波动较大。项目最终选择了一家价格适中且质量可靠的供应商。采用招标、询价等方式，引入竞争机制，降低采购价格。对于大宗材料采购，如水泥、砂石等，组织公开招标，吸引众多供应商参与竞争。在招标过程中，明确材料的质量标准、规格型号、交货时间等要求，供应商根据要求进行报价。通过这种方式，能够获取较为优惠的采购价格，有效降低材料采购成本。同时，与供应商建立长期稳定的合作关系，争取价格优惠与更好的服务。长期合作的供应商基于对企业的信任与业务稳定性的考虑，往往愿意在价格上给予一定让步，并且在交货期、售后服务等方面提供更多便利。材料的运输与存储环节也不容忽视，合理规划运输路线，减少运输损耗与费用。根据材料供应商的地理位置与项目施工现场的位置，综合考虑运输距离、道路状况、运输方式等因素，选择最优运输路线。对于远距离运输的材料，如从外地采购的特种装饰材料，对比公路运输、铁路运输等不同方式的成本与时效性，选择成本较低且能保证材料按时到达施工现场的运输方式。在运输过程中，采取有效的防护措施，减少材料损耗。例如，对于易碎的玻璃材料，在运输车辆中设置专门的防护装置，避免在运输途中因颠簸、碰撞等原因导致玻璃破碎。在存储方面，加强材料的保管，防止材料因受潮、变质、被盗等造成浪费。建设符合材料存储要求的仓库，对于需要防潮的水泥，设置防潮层，控制仓库内的湿度。建立严格的材料出入库管理制度，对材料的入库、领用、库存进行详细记录，确保材料存储管理的规范化与精细化。在材料使用过程中，严格执行限额领料制度。施工人员根据施工任务领取材料，避免材料浪费。以建筑工程中的砌筑工程为例，根据墙体砌筑量精确计算砖块与砂浆的用量，施工班组按照限额领取材料。在施工现场设置材料使用监督岗位，安排专人对施工人员的材料使用情况进行监督，及时纠正浪费行为。如发现施工人员在砌筑过程中随意丢弃砖块、砂浆使用过量等情况，及时进行制止与教育。同时，通过技术创新与工艺改进，提高材料利用率。采用新型的施工工艺，如在模板工程中，使用可重复利用的新型模板材料，减少模板材料的浪费。在钢筋加工过程中，通过优化钢筋下料方案，提高钢筋的利用率，减少材料损耗。定期进行库存盘点，合理控制库存水平，也是材料成本控制的重要措施。通过库存盘点，及时掌握材料的实际库存数量与质量状况，避免库存积压或缺货情况的发生。对于库存积压的材料，及时进行处理，如通过与其他项目调配、低价出售等方式，减少资金占用成本。对于易变质、易损耗的材料，合理控制库存数量，根据施工进度需求，适时采购，避免因库存过多导致材料过期浪费。在某住宅建设项目中，通过定期库存盘点，发现部分装饰材料因库存时间过长出现褪色、变形等问题，及时调整采购计划，减少此类材料的库存数量，降低了材料成本损失。通过对采购、运输存储、使用及库存管理等各个环节的严格把控，实现对建设工程材料成本的有效控制，为项目成本过程管控目标的实现提供有力保障。

二、人工成本管理

在建设工程成本过程管控中，人工成本管理是极为关键的一环，对项目整体成本控制起着举足轻重的作用。合理有效地管理人工成本，既能确保工程顺利推进，又能提升项目的经济效益。施工前的人员配置规划是人工成本管理的基础，依据施工组织设计与进度计划，精确计算各阶段、各工种所需的人工数量。在主体结构施工阶段，结合建筑规模、结构复杂程度和施工工艺要求，确定钢筋工、木工、混凝土工等工种的用工量。以一栋30层的高层住宅为例，经详细测算，在主体结构施工期间，钢筋工预计需120人，木工150人，混凝土工80人。同时，考虑各工种施工的时间节点与衔接关系，避免出现人员闲置或短缺的情况。合理安排施工顺序，使各工种紧密配合，如在混凝土浇筑前，确保钢筋绑扎与模板支护工作已按时完成，减少工种之间的等待时间，提高整体施工效率，从而降低人工成本。薪酬管理是人工成本管理的核心环节，制定科学合理的薪酬体系，将员工薪酬与工作绩效紧密挂钩。对于施工人员，根据其工作的难易程度、工作量大小和工作质量等因素，设立不同的薪酬标准。例如，在复杂的异形结构施工中，施工难度大，对工人技术要求高，可适当提高该部分施工人员的薪酬水平，激励他们高质量完成工作。设立绩效奖金制度，对在施工过程中表现出色，如提前完成施工任务、工程质量达到优良标准的班组或个人，给予额外的绩效奖金。在某商业综合体项目中，通过实施绩效奖金制度，施工人员的工作积极性大幅提高，主体结构施工阶段提前15天完成，节约了人工成本。同时，参考当地建筑劳务市场行情和同行业薪酬水平，合理确定基本工资标准，确保薪酬具有竞争力，既能吸引优秀的施工人员，又不会造成人工成本过高。培训与技能提升对降低人工成本具有长远意义，加强对施工人员的技能培训，提高他们的工作效率与操作水平。针对新技术、新工艺、新设备的应用，组织专项培训，使施工人员能够熟练掌握并运用，减少因操作不熟练导致的施工延误与质量问题。在装配式建筑施工中，对施工人员进行装配式构件安装技术培训，使他们能够快速、准确地完成构件安装工作，提高施工效率。定期开展技能竞赛活动，激发施工人员提升技能的积极性。对在技能竞赛中表现优秀的人员，给予一定的奖励，如奖金、荣誉证书等，并在晋升、评优等方面予以优先考虑。通过技能竞赛，施工人员之间形成了良好的竞争氛围，整体技能水平得到提升，进而降低了单位时间内的人工成本。施工过程中的人工成本监管至关重要，建立严格的考勤制度，准确记录施工人员的出勤情况，杜绝人工费用的虚报冒领。采用电子考勤设备，实时记录施工人员的上下班时间，避免了人工考勤可能出现的漏洞。加强施工现场管理，防止施工人员出现窝工、怠工现象。合理安排施工任务，确保施工人员每天都有充足且合理的工作内容。如在雨天等不利天气条件下，提前安排室内施工任务，避免施工人员因天气原因而闲置。对施工人员的工作质量进行严格监督，一旦发现质量问题，及时要求整改，避免因质量问题导致返工，增加人工成本。在墙面抹灰施工中，若发现抹灰厚度不达标、表面不平整等质量问题，立即要求施工人员返工处理，确保工程质量符合标准，减少因质量问题带来的额外人工成本支出。

三、机械成本控制

在建设工程成本过程管控体系里，机械成本控制占据重要地位。机械设备的合理运用与成本把控，对降低工程总成本、提升项目利润空间意义重大。在施工前期，设备选型与配置是机械成本控制的首要环节。依据工程规模、施工工艺及场地条件等因素，精准确定所需机械设备的类型与数量。在大型商业综合体建设中，考虑到建筑高度、吊运材料的重量与频次，需选用起重量大、工作半径长的塔吊。经详细计算与分析，确定配备两台不同型号塔吊，一台用于主体结构施工阶段吊运大型建筑材料，另一台侧重于后期装饰装修阶段吊运小型材料与设备，确保塔吊在不同施工阶段均能高效运行，避免因设备选型不当造成资源浪费或施工效率低下。同时，对于混凝土浇筑作业，根据浇筑量与施工进度要求，合理配置混凝土搅拌站与混凝土输送泵。若施工现场场地狭窄，优先选择占地面积小、自动化程度高的搅拌站设备，保证混凝土供应及时且不影响其他施工环节，实现机械设备的优化配置，从源头上控制机械成本。租赁与采购决策直接影响机械成本的高低，在选择设备获取方式时，全面权衡租赁与采购的利弊。对于使用频率低、价格昂贵的特种机械设备，如大型桥梁施工中的架桥机，采用租赁方式更为经济。通过市场调研，对比多家租赁公司的设备性能、租赁价格与服务质量，选择性价比高的租赁商。在租赁过程中，明确租赁期限、设备维护责任、租金支付方式等关键条款，避免因合同漏洞产生额外费用。相反，对于使用频繁、使用周期长且技术更新换代较慢的设备，如施工电梯、混凝土搅拌机等，从长期成本考虑，采购设备可能更具优势。在采购时，组织专业团队对设备质量、价格、售后服务等方面进行综合评估，通过招标、询价等方式，降低采购成本，确保设备性能稳定，减少后期维修成本。施工过程中的设备使用与调度管理是机械成本控制的核心，建立科学的设备使用计划，根据施工进度安排，合理调配机械设备，提高设备利用率。在主体结构施工阶段，协调好塔吊、施工电梯与混凝土输送泵等设备的使用时间，避免设备闲置。例如，制订详细的塔吊吊运计划，明确各施工班组的吊运时间与吊运任务，使塔吊在单位时间内吊运次数最大化。同时，合理安排设备的工作班次，对于连续施工的项目，采用多班制作业，充分利用设备的工作时间，降低单位工作量的机械成本。在施工现场设立设备调度中心，实时监控设备运行状态，根据施工实际情况及时调整设备调度方案。如某区域施工进度加快，需要增加混凝土浇筑量，调度中心及时调配更多混凝土输送泵至该区域，确保施工顺利进行，避免因设备调度不合理导致施工延误与成本增加。设备的维护保养工作对机械成本控制起着长期保障作用，制定完善的设备维护保养制度，定期对机械设备进行检查、保养与维修。对于塔吊、施工电梯等特种设备，严格按照相关安全规范与操作规程，进行日常检查与定期维护。如每周对塔吊的钢丝绳、制动器、限位器等关键部件进行检查，每月进行一次全面保养，及时更换磨损零部件，确保设备安全运行，减少因设备故障导致的停工维修时间与维修成本。建立设备维护保养档案，记录设备的维护保养情况、维修记录和零部件更换情况等信息，为设备的全生命周期管理提供依据。通过良好的维护保养，延长设备使用寿命，降低设备更新换代成本，从而实现对机械成本的有效控制。在设备闲置期间，做好设备的封存与保管工作，采取必要的防护措施，防止设备生锈、损坏，确保设备在下次使用时能够正常运行，减少因设备保管不当造成的损失。通过设备选型配置、租赁采购决策、使用调度管理和维护保养安排等多方面的协同管理，实现对建设工程成本过程管控中的机械成本有效控制，为项目成本控制目标的实现提供有力支撑。

四、现场管理费控制

在建设工程成本过程管控体系中，现场管理费控制是不容忽视的重要环节。现场管理费涵盖了施工现场为组织和管理工程施工所发生的多项费用，对其进行有效控制，能够显著降低工程成本，提高项目经济效益。施工现场管理人员的配置需科学合理，根据工程规模、复杂程度和施工组织设计，精确确定管理人员数量与岗位设置。对于小型建设项目，如建筑面积在 5000m² 以下的住宅工程，设置项目经理 1 名、技术负责人 1 名、施工员 2 名、质检员 1 名、安全员 1 名等即可满足管理需求。避免因人员冗余导致工资支出增加，同时也要防止人员不足影响工程管理效率。在人员招聘环节，严格把控人员素质与能力，确保招聘到专业对口、经验丰富的管理人员。例如，招聘具有丰富的同类型项目管理经验的项目经理，能够凭借其专业能力高效协调各方资源，减少管理失误，降低因管理不善带来的额外成本。同时，制定合理的薪酬体系，将管理人员薪酬与工作绩效挂钩，激励管理人员积极履行职责，提高工作效率，避免因薪酬不合理导致人员消极怠工或频繁流动，增加管理成本。办公费用是现场管理费的重要组成部分，需严格控制。在办公场地租赁方面，根据项目规模与施工周期，选择合适面积与租金水平的场地。对于施工周期较短的项目，可考虑租赁临时搭建的活动板房作为办公场所，降低租赁成本。在办公用品采购上，制订详细的采购计划，避免盲目采购与浪费。例如，根据实际办公需求，合理确定纸张、墨盒、文件夹等办公用品的采购数量，优先选择性价比高的产品。采用无纸化办公方式，推广使用电子文档、电子邮件等进行文件传输与沟通，减少纸张消耗。在办公设备购置上，对于电脑、打印机、复印机等设备，根据项目实际使用频率与需求，选择合适的配置与品牌。对于使用率较低的设备，可考虑租赁而非购置，降低设备购置成本与后期维护成本。同时，加强对办公设备的维护保养，延长设备使用寿命，减少设备更新换代频率。差旅与招待费用也需严格管控，制定差旅管理制度，明确出差审批流程、交通工具选择标准和住宿标准等。对于近距离出差，优先选择公共交通或公司内部车辆，减少差旅费支出。在住宿方面，根据出差目的地的消费水平，合理确定住宿标准，避免超标准住宿。对于招待费用，建立严格的审批与报销制度，明确招待对象、招待标准和招待事由。在招待客户或合作伙伴时，根据业务需求合理安排招待活动，避免铺张浪费。例如，在项目洽谈阶段，选择合适的商务餐厅进行招待，避免选择过于豪华的场所。同时，严格控制招待次数，杜绝不必要的招待活动，减少招待费用支出。施工现场的水电费、通信费等其他杂项费用同样需要关注。在水电费控制方面，安装水电计量设备，对施工现场与办公区域的水电消耗进行实时监测。在施工过程中，合理安排施工设备的使用时间，避免设备空转浪费电能。在办公区域，倡导节约用电，如人走关灯、关闭不必要的电器设备等。对于通信费，根据管理人员的工作需求，选择合适的通信套餐，避免通信费用超支。同时，鼓励管理人员合理利用网络通信工具，如即时通信软件、视频会议软件等，减少长途电话费用支出。通过对施工现场管理人员配置、办公费用、差旅招待费用以及其他杂项费用等方面的全面管控，实现对建设工程成本过程管控中的现场管理费有效控制，为项目成本控制目标的实现提供有力保障，提升项目整体经济效益。

第四节　成本核算分析

一、核算方法选择

在建设工程成本核算分析工作中，合理选择核算方法是确保成本数据准确、为成本控制提供可靠依据的关键。不同的核算方法具有各自的特点与适用场景，建设工程企业需结合项目实际情况进行抉择。表格核算法是一种较为直观、简便的核算方法。它以各种表格为载体，对建设工程中的成本数据进行收集、整理与核算。在工程项目的日常管理中，针对人工成本，可通过考勤记录表与工资计算表，详细记录施工人员的出勤天数、工作小时数和对应的工资标准，进而核算出人工成本。例如，在某住宅项目的主体结构施工阶段，每天记录钢筋工、木工、混凝土工等各工种人员的出勤情况，每月根据考勤记录与既定工资标准计算人工费用，并填入人工成本核算表。对于材料成本，利用材料采购申请表、入库单、领料单等表格，记录材料的采购数量、单价、入库时间和领用情况。在材料采购申请表中，详细填写材料名称、规格、预计采购数量与单价等信息；入库单记录实际入库数量与供应商信息；领料单则明确材料领用的施工部位、班组和数量。通过这些表格数据的汇总与分析，可准确核算材料成本。在机械成本方面，通过设备租赁合同表、设备使用记录表来核算。租赁合同表记录设备租赁的租金、租赁期限等关键信息；设备使用记录表则记录设备的每日使用时长、维修保养情况等，以此核算机械使用成本。表格核算法的优点在于操作简单、直观易懂，基层管理人员与施工人员容易掌握，能够及时反映成本数据的变化情况。但其缺点是核算范围相对较窄，对于一些复杂的成本关系与数据钩稽关系难以全面反映，且数据的准确性在一定程度上依赖于表格填写的规范性与完整性。会计核算法是基于会计原理与会计准则进行成本核算的方法，它运用设置账户、复式记账、填制和审核凭证、登记账簿、成本计算、财产清查和编制会计报表等一系列会计专门方法，对建设工程成本进行全面、系统的核算。在会计核算中，将建设工程成本按照成本项目进行分类核算，如设置"直接材料""直接人工""机械使用费""间接费用"等会计科目。在材料采购环节，根据采购发票、入库单等原始凭证，编制记账凭证，借记"原材料"科目，贷记"银行存款"或"应付账款"等科目。在材料领用用于工程施工时，编制记账凭证，借记"工程施工—直接材料"科目，贷记"原材料"科目。在人工成本核算时，根据工资发放表，借记"工程施工—直接人工"科目，贷记"应付职工薪酬"科目。在机械成本核算中，根据设备租赁发票、设备维修费用发票等，借记"工程施工—机械使用费"科目，贷记"银行存款"等科目。会计核算法的优势在于核算全面、系统，能够准确反映工程项目的财务状况与成本信息，数据具有较高的准确性与可靠性，且符合国家财务制度与税收法规要求。然而，该方法对核算人员的专业素质要求较高，核算过程较为复杂，需要耗费较多的时间与精力，同时会计核算周期相对较长，可能无法及时满足工程项目实时成本监控的需求。业务核算法是对建设工程中各项业务活动进行核算的方法，它侧重于对与成本相关的业务活动进行记录与分析，如对工程变更、索赔业务的核算。在工程变更发生时，详细记录变更的原因、内容、涉及的工程量与费用变化情况。例如，某商业综合体项目在施工过程中，因设计变更导致部分墙体拆除重建，业务核算人员及时记录变更的设计图纸编号、变更通知时间、拆除墙体的工程量和重建所需的材料、人工等费用，通过与原设计方案成本对比，核算出工程变更对成本的影响。对于索赔业务，收集与索赔相关的证据资料，如施工日志、会议纪要、往来函件等，核算索赔金额。若因建设单位原因导致工期延误，施工单位通过业务核算，统计因工期延误增加的人工、机械闲置费用和材料超期存储费用等，以此作为索赔依据。业务核算法具有较强的针对性与灵活性，能够及时反映工程项目中特殊业务活动对成本的影响，为成本控制与决策提供特定业务层面的信息支持。但它不能像会计核算法那样全面反映工程成本的整体情况，且业务核算的准确性依赖于对业务活动记录的完整性与真实性。

二、数据收集整理

在建设工程成本核算分析体系中，数据收集整理是一项极为关键的基础工作，其质量直接影响成本核算分析的准确性与可靠性，进而关乎项目成本控制与决策的有效性。人工成本数据收集整理工作需从多个维度展开，考勤数据是关键，借助电子考勤设备或考勤管理软件，精确记录施工人员每日的出勤情况，包括上下班时间、加班时长等。在某高层住宅项目中，施工人员每日通过刷脸考勤设备打卡，系统自动记录考勤信息，确保数据的准确性与实时性。同时，收集各工种施工人员的薪酬标准，这包括基本工资、绩效工资、奖金、津贴等构成部分。对于技术含量高、施工难度大的工种，如特种焊接工，其薪酬标准相对较高。依据考勤数据与薪酬标准，计算出每个施工人员的人工成本，再按工种、施工阶段等维度进行汇总整理。例如，在主体结构施工阶段，汇总钢筋工、木工、混凝土工等各工种的人工成本，形成该阶段人工成本明细报表，为成本核算提供清晰准确的数据支持。材料成本数据收集整理涵盖材料采购、运输、存储与使用全流程。在采购环节，收集采购合同、发票、供应商报价单等资料。采购合同明确材料的规格、型号、数量、单价、交货时间与地点等关键信息；发票用于核对采购金额与税务处理；供应商报价单可用于对比分析，确保采购价格合理。在材料运输过程中，记录运输费用、运输损耗情况。例如，对于远距离运输的钢材，运输过程中可能因装卸、碰撞等原因产生一定损耗，详细记录损耗数量与原因，以便准确核算材料成本。在材料入库时，通过库存管理系统录入入库数量、质量检验结果等信息。在施工过程中，利用领料单记录材料的领用情况，包括领用材料的名称、规格、数量、施工部位、领用班组等。在某商业综合体项目中，材料员每日将钢材、水泥、装饰材料等的领料信息录入系统，定期对材料出入库数据进行整理分析，生成材料成本动态报表，直观反映材料成本的变化情况。机械成本数据收集整理围绕机械设备的租赁、购置、使用与维护展开。若采用租赁方式获取机械设备，收集租赁合同、租金支付凭证、设备进场与退场记录等。租赁合同明确租赁期限、租金计算方式、设备维修保养责任等；租金支付凭证用于核对租金支出；设备进场与退场记录可确定设备实际使用时间。对于自有机械设备，记录设备购置发票、折旧计算资料。在设备使用过程中，通过设备运行记录表格，记录设备的每日运行时长、油耗、维修保养情况等。例如，混凝土搅拌机的运行记录需详细记录每日搅拌混凝土的方量、设备运行时间、维修次数与维修费用等信息。将这些数据按设备类型、施工阶段进行整理，计算出各阶段、各类机械设备的使用成本，为机械成本核算提供翔实依据。间接成本数据收集整理涉及多个方面，在现场管理费方面，收集管理人员工资发放记录、办公费用报销凭证、水电费缴费单据、差旅费报销单等。管理人员工资发放记录明确薪酬支出；办公费用报销凭证涵盖办公用品采购、办公设备维修、办公场地租赁等费用；水电费缴费单据反映施工现场与办公区域的水电消耗费用；差旅费报销单记录管理人员因工作出差产生的交通、住宿、餐饮等费用。临时设施费数据收集，包括临时设施搭建合同、搭建费用发票、拆除费用预算等。将这些间接成本数据分类整理，按照成本项目与施工阶段进行归集，生成间接成本报表，全面反映间接成本的构成与变化情况。通过对人工、材料、机械、间接成本等多方面数据的系统收集与整理，为建设工程成本核算分析提供丰富、准确的数据资源，助力实现精准的成本控制与科学的项目决策。

三、分析指标设定

在建设工程成本核算分析工作中，科学合理地设定分析指标是准确把握成本状况、有效实施成本控制的核心环节。分析指标如同精准的"探测器"，能够深入挖掘成本数据背后的信息，为项目决策提供有力依据。成本构成比例指标是基础且关键的分析指标，它用于明确各项成本在总成本中所占的比重，助力了解成本结构。人工成本占比通过计算人工成本总额与项目总成本的比值得出。例如，某项目人工成本为 3000 万元，总成本为 15000 万元，则人工成本占比为 $3000 \div 15000 \times 100\% = 20\%$。同理，计算材料成本占比、机械成本占比、间接成本占比等。通过分析这些占比，可清晰判断成本的主要构成部分。若材料成本占比过高，如达到 60%，则需重点关注材料采购、使用等环节，寻找降低成本的途径。成本偏差指标直观反映实际成本与预算成本的差异程度，成本偏差率是常用指标，计算公式为（实际成本－预算成本）÷预算成本×100%。若某分部分项工程预算成本为 500 万元，实际成本为 550 万元，则成本偏差率为 $(550 - 500) \div 500 \times 100\% = 10\%$，表明该部分成本超支 10%。对于成本节约的情况，偏差率为负值。通过计算各分部分项工程、各施工阶段和项目整体的成本偏差率，可定位成本控制的薄弱环节，及时采取纠偏措施。成本效益指标用于衡量项目成本投入与产出的关系，成本利润率是重要的成本效益指标，等于项目利润除以项目总成本再乘以 100%。假设某项目利润为 2000 万元，总成本为 12000 万元，则成本利润率为 $2000 \div 12000 \times 100\% \approx 16.7\%$。较高的成本利润率意味着项目在成本控制与盈利能力方面表现较好。产值成本率也是常用指标，即项目总成本除以项目总产值乘以 100%。它反映了单位产值所消耗的成本，该指标越低，说明项目成本效益越高。进度关联成本指标将成本与施工进度相联系，赢得值法中的三个基本参数可用于构建此类指标。已完工作预算费用（BCWP）是按预算单价计算的已完成工作量的费用，计划工作预算费用（BCWS）是按预算单价计算的计划工作量的费用，已完工作实际费用（ACWP）是已完成工作量的实际费用。通过计算费用偏差（CV＝BCWP－ACWP）和进度偏差（SV＝BCWP－BCWS），可同时分析成本与进度状况。若 CV<0，表明成本超支；SV<0，表明进度滞后。费用绩效指数（CPI＝BCWP÷ACWP）和进度绩效指数（SPI＝BCWP÷BC-WS）用于衡量成本和进度的执行情况。当 CPI<1 时，成本超支；SPI<1 时，进度滞后。通过这些指标，可及时发现成本与进度的异常情况，采取针对性措施进行调整。质量成本指标考量因质量问题产生的成本，内部损失成本是指在项目内部因质量缺陷导致的返工、修复、报废等费用。如某项目因混凝土浇筑质量不合格，进行返工处理，产生返工费用 50 万元，这就是内部损失成本。外部损失成本是指项目交付后因质量问题产生的维修、赔偿等费用。质量预防成本是为预防质量问题发生而投入的费用，如质量培训、质量检测设备购置等费用。质量鉴定成本是为评定质量是否符合要求而进行的检测、试验等费用。通过分析质量成本各项指标，可寻求质量与成本的最佳平衡点，避免因过度追求质量或忽视质量而导致成本增加。通过全面、科学地设定这些分析指标，能够对建设工程成本进行多角度、深层次的剖析，为成本控制与项目管理提供全面、准确的信息支持，助力实现项目经济效益最大化。

四、偏差原因改进

在建设工程成本核算分析过程中，一旦发现成本出现偏差，必须深入剖析原因，并及时采取有效的改进措施，以确保项目成本处于可控范围，实现预期的经济效益。材料成本超支是常见的成本偏差原因之一，市场价格波动往往是导致材料成本增加的重要因素。建筑材料市场受原材料供应、宏观经济形势、国际政治局势等多种因素影响，价格波动频繁。例如，钢材作为重要的建筑材料，若国际铁矿石价格大幅上涨，国内钢材市场价格通常会随之攀升。为应对这一情况，首先要加强市场价格监测与预测。建立专业的市场调研团队，实时关注材料市场动态，收集各类材料价格信息，运用数据分析模型对价格走势进行预测。提前预判价格上涨趋势后，可与供应商签订长期合同，锁定一定时期内的材料采购价格。在合同中设置价格调整条款，当市场价格波动超过一定幅度时，相应调整采购价格，以合理分担价格风险。同时，拓展材料采购渠道，引入更多供应商参与竞争，避免过度依赖单一供应商，从而降低采购成本。人工成本偏差也不容忽视，人工效率低下可能导致人工成本超出预算。这可能是由施工人员技能水平不足、施工组织不合理等原因造成的。对于技能水平问题，加强施工人员培训是关键。根据不同工种、不同施工阶段的需求，制订针对性的培训计划。例如，在装配式建筑施工前，对施工人员进行装配式构件安装技术培训，使其熟练掌握安装流程与技巧，提高工作效率。在施工组织方面，优化施工流程，合理安排各工种的施工顺序与作业时间，减少工种之间的等待时间。通过制订详细的施工进度计划，明确各阶段的工作任务与责任人，确保施工过程有条不紊地进行。同时，建立有效的激励机制，将施工人员的薪酬与工作绩效挂钩，对工作效率高、质量好的人员给予奖励，激发施工人员的工作积极性，提高人工效率，降低人工成本。设计变更也是引发成本偏差的重要因素，在建设工程中，由于前期勘察设计深度不足、建设单位需求变更等原因，可能导致施工过程中出现设计变更。设计变更往往会增加工程成本，如拆除已施工部分、重新采购材料、调整施工工艺等。为减少设计变更对成本的影响，在项目前期，加强勘察设计管理，提高勘察设计质量。组织专家对设计方案进行严格评审，确保设计方案的可行性、合理性与经济性。在施工过程中，建立严格的设计变更审批制度。任何设计变更都需经过建设单位、设计单位、监理单位、施工单位等多方论证，评估变更对成本、进度和质量的影响。若变更不可避免，应及时调整施工计划与成本预算，对变更部分的成本进行准确核算与控制。机械成本偏差同样需要关注，机械设备选型不当可能导致机械成本增加。如果选择的机械设备功率过大或过小，都会影响设备的使用效率，增加能源消耗和维修成本。在设备选型时，要根据工程规模、施工工艺、场地条件等因素，综合考虑设备的性能、价格、能耗、维护成本等指标，选择最适合项目需求的机械设备。同时，加强对机械设备的使用与维护管理。建立设备使用台账，记录设备的运行时间、维修保养情况等信息，合理安排设备的使用时间，避免设备闲置浪费。定期对设备进行维护保养，及时更换磨损零部件，确保设备正常运行，延长设备使用寿命，降低设备维修成本。

第八章　施工重大项目谋划申报

第一节　重大项目前期调研与可行性分析

一、市场调研

在建设工程重大项目前期调研与可行性分析的体系中，市场调研占据着极为关键的地位，是项目能否成功落地并实现预期效益的重要基石。它犹如精准的探测器，深入挖掘市场的各种信息，为项目决策提供坚实可靠的数据支撑与方向指引。广泛收集宏观行业数据是市场调研的基础性工作，时刻关注国家及地方建筑行业发展规划，是把握行业脉搏的关键。国家大力倡导绿色建筑发展战略，意味着在未来一段时间内，绿色环保型的建设项目将成为市场主流。分析行业整体增长趋势，通过梳理过去多年建筑行业总产值、新开工项目数量、固定资产投资规模等关键数据，构建数据模型，预测未来市场规模的走向。如过去五年建筑行业总产值以年均 10% 的速度增长，这表明市场正处于蓬勃发展阶段，蕴含着巨大的潜力。同时，密切关注行业政策法规的动态变化，像建筑行业的质量安全法规、环保政策等。环保政策日益严格，对建筑材料的选用、施工过程中的污染控制提出了更高要求。项目规划阶段必须充分考虑这些政策因素，采用环保型材料、优化施工工艺，以契合政策导向，避免因政策变动而产生的风险。深入研究目标市场需求是市场调研的核心任务，以住宅项目为例，细致分析当地人口结构的变化趋势。若某城市的老龄化程度持续加深，对适老化住宅的需求必然会大幅增长。在调研过程中，需深入了解老年群体对住宅户型设计的特殊要求，如设置无障碍通道、配备紧急呼叫系统、采用防滑地面材料等；关注周边配套设施的需求，如靠近医院、老年活动中心、公园等。同时，随着家庭结构小型化趋势的加剧，小户型住宅的需求日益凸显。年轻家庭更注重房屋的功能布局合理性、空间利用效率和智能化设施的配备，如智能家居系统、开放式厨房设计等。对于商业项目，深入调研区域商业发展的饱和度。通过统计商场、超市、写字楼、酒店等商业设施的空置率，精准判断市场的供需关系。若某区域写字楼的空置率连续两年超过20%，则表明该区域商业办公空间供应可能出现过剩，因此在规划新项目时需格外谨慎。此外，深入分析消费者的消费习惯与趋势，当下体验式商业业态愈加受到青睐，消费者不再仅仅满足于传统的购物模式，而是追求集购物、餐饮、娱乐、休闲为一体的综合性消费体验。因此，商业项目规划应注重打造特色化、差异化的消费场景，以吸引消费者。全面剖析竞争态势对项目的精准定位起着决定性作用，详细调查周边类似项目的情况，包括项目规模、产品特点、销售价格、营销策略、运营情况等。在某城市的核心商圈规划建设大型购物中心时，需深入了解周边已建或在建购物中心的业态分布、品牌入驻情况、客流量数据等。若周边已有多个以传统零售为主的购物中心，新项目可考虑差异化定位，突出主题式商业、亲子娱乐、文化创意等特色业态，打造独特的竞争优势。深入分析竞争对手的优势与劣势，学习借鉴成功经验，规避其存在的问题。同时，时刻关注潜在进入者的威胁，若该区域房地产市场发展前景良好，必然会吸引更多开发商进入，提前制定应对策略，提升项目的核心竞争力。深入研究市场供需关系直接影响项目的投资决策，在房地产市场，精准分析房屋供给量与销售量数据。若某地区连续三年房屋销售量持续高于供给量，库存去化周期不断缩短，表明市场处于供不应求的状态，此时投资新建住宅项目可能具有较好的市场前景。对于工业厂房项目，深入调研当地产业发展情况，若某产业集群正处于快速扩张阶段，则企业对厂房的需求将大幅增加。同时，密切关注土地供应情况，土地出让计划、土地价格走势等因素将直接影响项目的开发成本与进度。若某区域土地供应紧张，地价不断攀升，项目投资需综合考虑成本与收益，谨慎做出决策。此外，敏锐关注市场动态与新兴趋势为项目注入创新活力。科技的飞速发展正深刻改变着建筑行业的格局，装配式建筑、智能建筑、海绵城市等新兴技术与理念不断涌现。调研装配式建筑在当地的应用情况，了解其在成本控制、施工效率提升、质量保障等方面的优势与不足。若装配式建筑在周边项目中应用效果良好，新项目可考虑采用该技术，以提高项目建设效率、降低成本、提升质量。关注智能建筑的发展趋势，随着人们对居住、办公环境智能化需求的不断增加，在项目规划中融入智能安防、智能照明、智能家电控制等系统，将显著提升项目的附加值与市场竞争力。同时，关注海绵城市建设理念，在城市基础设施项目规划中，充分考虑雨水收集利用、城市排水系统优化等因素，以适应城市可持续发展的需求。通过全面、深入、细致的市场调研，为建设工程重大项目前期调研与可行性分析提供丰富、准确、翔实的市场信息，助力项目科学决策，实现可持续发展。

二、技术可行性分析

在建设工程重大项目前期调研与可行性分析中，技术可行性分析占据着举足轻重的地位，是项目顺利落地并成功实施的关键要素。它从多个维度对项目所涉及的技术进行全面考量，为项目决策提供坚实的技术支撑。首先，针对项目所采用的关键技术展开深入调研。不同类型的建设项目有着各自独特的关键技术需求。以超高层建筑项目为例，建筑结构设计、垂直运输系统和深基坑支护技术便是核心要点。在建筑结构设计方面，需研究国内外同类型超高层建筑所采用的结构体系，如框架—核心筒结构、筒中筒结构等。分析这些结构体系在实际应用中的受力性能、抗震性能和施工难度。例如，某超高层建筑采用了创新的巨型框架—核心筒结构，通过合理布置巨型柱和核心筒，有效提高了结构的承载能力和抗侧力性能，同时在施工过程中通过优化施工工艺，降低了施工难度。对于垂直运输系统，调研先进的高速电梯技术，包括电梯的提升速度、载重量、运行稳定性等参数。了解不同品牌高速电梯在实际项目中的应用案例，评估其可靠性和维护成本。在深基坑支护技术方面，研究诸如桩锚支护、地下连续墙支护等多种支护形式在不同地质条件下的应用效果。分析支护结构的稳定性、对周边环境的影响和施工成本。在某城市中心的超高层建筑项目中，由于场地狭窄且周边建筑物密集，因此采用了地下连续墙结合内支撑的支护形式，有效保障了基坑的安全，减少了对周边环境的影响。其次，对企业自身的技术实力进行全面评估。这包括企业的技术人员配备、施工设备水平以及过往项目经验。在技术人员方面，统计各类专业技术人员的数量和资质，如注册结构工程师、注册建造师、高级工程师等。分析技术人员的专业结构是否合理，能否满足项目的技术需求。例如，一个大型桥梁建设项目需要大量具备桥梁结构设计、岩土工程、桥梁施工技术等专业背景的技术人员。施工设备是企业技术实力的重要体现，评估企业现有施工设备的先进性、数量和设备的完好率。对于大型建设项目，如铁路工程，需要配备先进的盾构机、架桥机、大型混凝土搅拌站等设备。了解企业过往类似项目的经验也至关重要，分析企业在以往项目中所采用的技术方案、遇到的技术难题和解决问题的能力。若企业曾成功建设过多个大型跨海大桥项目，在新的桥梁项目中就能更好地应对复杂的海洋环境和技术挑战。再次，充分考虑技术的发展趋势。随着科技的不断进步，建设工程领域的新技术、新工艺、新材料层出不穷。在项目前期，预判未来技术发展对项目的影响。例如，BIM 技术在近年来得到了广泛应用，它能够实现项目全生命周期的信息化管理，提高设计、施工和运营的协同效率。在项目规划阶段，考虑是否引入 BIM 技术，和如何将其与现有工作流程相结合。绿色建筑技术也是发展趋势之一，如太阳能光伏应用、地源热泵系统、雨水收集利用系统等。在建筑项目中采用这些绿色技术，不仅能降低能源消耗，还能提高项目的可持续性和市场竞争力。此外，智能化施工技术如无人机测绘、机器人施工等也逐渐兴起，这些技术能够提高施工精度和效率，降低人工成本。在项目前期，评估这些新技术在项目中的适用性和可行性，提前做好技术储备和规划。同时，识别技术应用过程中可能面临的风险，并制定相应的应对措施。技术风险可能来自多个方面，如技术本身的不成熟、技术标准的变更、技术人才的短缺等。对于采用的新技术，由于缺乏足够的工程实践经验，因此可能存在技术可靠性风险。在项目前期，组织专家对新技术进行充分论证和试验，确保技术的可行性。若项目建设周期较长，可能会遇到技术标准的变更，这就需要及时跟踪技术标准的更新情况，提前调整项目技术方案。技术人才短缺也是常见风险，企业应加强对技术人才的培养和引进，建立完善的人才激励机制，吸引和留住优秀的技术人才。例如，在采用装配式建筑技术的项目中，由于该技术相对较新，可能缺乏熟练掌握装配式施工工艺的技术人员，因此企业可通过开展内部培训、与高校合作等方式，培养专业技术人才。最后，对比不同技术方案的优缺点。在项目前期，通常会有多种技术方案可供选择。以道路建设项目为例，在路面结构设计方面，可选择沥青路面或水泥混凝土路面。沥青路面具有行车舒适性好、施工速度快、维修方便等优点，但耐久性相对较差；水泥混凝土路面则具有强度高、耐久性好等优点，但施工周期较长、行车舒适性相对较低。通过对不同技术方案的技术指标、经济指标和环境影响等方面进行综合对比，选择最适合项目需求的技术方案。在对比过程中，要充分考虑项目的建设规模、使用要求、建设地点的自然条件以及当地的技术水平和经济实力等因素。通过全面、深入的技术可行性分析，为建设工程重大项目的前期决策提供科学、准确的技术依据，确保项目在技术层面具备可行性和可靠性，为项目的顺利实施奠定坚实基础。

三、经济可行性分析

在建设工程重大项目前期调研与可行性分析体系里，经济可行性分析占据核心地位，是决定项目能否顺利推进并实现预期效益的关键因素。它通过对项目全生命周期内的投资、收益、成本等经济要素进行全面、系统的分析，为项目决策提供坚实的经济数据支撑。首先，进行精准的投资估算。投资估算涵盖项目建设的各个方面费用。工程建设费用是其中的主要部分，包括建筑工程费、设备购置及安装工程费。在建筑工程费估算时，依据项目设计方案，详细计算各分部分项工程的工程量，如基础工程、主体结构工程、装饰装修工程等，再结合当地建筑市场的人工、材料、机械台班单价，确定建筑工程费用。对于设备购置及安装工程费，明确项目所需设备的清单，包括设备的型号、规格、数量等信息，通过市场询价或参考类似项目设备采购价格，估算设备购置费用，并考虑设备安装调试所需的人工、材料及机械费用。例如，在一个大型工业厂房建设项目中，建筑工程费根据厂房的建筑面积、结构形式以及当地建筑成本水平，估算为 5000 万元；设备购置及安装工程费，经统计所需设备及询价，预计为 3000 万元。土地征用及拆迁补偿费也是投资估算的重要组成部分，若项目建设需要占用土地，需根据项目所在地的土地政策、土地市场价格和土地面积，计算土地征用费用。对于涉及拆迁的项目，要全面调查拆迁范围内的建筑物、构筑物数量及面积，依据当地拆迁补偿标准，估算拆迁补偿费用。在某城市新区的商业综合体项目中，因需征用土地并进行部分拆迁，土地征用费用预计为 2000 万元，拆迁补偿费为 1000 万元。项目前期费用同样不可忽视，包括项目可行性研究费、勘察设计费、招投标费、环境影响评价费等。项目可行性研究费根据项目规模及复杂程度，参考市场上专业咨询机构的收费标准进行估算；勘察设计费按照国家相关收费标准，结合项目的勘察设计工作量计算；招投标费根据招标代理机构的收费标准及项目招标规模确定；环境影响评价费依据项目对环境的影响程度及相关环评机构的收费水平估算。在上述商业综合体项目中，项目前期费用总计约 500 万元。将各项费用汇总，得出项目的总投资估算，为后续资金筹措与经济分析提供基础数据。其次，合理规划资金筹措方案。明确项目资金的来源渠道，常见的有自有资金、银行贷款、政府专项基金、社会资本合作等。自有资金是企业可用于项目投资的自身积累资金，优势在于无须支付利息，资金使用较为灵活，但可能会对企业的资金流动性造成一定影响。银行贷款是项目融资的重要方式，通过向银行申请贷款，可获得较大规模的资金支持。在申请贷款时，需考虑贷款利率、贷款期限、还款方式等因素。政府专项基金通常针对特定领域或符合一定政策导向的项目设立，如绿色建筑专项基金、基础设施建设专项基金等，项目若能符合相关条件，可申请获得政府专项基金支持，降低融资成本。社会资本合作模式，如 PPP（政府和社会资本合作）模式，通过引入社会资本参与项目建设与运营，实现政府与社会资本的优势互补。在确定资金筹措方案时，要综合考虑项目的特点、资金需求规模、融资成本和企业的财务状况等因素，合理安排不同资金来源的比例，确保项目资金充足且融资成本可控。最后，科学预测项目的成本与收益。在成本预测方面，除建设阶段的投资成本外，还需考虑项目运营阶段的成本。运营成本包括原材料采购成本、人工成本、设备维护保养成本、能源消耗成本、管理费用等。以一个大型酒店项目为例，运营阶段的原材料采购成本主要涉及食品、日用品等物资的采购费用；人工成本涵盖酒店员工的工资、福利等支出；设备维护保养成本包括电梯、空调、消防等设备的定期维护与维修费用；能源消耗成本涉及水电燃气等费用；管理费用包括办公费用、营销费用等。通过对各项成本的详细分析与预测，制定合理的成本控制目标。收益预测是经济可行性分析的关键环节，对于不同类型的项目，收益来源有所不同。房地产开发项目的收益主要来自房屋销售或租赁收入。在预测房屋销售价格时，需参考当地房地产市场的供需关系、房价走势以及周边类似项目的销售价格。在预测租赁收入时，要考虑房屋的出租率、租金水平和租赁市场的波动情况。对于经营性项目，如商业综合体、工业园区等，收益主要来自租金收入、物业管理费收入和项目运营过程中的其他收入。在预测租金收入时，要分析项目的地理位置、商业氛围、配套设施等因素对租金水平的影响。例如，位于城市核心商圈的商业综合体，由于其优越的地理位置和良好的商业氛围，因此租金水平相对较高，且出租率也较为稳定。通过科学合理地预测项目的成本与收益，计算项目的盈利能力指标，如内部收益率（IRR）、净现值（NPV）、投资回收期等，评估项目在经济上的可行性。若项目的内部收益率高于行业基准收益率，净现值大于零，投资回收期在合理范围内，则表明项目具有较好的经济效益，在经济上可行。

四、环境与社会影响评估

在建设工程重大项目前期调研与可行性分析体系里，环境与社会影响评估占据着不可或缺的地位。其全面且深入地剖析项目在建设与运营阶段对周边环境及社会各层面产生的作用，是衡量项目可持续性的关键环节，为项目决策提供重要依据。生态环境影响评估是首要任务，在项目建设前期，对项目所在地的生态系统展开详尽调查。针对森林、湿地、河流等自然生态区域，明确其生态功能、物种多样性和生态敏感性。例如，若项目选址靠近自然保护区，需着重分析项目建设对保护区内珍稀动植物生存环境的潜在影响。大型水利工程建设可能改变河流的水文条件，影响水生生物的洄游通道与栖息环境。通过实地勘察、生物多样性监测等手段，掌握项目所在地生态现状。在预测项目建设过程中，如土地平整、基础开挖、材料运输等活动，可能导致的植被破坏、水土流失问题。计算因工程占地造成的植被面积减少量，评估对区域生态系统碳汇功能的影响。对于可能引发的水土流失，根据地形地貌、土壤类型、降水特征等因素，运用科学模型预测水土流失量，制定针对性的水土保持措施，如设置挡土墙、护坡、排水系统，开展植被恢复与绿化工作，降低项目对生态环境的破坏程度。环境污染影响评估同样关键，在建设工程施工阶段，施工扬尘是主要污染物之一。施工现场的土方开挖、物料堆放、车辆行驶等活动易产生扬尘，可通过安装扬尘监测设备，实时掌握扬尘浓度。根据监测数据，采取洒水降尘、设置围挡、物料覆盖等措施，减少扬尘对周边空气质量的影响。施工噪声也是扰民因素，各类施工机械如挖掘机、打桩机、混凝土搅拌机运行时会产生高分贝噪声。依据施工场地周边环境敏感点分布，如居民区、学校、医院位置，运用噪声预测模型，计算不同施工阶段噪声对环境敏感点的影响范围与程度。合理安排施工时间，避免在居民休息时间进行高噪声作业，对高噪声设备采取降噪措施，如安装消声器、设置隔音罩等。施工废水含有泥沙、油污及化学药剂等污染物，若未经处理直接排放，会对地表水、土壤造成污染。设置沉淀池、隔油池等污水处理设施，对施工废水进行沉淀、隔油、过滤等处理，达标后排放。在项目运营阶段，工业项目可能产生废气、废水、废渣等污染物。评估废气中污染物种类与排放量，如二氧化硫、氮氧化物、颗粒物等，根据排放标准，确定废气处理工艺，如采用脱硫、脱硝、除尘设备。对于废水，分析其水质特征，采用相应的污水处理技术，确保达标排放。废渣则需分类处理，危险废物交由有资质的单位处置，一般工业固废尽量回收利用或妥善填埋。社会影响评估从多个维度展开，在居民生活方面，项目建设可能导致部分居民拆迁安置。统计拆迁户数、人口数量，了解居民现有居住条件与生活习惯。制定合理的拆迁补偿方案，保障居民合法权益，提供合适的安置房源，确保居民居住条件不降低。同时，关注项目建设与运营对居民日常生活的影响，如施工期间交通拥堵、运营期间的噪声干扰等，采取有效措施缓解影响。在就业影响方面，分析项目建设阶段对当地劳动力的需求，包括不同工种、技能水平的用工数量。大型基础设施项目建设可提供大量建筑工人、技术人员岗位，带动当地就业。在项目运营阶段，根据产业类型与规模，预测长期就业岗位数量，如工业园区运营可创造生产、管理、服务等岗位，促进当地居民就业增收。在文化遗产影响方面，若项目所在地存在历史文化遗迹、古建筑等，开展详细的文物勘察工作。评估项目建设活动对文化遗产的物理影响，如施工振动、粉尘对古建筑结构与外观的损害。制定文化遗产保护方案，在项目规划与施工过程中，采取避让、防护、监测等措施，确保文化遗产得到妥善保护。通过全面、细致的环境与社会影响评估，综合考量项目对环境与社会的利弊，为建设工程重大项目的科学决策与可持续发展提供坚实保障。

第二节　重大项目规划与设计

一、项目总体规划

建设工程重大项目的总体规划是一项复杂且系统的工作，从宏观层面统筹项目的各个要素，为项目的顺利推进和长期运营提供坚实框架，对项目的成败起着决定性作用。项目定位是总体规划的起点和核心，这需要深入调研项目所处区域的经济发展水平、产业结构、人口结构、消费能力等多方面因素。以一个位于城市副中心的大型综合项目为例，若该区域正大力发展高新技术产业，吸引了大量年轻的高学历人才入驻，且周边配套设施尚不完善，那么项目可定位为集高品质住宅、商业配套、产业孵化空间于一体的科技智慧社区。高品质住宅部分针对年轻人才的居住需求，设计为小户型、精装修，配备智能家居系统；商业配套则以满足日常生活消费、休闲娱乐为主，引入生鲜超市、咖啡店、健身房等业态；产业孵化空间提供完善的办公设施和共享服务平台，吸引初创科技企业入驻，促进区域产业升级。功能布局是总体规划的关键环节，在大型商业综合体项目中，合理划分不同功能区域至关重要。零售区应根据商品品类和品牌定位进行布局，将国际知名品牌、高端奢侈品集中在核心位置，打造高端购物区；将大众品牌、快时尚品牌分布在周边，形成规模效应。餐饮区按照餐饮类型和消费层次进行规划，快餐区设置在人流量大、交通便捷的区域，方便顾客快速就餐；特色餐厅、主题餐厅则布置在相对安静、环境优美的位置，营造舒适的用餐氛围。娱乐区集中设置电影院、KTV、电玩城等娱乐设施，形成集聚效应，吸引消费者停留。同时，要注重不同功能区域之间的衔接和过渡，设置合理的通道和休息区域，提高消费者的购物体验。在工业园区项目中，功能布局要充分考虑产业生产流程和企业需求。生产区应根据产业类型和生产工艺进行分区，例如将电子信息产业的生产区与机械制造产业的生产区分开，避免相互干扰。仓储区要靠近生产区，方便原材料和产品的存储和运输。研发区和办公区应注重环境品质和配套设施，配备良好的办公设备、实验室设备和休闲设施，吸引高端人才和创新企业入驻。交通组织是保障项目正常运行的重要支撑，在项目内部，要合理规划人车流线，确保人员和车辆的安全、便捷通行。以医院项目为例，患者流线应从门诊入口、挂号缴费、候诊、检查检验到住院治疗，形成清晰、便捷的路线，避免患者来回奔波。医护人员流线要与患者流线分开，提高工作效率。同时，要设置清晰的标识系统，引导患者和医护人员快速找到目的地。在项目外部，要考虑与城市交通系统的衔接。对于大型交通枢纽项目，如高铁站，要规划便捷的换乘通道，实现与地铁、公交、出租车等多种交通方式的无缝对接。合理设置停车场，满足不同车辆的停车需求，包括小汽车、大巴车、非机动车等。此外，要优化项目周边道路系统，提高道路通行能力，减少交通拥堵。配套设施规划关系到项目的使用体验和可持续发展，在基础设施方面，要确保水、电、气、通信等供应稳定。对于商业综合体项目，要配备足够容量的变压器，满足商业运营中的大量用电需求；建设完善的给排水系统，保障商户和消费者的用水需求，并合理处理污水排放。在公共服务设施方面，要设置公共卫生间、母婴室、无障碍设施等。公共卫生间要分布均匀，根据人流量合理设置蹲位数量，并注重卫生清洁和通风设施的完善。母婴室要配备舒适的哺乳座椅、婴儿护理台等设施，为哺乳期母亲提供便利。无障碍设施要确保残障人士能够无障碍通行项目各个区域。在生态环保设施方面，要规划雨水收集系统，收集利用雨水用于景观灌溉、道路冲洗等，节约水资源；设置垃圾分类收集点，引导人员进行垃圾分类，实现垃圾减量化、资源化和无害化处理。此外，项目总体规划还要考虑项目的分期建设和未来发展。对于大型房地产开发项目，要根据市场需求和资金情况，合理划分开发阶段。前期开发的区域要注重打造项目形象和发挥示范效应，建设高品质的住宅和配套设施，吸引购房者的关注。后期开发区域可以根据前期市场反馈，进行优化调整，满足不同客户群体的需求。同时，要预留一定的发展用地，为项目未来的功能拓展和升级提供空间。例如，在工业园区规划中，预留部分土地用于引进新的产业项目或建设配套服务设施，以适应产业发展变化。

二、项目详细设计

在建设工程重大项目规划与设计流程里，项目详细设计是将宏观规划转化为具体可实施蓝图的关键环节，涵盖建筑、结构、设备等多方面细节，对项目质量、成本与进度把控起着决定性作用。建筑设计细节繁多且关键，在平面设计方面，依据项目功能需求精准规划各空间布局。以大型医院项目为例，门诊区域需合理设置挂号、收费、候诊、诊疗等功能空间，确保患者就医流线便捷，避免交叉感染风险。挂号与收费窗口集中设置，方便患者办理手续；候诊区根据不同科室特点，合理安排座位数量与布局，配备清晰的导诊标识。病房设计需考虑患者舒适度，合理确定病房面积、床位数量与朝向，一般标准病房设置2~3张病床，保证每张病床有足够的使用空间，病房朝向以采光通风良好为宜。在立面设计上，注重建筑风格与周边环境协调统一。若项目位于历史文化街区，建筑立面可采用传统建筑元素，如坡屋顶、雕花门窗等，传承地域文化特色；在现代商务中心区，建筑立面可运用简洁流畅的线条、大面积玻璃幕墙，展现现代感与科技感。同时，考虑建筑节能需求，合理设计窗户面积与开启方式，采用节能门窗材料，减少热量传递。在剖面设计中，确定各楼层高度。商业建筑中，底层因人流密集、空间开阔需求，层高一般设置为5~6m；标准办公楼层高通常在3.5~4m，满足办公空间的舒适性与经济性要求。结构设计为建筑安全提供保障，针对不同建筑类型与规模选择适配结构体系。超高层建筑多采用框架—核心筒结构，利用核心筒强大的抗侧力性能抵御风荷载与地震作用，框架部分承担竖向荷载，确保结构稳定。在设计过程中，精确计算结构构件受力。以框架柱为例，根据建筑布局与荷载分布，确定柱的位置、尺寸与混凝土强度等级。通过结构力学软件进行模拟分析，考虑恒载、活载、风载、地震作用等多种荷载组合，计算框架柱在不同工况下的内力，进而确定柱的配筋量，保证其具有足够的承载能力与延性。对于大跨度建筑，如体育馆、展览馆，常采用网架结构、悬索结构等。网架结构通过杆件的合理布置，形成空间受力体系，具有较高的空间利用率与结构稳定性；悬索结构利用钢索的抗拉性能，实现大空间无柱设计。在设计大跨度结构时，需重点关注结构的变形控制，通过优化结构布置、增加支撑体系等措施，确保在荷载作用下结构变形在允许范围内。设备设计关乎项目运营品质，在给排水设计方面，根据项目用水需求确定管径与水压。大型商业综合体项目，由于商户众多、用水设备多样，需详细计算各区域用水流量。餐饮区因烹饪、清洗等用水量大，需配备管径较大的给水管网，并保证足够水压；卫生间区域根据洁具数量与使用频率，合理设计给排水管道走向与管径。同时，设计完善的污水处理系统，针对不同类型污水，如餐饮含油污水、生活污水等，采用相应处理工艺。餐饮含油污水先经隔油池处理，去除油污后再排入市政污水管网；生活污水通过化粪池处理达标后排放。在电气设计中，计算用电负荷，合理配置变压器与配电箱。大型工业厂房因生产设备众多，用电负荷较大，需根据设备功率、运行时间等参数，准确计算总用电负荷，选用合适容量的变压器。合理规划配电线路，确保电力供应安全可靠，对于重要生产设备，设置双电源供电，避免因停电造成生产中断。

在暖通空调设计上，根据建筑空间功能与使用人数，确定空调系统形式与通风量。办公楼的办公区域多采用风机盘管加新风系统，满足人员舒适性需求；地下停车场因汽车尾气排放，需设计机械通风系统，保证空气流通，排出有害气体。施工细节设计对项目顺利实施意义重大，在基础设计方面，根据地质条件选择基础形式。若项目所在地基土承载能力较低，可采用桩基础，将建筑物荷载通过桩传递到深层坚实土层。确定桩的类型、长度、直径与间距，需综合考虑地质勘察报告、上部结构荷载等因素。在桩基础施工设计中，明确施工工艺与质量控制要点，如采用钻孔灌注桩施工时，控制钻孔深度、泥浆比重、钢筋笼下放位置等参数，确保桩身质量。在防水设计上，针对屋面、地下室、卫生间等易渗漏部位制定防水方案。屋面防水一般采用卷材防水与涂膜防水相结合的方式，先铺设防水卷材，再涂刷防水涂料，形成双重防水保护；地下室防水采用防水混凝土结构自防水与卷材外防水相结合，确保地下室无渗漏现象。卫生间防水重点处理管道穿越楼板部位，采用止水套管、防水密封胶等措施，防止积水渗漏到下层空间。在装修设计细节上，根据项目定位与使用功能选择装修材料与工艺。酒店大堂作为项目形象展示区域，可选用高档石材、金属装饰线条等材料，采用干挂、镶嵌等工艺，营造豪华大气氛围；普通客房装修则注重舒适性与经济性，墙面采用环保乳胶漆，地面铺设木地板，卫生间洁具选用品质可靠、节水型产品。通过全面、细致的项目详细设计，为建设工程重大项目施工提供精准指导，保障项目顺利推进，实现预期建设目标。

三、资源配置与优化

在建设工程重大项目规划与设计进程中，资源配置与优化是确保项目顺利推进、达成预期目标的核心要素。合理且高效地调配各类资源，能显著提升项目的经济效益、加快建设进度并保障工程质量。人力资源配置是项目开展的基础，依据项目规模、施工工艺及进度计划，精确计算所需各工种人员的数量。大型建筑项目在主体结构施工阶段，需大量钢筋工、木工、混凝土工等一线作业人员。通过对工程量的详细核算，结合各工种的劳动定额，确定各阶段用工量。例如，某高层住宅项目主体结构施工预计需钢筋工 100 人、木工 150 人、混凝土工 80 人。同时，注重人员技能与经验的匹配。复杂的钢结构工程，需配备经验丰富、技术熟练的钢结构安装工人，以确保施工质量与进度。在人员调度方面，制订科学的施工计划，合理安排各工种施工顺序与作业时间，避免人员闲置或过度集中。采用流水施工法，让各工种在不同施工段有序作业，提高人员工作效率。此外，建立有效的激励机制，将员工薪酬与工作绩效挂钩，对表现优秀、按时完成任务的人员给予奖励，充分调动员工工作积极性，提升人力资源利用效率。材料资源的合理配置影响项目成本与质量，在项目规划阶段，根据设计方案详细统计所需各类材料的规格、数量与质量标准。大型桥梁建设项目需大量钢材、水泥、砂石等材料。通过精确计算桥梁结构用钢量、混凝土方量，确定材料采购清单。在材料采购环节，进行市场调研，对比不同供应商的产品质量、价格与供货能力。选择质优价廉、信誉良好的供应商，签订采购合同，确保材料供应稳定。对于用量大、价格波动频繁的材料，如钢材，可采用套期保值等手段，锁定采购价格，降低价格风险。在材料存储方面，合理规划仓库布局，根据材料特性分类存放，做好防潮、防火、防盗等措施。同时，建立材料库存管理系统，实时监控材料库存数量，避免出现材料积压或缺货现象。在施工过程中，严格执行材料领用制度，采用限额领料方式，控制材料浪费。对于边角料等剩余材料，积极探索回收利用途径，提高材料利用率，降低项目成本。设备资源的配置与优化关乎施工效率与质量，依据项目施工工艺与进度要求，选择合适的机械设备。大型土方工程需配备挖掘机、装载机、推土机等设备。根据工程土方量、施工场地条件，确定设备型号与数量。例如，某大型场地平整项目，经计算需 5 台大型挖掘机、8 台装载机、3 台推土机。在设备租赁与购置决策上，综合考虑设备使用频率、使用周期与成本。对于使用频率低、价格昂贵的设备，如大型架桥机，采用租赁方式可降低成本；对于使用频繁、使用周期长的设备，如塔吊、施工电梯等，购置设备更为经济。在设备使用过程中，建立设备维护保养制度，定期对设备进行检查、维修与保养，确保设备正常运行，减少设备故障停机时间。通过设备管理软件，实时监控设备运行状态，合理安排设备调度，提高设备利用率，避免设备闲置浪费。资金资源是项目推进的血液，在项目规划阶段，编制详细的项目预算，包括工程建设费用、设备购置费用、材料采购费用、人员工资等各项成本。通过成本估算与分析，确定项目总投资。在资金筹措方面，根据项目特点与企业财务状况，选择合适的融资渠道。大型基础设施项目可通过政府专项债券、银行贷款、PPP模式等方式筹集资金。合理安排资金使用计划，根据项目进度分阶段投入资金，避免资金过早或过晚到位，影响项目进展。同时，建立资金监控机制，对项目资金使用情况进行实时跟踪与分析，确保资金使用合理、合规，提高资金的使用效益。在项目实施过程中，严格控制成本支出，对各项费用进行精细化管理，避免不必要的开支，确保项目在预算范围内完成。通过对人力资源、材料资源、设备资源与资金资源的科学配置与优化，能有效提升建设工程重大项目的整体效益，保障项目按时、按质、按量完成，实现项目的经济效益与社会效益最大化。在资源配置与优化过程中，需综合考虑项目的各种因素，不断调整与完善资源配置方案，以适应项目建设过程中的变化与需求，为项目的成功实施奠定坚实基础。

第三节　重大项目申报与审批

一、申报材料准备

在建设工程重大项目申报与审批流程中，申报材料准备是极为关键的一环，其质量直接影响项目顺利通过审批。一套完整且高质量的申报材料，需涵盖多方面内容，全面、准确地展现项目的可行性、优势及合规性。项目基本信息材料是申报的基础，首先要准备详细的项目简介，明确项目名称、建设地点、建设规模、项目性质等核心信息。以某大型商业综合体项目为例，需清晰阐述项目位于城市核心商圈的具体位置，占地面积、建筑面积等规模数据，和该项目为新建商业综合体的性质。同时，提供项目的背景与意义说明，从区域经济发展、社会需求等角度阐述项目建设的必要性。如该商业综合体项目可从填补区域高端商业空白、提升城市商业形象、促进就业等方面论述其意义。此外，制订项目实施计划，明确项目的建设周期，划分各个阶段的时间节点与主要任务。如项目预计建设周期为三年，第一年完成基础施工，第二年进行主体结构建设，第三年开展内部装修与设备安装等，使审批部门能直观了解项目推进节奏。可行性研究报告是重中之重，在技术可行性方面，详细介绍项目采用的先进施工技术与工艺。对于超高层建筑项目，阐述所采用的新型建筑结构体系，如框架—核心筒结构的设计原理、优势及其在类似项目中的成功应用案例，说明施工过程中如何确保结构安全与施工质量。分析项目所需技术人员的专业构成与数量，和企业自身的技术研发能力与技术储备，证明具备实施项目的技术实力。在经济可行性方面，进行精准的投资估算，涵盖工程建设费用、设备购置费用、土地费用、项目前期费用等。详细列出各项费用的计算依据与明细，如工程建设费用根据建筑结构类型、建筑面积及当地建筑市场价格估算；设备购置费用通过市场询价确定。预测项目的运营收入与成本，分析项目的盈利能力，计算内部收益率、净现值、投资回收期等关键经济指标，为项目的经济可行性提供量化支撑。在环境可行性方面，开展全面的环境影响评估，分析项目建设与运营过程中对周边生态环境、空气质量、水资源等的影响。针对可能产生的环境污染，如施工扬尘、噪声、废水排放等，制定切实可行的环保措施，包括设置洒水降尘设备、采用低噪声施工设备、建设污水处理设施等，确保项目符合环保要求。项目规划设计材料不可或缺，提供详细的项目规划方案，包括项目的总体布局、功能分区、交通组织等。在总体布局上，展示项目各建筑的分布位置、间距等，体现空间利用的合理性；功能分区明确划分商业、办公、居住等不同功能区域，说明各区域的定位与相互关系；交通组织规划合理的人车流线，设置停车场、出入口等，保障交通顺畅。出具详细的建筑设计图纸，包括平面图、立面图、剖面图等，标注建筑尺寸、结构形式、装修标准等关键信息。通过设计图纸，清晰呈现项目的建筑风格与设计细节，确保项目设计符合相关规范与标准。同时，提供景观设计方案，规划项目内部的绿化布局、景观小品设置等，提升项目的环境品质与舒适度。企业资质与业绩材料是项目实施能力的证明，提交企业的营业执照、资质证书等基本资质文件，证明企业具备合法经营资格与承担建设工程的相应资质等级。展示企业过往的类似项目业绩，包括项目名称、规模、建设地点、完成时间等信息，附上项目的竣工验收报告、获奖证书等相关证明材料，突出企业在建设工程领域的丰富经验与良好业绩，增强审批部门对企业实施项目能力的信心。此外，提供企业的财务状况材料，包括资产负债表、利润表、现金流量表等，反映企业的资金实力与财务健康状况，证明企业有足够的资金保障项目顺利实施。除上述主要材料外，还需准备其他相关材料。如项目的节能评估报告，分析项目在能源利用方面的合理性，提出节能措施与建议，符合国家节能政策要求。准备项目的安全评估报告，识别项目建设与运营过程中的安全风险，制定相应的安全管理措施与应急预案，确保项目施工与运营安全。同时，收集项目相关的政策支持文件，如政府对该类项目的扶持政策、产业规划文件等，证明项目符合政策导向，具有政策优势。通过全面、细致地准备各类申报材料，为建设工程重大项目申报提供坚实保障，提高项目通过审批的成功率。

二、申报流程

建设工程重大项目申报流程是一个系统且严谨的过程，涵盖了从项目初步构思到最终获得审批通过的多个关键阶段，每个阶段都对项目的顺利推进起着至关重要的作用。项目前期谋划是申报的起点，在这一阶段，项目团队需深入研究国家和地方的政策导向、行业发展趋势和市场需求。关注国家基础设施建设规划，如"十四五"规划中对交通、能源、水利等领域的重点布局。若某地区规划大力发展轨道交通，企业可据此谋划相关的地铁、轻轨建设项目。分析行业发展趋势，如建筑行业对绿色环保、智能化技术的应用趋势，将这些理念融入项目构思中，使项目具有前瞻性。同时，开展市场调研，了解区域内对建设项目的需求情况，如在人口增长迅速的城市，住宅、商业等项目的需求可能较为旺盛。通过综合考量这些因素，确定项目的初步定位与建设内容，为后续申报工作奠定基础。申报材料准备是申报流程的核心环节，项目可行性研究报告是重中之重，需从技术、经济、环境等多方面深入论证项目的可行性。在技术方面，详细阐述项目拟采用的施工技术、工艺及设备，分析其先进性与可靠性，如在超高层建筑项目中，介绍所采用的新型建筑结构体系及施工技术在类似项目中的应用案例。经济可行性分析则要精准估算项目投资，包括工程建设成本、设备购置费用、土地费用等，预测项目运营后的收益情况，计算内部收益率、净现值等经济指标，评估项目的盈利能力与偿债能力。环境影响评估需分析项目建设与运营对周边生态环境、空气质量、水资源等的影响，并提出相应的环保措施，确保项目符合环保要求。同时，准备详细的项目规划设计方案，包括项目的总体布局、建筑设计、交通组织、景观设计等内容，以直观的图纸和文字说明展示项目的设计思路与规划细节。此外，还需提交企业资质证明文件，如营业执照、资质证书等，和企业过往类似项目的业绩材料，证明企业具备承担项目的能力与经验。完成申报材料准备后，进入提交申报阶段。申报单位需严格按照申报要求，通过指定的渠道提交申报材料。申报渠道通常分为线上和线下两种方式。线上申报需登录专门的申报系统，按照系统提示逐一上传申报材料，确保材料格式正确、内容完整。线下申报则需将纸质申报材料装订成册，按照规定的份数和要求，邮寄或直接送达至指定的申报受理部门。在提交申报材料时，务必注意申报截止时间，提前规划好提交时间，避免因逾期导致申报失败。同时，要妥善保存提交凭证，如线上申报的提交成功截图、线下邮寄的快递单号等，以便后续查询申报进度。申报材料提交后，项目进入审批流程。审批部门在收到申报材料后，首先进行形式审查，检查申报材料是否齐全、格式是否符合要求、签字盖章是否完整等。若材料存在问题，审批部门将通知申报单位补充或修改材料。申报单位应及时响应，按照要求尽快完善材料，重新提交审查。形式审查通过后，进入实质审查阶段。审批部门组织相关领域的专家对项目进行评审，专家从技术、经济、环境、安全等多个角度对项目进行全面评估。在专家评审过程中，可能会要求申报单位进行项目汇报，进一步阐述项目的关键内容与优势。申报单位应提前做好充分准备，以清晰、准确的方式向专家介绍项目情况，解答专家提出的问题。审批部门根据专家评审意见，结合相关政策法规，对项目进行综合评估，最终作出审批决定。

审批结果出来后，申报单位需做好后续跟进工作。若项目获得审批通过，申报单位应按照审批意见，及时办理项目后续的相关手续，如施工许可证办理、质量安全监督手续办理等。同时，根据审批要求，对项目规划设计或实施方案进行必要的优化调整，确保项目实施符合审批标准。若项目未通过审批，申报单位要认真分析未通过的原因，仔细研读审批部门给出的反馈意见。从项目可行性论证是否充分、申报材料是否完善、是否符合政策导向等方面查找问题。组织项目团队成员进行复盘，总结经验教训。若认为项目仍具有可行性，可根据反馈意见对项目进行优化改进，按照规定程序申请复议，再次争取项目审批通过。若确定项目无法通过审批，应及时调整项目方向或重新谋划新的项目，合理调配资源，为企业发展寻找新的机遇。通过严谨、规范地走完建设工程重大项目申报流程，提高项目申报的成功率，推动项目顺利落地实施。

三、审批结果处理

在建设工程重大项目申报与审批流程中，审批结果处理是极为关键的环节，直接决定项目后续的走向与发展路径。当审批结果公布后，项目团队需依据不同情况，迅速且妥善地采取相应措施。若项目成功通过审批，首要任务是全面梳理审批意见。审批意见通常涵盖项目实施的诸多方面，包括建设标准、技术规范、环保要求、工期安排等。以某大型桥梁建设项目为例，审批意见可能要求在施工过程中严格遵循特定的桥梁设计规范，确保桥梁结构安全；对施工期间的噪声、粉尘等污染排放提出明确限制标准，以保护环境；规定项目必须在既定的合理工期内完成，避免工期延误。项目团队需组织专业人员，对这些意见进行细致分析，明确各项要求的具体内涵与执行要点。基于审批意见，调整与完善项目实施方案。在技术方案方面，若审批意见提出对某部分施工工艺进行优化，项目团队应及时组织技术专家研讨，结合项目实际情况，制定新的施工工艺方案。如在桥梁基础施工中，原方案采用的钻孔灌注桩工艺经审批意见指出可优化为旋挖桩工艺，以提高施工效率与质量。项目团队需迅速调整施工组织设计，重新安排施工设备与人员调配计划，确保新方案得以顺利实施。在项目进度计划方面，根据审批意见中的工期要求，合理调整各阶段施工任务的时间节点。若审批意见要求提前竣工，项目团队需分析各施工环节，找出可压缩工期的关键路径，采取增加施工班组、延长作业时间、优化施工流程等措施，确保项目按时交付。及时办理项目后续手续是项目推进的关键步骤，施工许可证办理是重要一环，项目团队需准备齐全相关材料，包括项目立项批准文件、建设用地规划许可证、建设工程规划许可证、施工图纸及技术资料、施工企业资质证书及安全生产许可证等，按照当地建设行政主管部门的要求，提交申请并办理施工许可证。同时，办理质量安全监督手续，与质量安全监督机构沟通，确定项目质量安全监督计划，明确监督内容、方式与频率。积极配合质量安全监督机构的工作，接受其对项目施工过程中的质量安全检查，确保项目建设符合质量安全标准。若项目未通过审批，冷静且深入地分析原因是首要之举。仔细研读审批部门反馈的意见，从多个维度查找问题根源。在项目可行性方面，可能是项目的技术方案存在缺陷，如采用的新技术在实际应用中缺乏足够的案例支撑，导致技术可行性存疑，或者经济可行性分析不准确，投资估算过低，无法覆盖项目实际建设与运营成本，收益预测过于乐观，与市场实际情况不符。在申报材料方面，可能存在材料不完整、数据错误、格式不符合要求等问题。如项目可行性研究报告中部分数据缺乏来源依据，申报材料中部分图纸缺失关键标注等。在政策契合度方面，项目可能未能紧密贴合当前国家或地方的政策导向，如在倡导绿色建筑的政策背景下，项目的环保措施不到位，未充分体现绿色节能理念。针对未通过审批的原因，制定针对性的改进措施。若技术方案存在问题，组织技术团队与行业专家进行重新论证，对技术方案进行优化与完善。如引入成熟可靠的技术替代原方案中存在风险的技术，增加技术方案的稳定性与可行性。若经济可行性不足，重新进行成本核算与收益预测，结合市场调研数据，合理调整投资估算与收益预期，确保项目在经济上具有可持续性。若申报材料存在问题，全面梳理申报材料，补充缺失材料，修正错误数据，规范材料格式，提高申报材料的质量与规范性。若与政策契合度不够，深入研究政策法规，对项目进行调整，使其充分符合政策要求。如在项目中增加绿色建筑设计元素，采用环保材料与节能技术，以满足绿色建筑政策要求。若项目团队认为项目仍具有较大价值与可行性，可按照规定程序申请复议。在申请复议前，充分准备相关材料，详细说明项目改进后的情况，突出针对审批意见所做的调整与优化措施，提供有力的证据与数据支持，证明项目已具备通过审批的条件。在复议过程中，积极与审批部门沟通，以专业、诚恳的态度阐述项目优势与改进成果，解答审批部门提出的疑问，争取审批部门重新评估项目，给予项目通过审批的机会。若经过综合考量，确定项目确实无法通过审批，项目团队需及时调整战略，合理调配资源。对已投入的资源进行盘点与清算，将人力、物力、财力等资源重新分配到其他有潜力的项目中，避免资源浪费，为企业的持续发展寻找新的机遇与方向。通过妥善处理建设工程重大项目申报与审批中的审批结果，确保项目能够朝着合理、有序的方向发展，实现项目的最大价值。

第四节　重大项目实施与管理

一、项目启动

建设工程重大项目启动标志着项目从规划阶段迈向实际建设阶段，这一过程需全面且细致地筹备，为项目后续顺利推进奠定坚实基础。在项目启动前期，首要任务是全面梳理项目相关文件与资料。对项目可行性研究报告进行深度剖析，明确项目建设目标、技术方案、经济指标等关键内容。例如，某大型商业综合体项目，从可行性研究报告中确定其定位为集购物、餐饮、娱乐、办公于一体的综合性场所，明确采用的建筑结构形式、智能化系统等技术方案，和预期的投资规模、收益回报等经济指标。同时，仔细研读项目设计图纸，涵盖建筑、结构、给排水、电气等各专业图纸。熟悉建筑平面布局、结构构件尺寸、设备管线走向等细节，确保对项目设计有清晰且全面的理解，为后续工作提供准确依据。项目团队组建是项目启动的核心环节，根据项目需求，精准确定各岗位人员。项目经理作为项目的核心领导者，需具备丰富的大型项目管理经验，熟悉建设工程全流程，具备出色的组织协调与决策能力。技术负责人应精通项目涉及的各类专业技术，能解决施工过程中的技术难题，如在超高层建筑项目中，技术负责人需对复杂的结构施工技术、垂直运输技术等有深入研究。各专业工程师，如建筑工程师、结构工程师、电气工程师等，需专业知识扎实，有相关项目工作经验。施工人员则根据施工工艺与进度计划，确定各工种数量，如钢筋工、木工、混凝土工等。在人员招聘过程中，通过多种渠道筛选人才，如招聘网站、人才市场、行业推荐等，对应聘人员进行严格面试与考核，确保其专业技能与综合素质符合项目要求。团队组建完成后，组织团队成员进行集中培训，培训内容包括项目概况、施工技术要点、质量安全要求、团队协作等方面，使团队成员快速了解项目，增强团队凝聚力与协作能力。资源调配在项目启动阶段至关重要，资金筹备是关键一环，根据项目预算，明确资金需求总量与各阶段资金使用计划。对于大型基础设施项目，资金来源可能包括政府投资、银行贷款、社会资本等。通过与相关部门、金融机构沟通协调，确保资金按时足额到位。如政府投资项目，积极与财政部门对接，争取资金拨付；采用银行贷款方式，提前准备完善的贷款资料，与银行协商贷款额度、利率、还款方式等。在材料采购方面，依据施工进度计划与材料清单，制订采购计划。对主要材料，如钢材、水泥、木材等，进行市场调研，对比不同供应商的产品质量、价格、供货能力。选择优质供应商，签订采购合同，明确材料规格、数量、价格、交货时间等条款。同时，建立材料库存管理机制，合理控制库存水平，避免材料积压或缺货。设备调配同样重要，根据项目施工工艺与设备需求，确定设备清单。对于大型专用设备，如塔吊、盾构机等，若企业自有设备无法满足需求，可通过租赁方式解决。考察租赁公司信誉、设备状况，签订租赁合同，确保设备按时进场，并做好设备进场前的调试与维护工作。在项目启动阶段还需建立健全项目管理制度，制定项目进度管理制度，运用项目管理软件，编制详细的项目进度计划，明确各阶段工作任务、时间节点与责任人。采用关键路径法，确定项目关键线路，对关键工作进行重点监控与管理。建立质量管理体系，依据国家与行业质量标准，制订项目质量目标与质量控制流程。设置质量控制点，对关键工序与重要部位进行旁站监督与检验检测。在安全管理方面，制定安全管理制度，明确安全生产责任，开展安全教育培训，在施工现场设置安全警示标识，配备安全防护设施，确保施工安全。同时，建立沟通协调机制，明确项目团队内部、与业主、监理、设计单位等外部相关方的沟通方式、频率与内容，及时解决项目推进过程中出现的问题。此外，项目启动时要做好施工现场准备工作。办理施工许可证、质量安全监督手续等相关证件，确保项目合法合规施工。对施工现场进行"三通一平"，即通路、通水、通电和平整场地。搭建临时办公区、生活区、材料堆放区、加工区等临时设施，为施工人员提供良好的工作与生活环境。在施工现场设置围挡，做好环境保护与文明施工措施，减少施工对周边环境与居民的影响。通过全面、细致地完成项目启动阶段的各项工作，为建设工程重大项目的顺利实施创造有利条件，确保项目按计划有序推进，实现项目建设目标。

二、项目进度管理

在建设工程重大项目实施与管理体系中，项目进度管理扮演着极为关键的角色，它如同项目推进的指挥棒，掌控着项目能否按时、有序完成。制订详细且合理的进度计划是进度管理的基础，运用科学的项目管理方法，如关键路径法（CPM）和计划评审技术（PERT）。以大型桥梁建设项目为例，首先将整个项目分解为众多子项目与施工工序，像基础施工、桥墩建设、桥梁架设、桥面铺装等。针对基础施工，进一步细分土方开挖、桩基施工、承台浇筑等具体工序。明确各工序的先后顺序与逻辑关系，桩基施工需在土方开挖完成后进行，承台浇筑又要在桩基施工验收合格之后开展。通过分析各工序的持续时间，结合资源投入情况，确定项目的关键路径。在桥梁建设中，从基础施工到桥梁架设的一系列工序可能构成关键路径，这些工序的延误将直接导致项目总工期延长。依据关键路径，制订项目总进度计划，以横道图或网络图的形式直观呈现，标注各工序的开始时间、结束时间和总工期。同时，将总进度计划细化到月度计划、周度计划，明确各阶段的工作任务与目标，为项目的实施提供清晰的时间指引。进度计划执行过程中的跟踪与监控是确保进度的关键，建立完善的进度跟踪机制，定期收集实际进度数据。可要求各施工班组每日汇报工作进展，包括完成的工程量、投入的人力与设备等信息。项目管理人员每周对施工现场进行实地巡查，核实班组汇报情况，检查工程实际进度与计划进度的偏差。利用项目管理软件，将收集到的实际进度数据录入，与计划进度进行对比分析，生成进度偏差报告。例如，在建筑主体结构施工中，若计划每周完成一层楼的施工，通过实际进度跟踪发现某周仅完成了80%的工程量，进度出现滞后。此时，需深入分析原因，可能是劳动力不足，施工人员数量未达到计划要求；也可能是材料供应不及时，影响了施工连续性；又或者是施工工艺出现问题，导致施工效率降低。针对不同原因，采取相应措施加以解决。若劳动力不足，及时调配其他班组人员支援，或招聘临时施工人员；若材料供应问题，与供应商沟通协调，加快供货速度，必要时寻找备选供应商；若施工工艺问题，组织技术人员进行研讨，优化施工方案，提高施工效率。当项目进度出现偏差时，及时进行调整与优化是保障项目按时完工的重要手段。根据偏差的程度与影响范围，制定合理的调整策略。若偏差较小，在关键路径上的工序延误时间较短，可通过增加资源投入来追赶进度。如增加施工人员数量、延长作业时间、投入更多施工设备等。但要注意资源投入增加的合理性，避免因过度投入导致成本大幅上升。若偏差较大，影响到项目总工期，需对进度计划进行重新调整。重新评估各工序的持续时间与逻辑关系，必要时调整关键路径。例如，在大型水利工程建设中，因地质条件复杂，基础施工进度严重滞后，经分析，可通过改变施工工艺，将原本的明挖基础施工改为桩基础施工，虽然施工工艺变更可能增加一定成本，但能有效缩短基础施工时间，确保项目整体进度不受太大影响。同时，调整后续工序的时间安排，合理压缩非关键路径上工序的时间，优先保障关键路径上工序的顺利进行。在调整进度计划时，要充分与项目团队成员、业主、监理等相关方沟通，确保调整方案得到各方认可与支持。此外，项目进度管理还需考虑外部因素的影响。建设工程易受天气、政策法规变化等外部因素干扰。在进度计划制订时，预留一定的弹性时间，应对恶劣天气等不可预见情况。如在雨季施工时，合理安排受雨水影响较小的工序，如室内装修、材料加工等；对于受天气影响较大的工序，如土方开挖、混凝土浇筑等，根据天气情况灵活调整施工时间。密切关注政策法规变化，及时了解建筑行业标准更新、环保政策调整等信息，提前做好应对措施，避免因政策原因导致项目停工或返工，影响项目进度。通过全面、科学的项目进度管理，有效保障建设工程重大项目按计划推进，实现项目的按时交付，提高项目的经济效益与社会效益。

三、项目质量管理

在建设工程重大项目实施与管理进程中，项目质量管理处于核心地位，直接决定项目最终能否达到预期的质量标准，关乎项目的安全性、功能性与耐久性。设定明确且合理的质量目标是质量管理的起点，依据项目的性质、用途及相关规范标准，确定具体质量指标。以大型住宅建设项目为例，在建筑结构方面，要确保主体结构的强度、稳定性符合国家建筑结构设计规范，如混凝土强度等级必须达到设计要求，钢筋的规格、数量及布置符合设计图纸，以保障建筑在使用期内的结构安全。在建筑装修方面，明确墙面、地面、顶棚等装修部位的平整度、光洁度等质量标准，如墙面瓷砖铺贴的平整度误差控制在规定范围内，地面地板拼接紧密，缝隙均匀。在建筑设备安装方面，要求给排水系统无渗漏，水压满足使用需求；电气系统布线规范，用电安全可靠，各类设备的安装调试符合产品技术要求。将这些质量目标细化分解到各个施工阶段与分部分项工程，使每个施工环节都有清晰的质量把控要点。构建完善的质量控制体系是项目质量管理的基础保障，建立质量管理组织架构，明确各部门与人员的质量职责。项目经理作为项目质量的第一责任人，全面负责项目质量管理工作，制订质量管理制度与质量目标实施计划。项目技术负责人负责技术质量把控，审核施工方案与技术交底文件，解决施工过程中的技术难题，确保施工技术符合质量要求。质量管理人员负责日常质量监督检查，对施工过程进行旁站监督，及时发现并纠正质量问题。各施工班组负责人对本班组的施工质量负责，严格按照施工工艺与质量标准组织施工。同时，制定质量管理制度与流程，包括质量检验制度、质量验收制度、质量问题处理制度等。明确各施工工序的质量检验标准与检验方法，规定质量验收的程序与参与人员，建立质量问题的反馈、处理与跟踪机制，确保质量控制工作有章可循。施工过程中的质量把控是项目质量管理的关键环节，加强施工前的质量控制，对施工图纸进行严格会审，组织设计单位、施工单位、监理单位等相关人员共同审查图纸，发现并解决施工图纸中的设计缺陷与矛盾，避免因施工图纸问题导致施工质量问题。对施工材料与设备进行严格检验，所有进入施工现场的材料必须具备质量合格证明文件，如钢材的质量检验报告、水泥的出厂合格证等，并按规定进行抽样送检，检验合格后方可使用。对施工设备进行调试与维护，确保施工设备性能良好，满足施工质量要求，如混凝土搅拌机的搅拌均匀度、塔吊的吊运精度等。在施工过程中，严格执行施工工艺与操作规程，加强对关键工序与特殊过程的质量控制。例如，在基础灌注桩施工中，控制好钻孔深度、泥浆比重、钢筋笼下放位置及混凝土浇筑质量等关键环节；在防水工程施工中，对防水卷材的铺贴工艺、搭接宽度、收口处理等进行重点监控。采用质量控制点管理方法，对影响工程质量的关键部位、关键工序设置质量控制点，进行重点检查与控制。加强施工过程中的质量检验检测，采用自检、互检、专检相结合的方式。施工班组完成每道工序后进行自检，合格后由班组之间进行互检，最后由项目部质量管理人员进行专检。运用先进的检测设备与技术，如混凝土强度检测仪、钢筋扫描仪、超声波探伤仪等，对工程质量进行准确检测，确保工程质量符合标准。及时处理质量问题是保障工程质量的重要措施，建立质量问题反馈机制，施工人员、质量管理人员在发现质量问题后，及时向项目部报告。对质量问题进行分类分级，根据问题的严重程度采取不同的处理方式。对于一般质量问题，如局部混凝土蜂窝麻面、墙面轻微裂缝等，由项目部技术人员制定整改方案，安排施工班组进行整改，整改完成后由质量管理人员进行复查。对于严重质量问题，如主体结构出现严重缺陷、防水工程出现大面积渗漏等，组织专家进行论证，制定专项整改方案，经监理单位、建设单位审批后实施整改，在整改过程中加强监督检查，确保整改效果。同时，对质量问题进行分析总结，查找问题产生的原因，如施工工艺不合理、材料质量不合格、人员操作不规范等，采取针对性措施加以预防，避免类似质量问题再次发生。通过全面、系统的项目质量管理措施，从质量目标设定到质量控制体系构建，再到施工过程质量把控与质量问题处理，全方位保障建设工程重大项目的质量，打造优质工程，实现项目的经济效益与社会效益。

四、项目风险管理

在建设工程重大项目实施与管理中，项目风险管理是确保项目顺利推进、达成预期目标的关键环节。重大项目通常具有规模大、周期长、技术复杂等特点，面临着诸多风险因素，若管理不善，可能导致项目延误、成本超支、质量下降甚至项目失败。风险识别是项目风险管理的首要步骤，在项目规划阶段，全面梳理可能存在的风险因素。从外部环境来看，政策法规变化是重要风险之一。建筑行业政策频繁调整，如环保政策趋严，可能要求项目增加环保设施投入、采用更环保的施工工艺，否则将面临停工整改风险；土地政策变化可能影响项目用地获取与成本。经济环境波动也不容忽视，原材料价格波动会直接影响项目成本，如钢材、水泥等价格大幅上涨，将增加项目建设成本；利率变动影响项目融资成本，若贷款利率上升，贷款利息支出增加。在自然环境方面，恶劣天气是常见风险，暴雨、洪水、台风等可能导致施工现场积水、设备损坏、施工中断，延误项目进度。从项目内部来看，技术风险是关键因素。在采用新技术、新工艺时，若技术不成熟或施工人员对新技术掌握不熟练，可能导致施工质量问题、施工效率降低。例如，在超高层建筑中采用新型建筑结构体系，若设计与施工技术存在缺陷，可能影响结构安全。管理风险也不容忽视，项目组织架构不合理、职责分工不明确，会导致沟通不畅、决策效率低下，影响项目推进；项目经理管理能力不足，无法有效协调资源、控制进度与质量，也会给项目带来风险。同时，合同风险也需关注，合同条款不完善、存在漏洞，可能引发合同纠纷，如工程款支付条款不清晰，导致业主拖欠工程款，影响项目资金周转。风险评估是对识别出的风险进行量化分析，确定其发生的可能性与影响程度。采用定性与定量相结合的方法，如头脑风暴法、德尔菲法等定性方法，组织项目团队成员、专家等对风险发生的可能性进行评估，分为高、中、低三个等级；对风险影响程度评估，从成本、进度、质量、安全等方面考量，分为严重、较大、一般三个等级。同时，运用风险矩阵等定量方法，将风险发生的可能性与影响程度对应，直观展示风险等级。例如，某项目中，经评估，政策法规变化导致项目停工整改的风险发生可能性为中，影响程度为严重，处于高风险等级；原材料价格波动导致成本增加的风险发生可能性为高，影响程度为较大，处于中高风险等级。通过风险评估，明确项目的主要风险因素，为制定风险应对措施提供依据。制定风险应对措施是项目风险管理的核心，针对不同等级风险，采取相应策略。对于高风险因素，优先采取规避策略。若项目所在地政策不稳定，可能对项目造成重大不利影响，可考虑调整项目选址或暂停项目，待政策稳定后再推进。对于无法规避的高风险，采用减轻策略，降低风险发生可能性或影响程度。如针对恶劣天气风险，提前制定应急预案，在施工现场设置排水系统、加固临时设施，储备应急物资，减少恶劣天气对项目的影响；对于技术风险，加强技术研发与培训，在项目实施前进行技术试验，确保新技术成熟可靠，施工人员熟练掌握，降低技术风险。对于中风险因素，采用转移策略，通过购买保险、签订合同等方式将风险转移给第三方。如购买建筑工程一切险，将自然灾害、意外事故等风险转移给保险公司；在合同中明确双方责任，将部分风险转移给合作方。对于低风险因素，采用接受策略，预留一定风险储备金，当风险发生时，用储备金应对。如材料价格小幅波动等低风险，通过储备金弥补成本增加。风险监控与调整是项目风险管理的持续过程，建立风险监控机制，定期对风险状况进行跟踪检查。在项目实施过程中，收集实际数据，与风险评估时设定的指标对比，判断风险是否发生变化。如发现原材料价格波动超出预期范围，原本处于中高风险等级的成本增加风险可能升级为高风险。根据风险变化情况，及时调整风险应对措施。若风险等级上升，采取更严格的应对策略，如针对原材料价格大幅上涨，与供应商重新谈判价格、寻找新供应商或调整施工进度，减少高价时段的材料采购量；若风险等级下降，可适当调整资源投入，如技术风险降低后，减少技术研发与培训投入。同时，在项目实施过程中，可能出现新的风险因素，及时进行风险识别、评估与应对，确保项目风险管理的有效性。通过全面、系统的项目风险管理，从风险识别、评估、应对措施制定到风险监控与调整，全方位保障建设工程重大项目顺利实施，降低风险损失，实现项目目标。

第五节　重大项目沟通与协调

一、内部沟通与协调

在建设工程重大项目中，内部沟通与协调是确保项目顺利推进、实现高效运作的关键所在，贯穿于项目的整个生命周期，从项目的规划设计阶段，到施工建设阶段，再到最后的竣工验收阶段，都离不开有效的内部沟通与协调。在项目团队组建伊始，明确清晰的组织架构与职责分工是良好沟通与协调的基础。根据项目的规模、复杂程度和专业需求，合理划分各部门与岗位。例如，大型建筑项目通常设置项目经理部，下设工程技术部、质量安全部、物资采购部、合同预算部、综合办公室等部门。项目经理作为项目的核心领导者，全面负责项目的管理与决策，掌控项目的整体方向与进度。工程技术部负责项目的技术方案制定、施工图纸审核、技术交底以及解决施工过程中的技术难题。质量安全部专注于质量监督与安全管理，确保项目施工符合质量标准与安全规范。物资采购部负责材料与设备的采购、供应与管理，保障施工物资的及时到位。合同预算部负责项目合同管理、成本控制与预算编制。综合办公室则负责行政后勤、人力资源管理和对外联络等工作。通过明确各部门与岗位的职责，避免职责不清导致的工作推诿与沟通障碍，为后续的沟通与协调工作奠定坚实基础。建立多样化且高效的沟通方式是实现有效内部沟通的重要手段，在项目启动阶段，召开项目启动大会是必不可少的环节。在启动大会上，详细介绍项目的背景、目标、范围、进度计划以及各项规章制度。让项目团队成员全面了解项目的整体情况，明确各自在项目中的角色与任务，增强团队成员对项目的认同感与归属感。在项目执行过程中，定期召开项目例会是重要的沟通方式。一般每周或每两周举行一次，各部门负责人在例会上汇报本部门的工作进展、遇到的问题和下周工作计划。例如，工程技术部汇报施工进度是否符合计划，有无技术难题需要协调解决；质量安全部通报质量检查情况与安全隐患排查结果；物资采购部反馈材料与设备的采购进度以及是否存在供应问题等。通过项目例会，及时交流信息，共同探讨解决问题的方法，协调各部门之间的工作。除项目例会外，还需建立即时通讯沟通渠道，如微信工作群、企业内部通信软件等。方便团队成员随时交流工作中的小问题，及时传递信息，提高沟通效率。对于重要的工作安排与决策，采用书面报告与邮件的方式进行沟通，确保信息的准确性与可追溯性。在项目实施过程中，构建科学合理的协调机制是保障项目顺利推进的关键。资源协调是重要方面，项目所需的人力、物力、财力资源需在各部门与各施工环节之间合理分配。以人力资源为例，根据施工进度计划与各阶段的工作量，合理调配施工人员。在主体结构施工阶段，需要大量的钢筋工、木工、混凝土工等一线作业人员，此时应确保这些作业人员充足且专业技能满足施工要求。物资采购部根据工程技术部提供的材料需求计划，按时采购并供应施工所需的材料与设备。如在基础施工阶段，及时供应钢材、水泥、砂石等基础材料；在装修阶段，按要求采购各类装饰材料。当出现资源冲突时，如两个施工区域同时需要某台关键设备，项目经理应根据项目的关键路径与施工紧急程度，进行合理调配，优先保障关键工作的资源需求。施工流程协调同样重要，不同专业的施工工作需要紧密衔接。在建筑项目中，结构施工完成后，需及时进行水电安装、暖通工程等配套设施的施工，再进行装修施工。各专业施工部门之间要提前沟通，明确施工顺序与时间节点，避免因施工顺序不合理导致的返工与延误。例如，水电安装部门在结构施工阶段就要做好预埋工作，与结构施工部门密切配合，确保预埋位置准确，不影响结构安全与后续施工。此外，建立有效的冲突解决机制也是内部沟通与协调的重要内容。在项目实施过程中，由于工作任务分配、资源争夺、利益诉求不同等原因，团队成员之间、部门之间难免会产生冲突。当冲突发生时，首先要及时发现并正视冲突，避免冲突进一步升级。项目经理或相关负责人应迅速介入，了解冲突的原因与各方诉求。通过沟通协商的方式，寻求双方都能接受的解决方案。例如，在施工进度安排上，工程技术部与质量安全部可能因对质量标准与进度要求的理解不同产生冲突。工程技术部希望加快施工进度，而质量安全部强调要严格按照质量标准施工，确保工程质量。此时，项目经理应组织双方进行深入沟通，在保障工程质量的前提下，优化施工方案，合理调整进度计划，找到两者的平衡点，化解冲突。同时，建立良好的团队文化，倡导团队合作、相互理解、积极沟通的价值观，减少冲突的发生，促进项目团队的和谐稳定发展。通过全面、系统的内部沟通与协调工作，提升建设工程重大项目团队的协作效率，保障项目按时、按质、按量完成，实现项目的经济效益与社会效益。

二、外部沟通与协调

在建设工程重大项目实施进程中，外部沟通与协调对项目的顺利开展起着举足轻重的作用。重大项目涉及众多外部相关方，与这些外部主体进行有效沟通与协调，是保障项目按时完工、确保工程质量、获取必要资源与支持的关键所在。与业主的沟通协调是外部沟通的核心环节，从项目前期策划阶段开始，就需与业主保持密切联系。深入了解业主对项目的期望、需求与目标，包括项目的功能定位、建设标准、投资预算、工期要求等关键信息。例如，在商业综合体项目中，业主期望打造一个集购物、餐饮、娱乐、休闲于一体的高端商业中心，施工方要充分理解这一定位，在后续的设计优化、施工选材等方面予以体现。在项目实施过程中，定期向业主汇报项目进展情况，涵盖工程进度、质量状况、成本控制等关键指标。通过书面报告、项目例会、现场观摩等多种方式，让业主全面了解项目动态。如每月提交详细的项目进度报告，每季度组织业主进行项目现场检查，及时解答业主疑问。若项目实施过程中出现需要变更设计或调整施工方案的情况，要及时与业主沟通，说明变更原因、影响及变更后的优势。例如，因地质条件变化，基础施工方案需进行调整，施工方应详细向业主阐述新方案在保障工程安全、控制成本与工期方面的合理性，争取业主的理解与支持。设计单位在项目中扮演着重要角色，与设计单位的有效沟通协调至关重要。在项目启动阶段，组织设计交底会议，邀请设计单位详细介绍项目设计意图、施工技术要求、关键节点做法等内容。施工方认真研读设计图纸，及时提出疑问与建议，确保对设计方案理解透彻。在施工过程中，若发现设计图纸存在问题，如设计不合理、图纸标注错误、各专业图纸之间存在冲突等，施工方应迅速与设计单位沟通反馈。设计单位需及时安排专业人员到现场核实情况，根据实际情况出具设计变更文件。例如，在建筑项目中，施工人员发现部分区域的电气线路设计与给排水管道布局存在冲突，无法正常施工，施工方立即与设计单位沟通，设计单位经现场勘察后，调整设计方案，避免施工延误与返工。同时，施工方在采用新技术、新工艺、新材料时，也应与设计单位沟通，共同评估其对项目设计的影响，确保施工措施符合设计要求与规范标准。监理单位作为项目质量、安全与进度的监督方，与监理单位保持良好沟通协调是项目顺利推进的保障。施工方要积极配合监理单位的工作，主动接受监理单位的监督检查。在施工前，向监理单位提交详细的施工组织设计、施工方案、质量安全保证措施等文件，供监理单位审核。在施工过程中，严格按照经监理单位批准的方案进行施工，每完成一道工序，及时通知监理单位进行质量验收。对于监理单位提出的质量、安全问题，施工方要高度重视，立即组织整改，并将整改情况及时反馈给监理单位，确保问题得到彻底解决。例如，监理单位在质量检查中发现部分混凝土浇筑存在蜂窝麻面问题，施工方迅速组织人员进行返工处理，整改完成后邀请监理单位复查，直至监理单位验收合格。同时，与监理单位保持密切沟通，及时了解监理单位的工作要求与关注点，共同保障项目施工符合规范与合同要求。政府部门在项目建设过程中发挥着监管与支持的作用，与政府部门的沟通协调不可或缺。在项目前期，积极与规划、建设、环保、消防等政府部门沟通，办理项目所需的各类审批手续，如建设用地规划许可证、建设工程规划许可证、施工许可证、环境影响评价审批文件、消防设计审核文件等。在办理手续过程中，严格按照政府部门要求准备申报材料，及时解答政府部门提出的问题，确保手续办理顺利。在项目施工过程中，遵守政府部门的相关规定，如环保部门对施工扬尘、噪声污染的控制要求，建设部门对农民工工资支付、安全生产的监管要求等。定期向政府部门汇报项目进展情况，积极配合政府部门的检查工作。若项目遇到政策调整、不可抗力等特殊情况，及时与政府部门沟通，寻求政策支持与解决方案。例如，在项目施工期间，因政府对环保标准进行了调整，施工方及时与环保部门沟通，按照新的标准调整施工环保措施，确保项目施工符合政策要求。此外，项目建设可能对周边居民的生活产生影响，与周边居民的沟通协调也是外部沟通的重要内容。在项目开工前，通过发布公告、召开居民座谈会等方式，向周边居民介绍项目的基本情况，包括项目建设内容、施工工期、可能产生的影响及应对措施等，让居民对项目有充分了解。在施工过程中，采取有效的降噪、降尘、交通疏导等措施，减少对居民生活的影响。同时，建立居民意见反馈渠道，如设立投诉电话、邮箱等，及时处理居民反映的问题。例如，居民反映施工噪声过大影响休息，施工方及时调整施工时间，避免在居民休息时间进行高噪声作业，并加强对施工现场的噪声控制的措施，赢得居民的理解与支持。通过全面、细致的外部沟通与协调工作，为建设工程重大项目营造良好的外部环境，保障项目顺利实施，实现项目的预期目标。

第九章　建设工程施工大数据分析

第一节　大数据在建设工程施工中的应用

一、大数据的概念与特点

在当今数字化时代，大数据已成为推动各行业发展变革的关键力量，在建设工程施工领域也不例外。从概念上讲，大数据并非简单的大量数据集合，它是指无法在一定时间范围内用常规软件工具进行捕捉、管理和处理的数据集合，是需要新处理模式才能具有更强的决策力、洞察发现力和流程优化能力的海量、高增长率和多样化的信息资产。在建设工程施工中，大数据的规模极其庞大，一个大型建设项目从规划设计阶段开始，就会产生海量数据。设计图纸包含建筑结构、给排水、电气等多专业的详细信息，这些图纸以数字化形式存储，占据大量存储空间。到了施工阶段，数据量更是呈爆发式增长。施工现场的各类传感器，如用于监测结构应力应变的传感器、记录设备运行状态的传感器，持续不断地采集数据。每天施工人员通过项目管理软件记录的工程进度、质量检验结果、材料使用情况等信息，日积月累，形成庞大的数据量。以一个占地面积达数十万平方米的大型商业综合体项目为例，其施工周期可能长达数年，在这期间产生的施工数据，包括文本、图像、视频等多种形式，数据存储量可达数 TB 甚至数十 TB。大数据的类型具有多样性特点，在建设工程施工中，数据类型丰富繁杂。结构化数据占据重要部分，如施工进度计划以表格形式呈现，明确各施工工序的开始时间、结束时间、持续时长和相互的逻辑关系；材料采购清单详细记录了材料名称、规格、数量、采购价格、供应商等信息，这些都是典型的结构化数据，可通过数据库进行高效存储与管理。半结构化数据也广泛存在，例如施工日志，虽整体有一定格式，但其中包含的施工情况描述、问题分析等部分具有一定灵活性，并非完全严格结构化；工程变更文件，既有固定的变更编号、变更日期等结构化信息，又有变更原因、变更内容等较为灵活的文本描述，属于半结构化数据。非结构化数据在施工中同样大量产生，施工现场的监控视频，记录了人员活动、设备运行、施工流程等情况，这些视频数据难以直接用传统数据库表结构进行存储与分析；施工现场拍摄的照片，用于记录施工质量、安全隐患等，也是非结构化数据；此外，施工过程中产生的各类文档，如技术交底文件、会议纪要等文本资料，也属于非结构化数据范畴。大数据的处理速度的要求极高，在建设工程施工中，实时性数据处理至关重要。以施工安全管理为例，施工现场安装的摄像头通过图像识别技术实时监测施工人员的行为，一旦识别到施工人员发生未正确佩戴安全帽、违规操作设备等危险行为，系统需立即发出警报。这就要求大数据处理系统具备极高的处理速度，能够在极短时间内对摄像头采集的视频流数据进行分析处理，及时反馈结果。在施工进度管理方面，项目管理者需要实时掌握施工进度情况，通过对施工现场传感器采集的设备运行数据、人员工作状态数据等进行快速处理，对比施工进度计划，及时发现进度偏差并采取措施调整。若数据处理速度跟不上，导致进度偏差信息反馈延迟，可能会使施工延误问题加剧，影响项目整体进度。大数据在建设工程施工中的价值密度较低但潜在价值巨大，在施工现场收集到的大量数据中，并非每一条数据都具有直接的、高价值的信息。例如，施工现场监控视频可能长时间记录着正常的施工场景，其中大部分画面并无异常情况，但在这些看似普通的数据中，可能隐藏着关键信息，如某个瞬间出现的设备故障迹象、人员违规操作行为等。虽然这些有价值的信息在海量数据中所占比例较小，但一旦挖掘出来，对于保障施工安全、提高施工质量、优化施工流程具有重要意义。通过对大量施工数据的深度分析，可发现施工过程中的潜在规律与问题。分析不同施工工艺下的质量数据，找出影响工程质量的关键因素，优化施工工艺，提高工程质量；通过对材料使用数据、设备运行数据等综合分析，优化资源配置，降低施工成本，从而实现大数据在建设工程施工中的巨大潜在价值。

二、大数据在施工中的应用场景

在建设工程施工领域，大数据正逐渐展现出强大的应用价值，为提升施工效率、保障工程质量、加强安全管理和优化成本控制等方面提供了新的解决方案。在施工进度管理方面，大数据发挥着关键作用。通过在施工现场部署的各类传感器，如安装在塔吊、升降机等施工设备上的传感器，可实时收集设备的运行数据，包括设备的工作时长、吊运次数、提升高度等。同时，利用项目管理软件，施工人员能够及时记录各施工工序的开始时间、完成时间和实际进展情况。这些数据汇聚成庞大的数据集，通过大数据分析技术，能够精准地对比实际施工进度与预先制订的进度计划。例如，在某大型住宅建设项目中，通过对塔吊吊运数据的分析，发现某一施工区域的塔吊吊运频次明显低于预期，进一步深入分析，发现原来是该区域的材料供应出现了问题，导致施工人员等待材料的时间过长，进而影响了施工进度。基于大数据分析的结果，项目管理者可以迅速采取措施，如协调材料供应商加快供货速度，同时调整施工人员的工作安排，优先开展其他不受材料影响的施工任务，从而确保项目整体施工进度不受太大影响。此外，利用大数据技术还可以对未来的施工进度进行预测。通过分析历史项目的施工数据以及当前项目的实际进展情况，结合天气、人员流动等外部因素，运用时间序列分析、机器学习等算法，构建施工进度预测模型。这样，项目管理者可以提前预知可能出现的进度延误风险，提前做好应对准备，合理调整资源配置，保障项目按时交付。质量管理是建设工程施工的核心环节，大数据在这方面也有着广泛的应用。在施工过程中，会产生大量的质量检测数据，包括混凝土试块的抗压强度数据、钢筋的拉伸试验数据、墙面地面的平整度检测数据等。通过大数据分析技术，可以对这些质量数据进行深度挖掘，找出质量问题的分布规律以及潜在的影响因素。例如，对多个建筑项目的混凝土试块强度数据进行分析后发现，在夏季高温时段，部分项目的混凝土试块强度不合格率有所上升。进一步研究发现，这是由于高温天气导致混凝土在搅拌、运输和浇筑过程中水分蒸发过快，影响了混凝土的配合比和凝结效果。基于这一分析结果，施工单位可以在夏季施工时采取针对性的措施，如优化混凝土配合比、加强混凝土的养护措施、调整施工时间避开高温时段等，从而有效提高混凝土的施工质量。此外，大数据还可以用于建立质量预警机制。通过设定质量指标的阈值，当实际检测数据接近或超出阈值时，系统自动发出预警信息。例如，在墙面瓷砖铺贴施工中，设定瓷砖空鼓率的允许范围，通过定期对铺贴完成的墙面进行检测，将检测数据实时上传至大数据分析平台。一旦发现某一区域的瓷砖空鼓率接近阈值，系统立即通知施工人员进行整改，避免质量问题进一步加剧，从而实现对施工质量的全过程监控和动态管理。施工安全是建设工程施工的重中之重，大数据为施工安全管理提供了有力的支持。在施工现场，通过安装摄像头、传感器等设备，可以实时收集人员行为、设备运行状态以及环境参数等多源数据。利用图像识别技术对摄像头采集的视频数据进行分析，可以识别施工人员是否正确佩戴安全帽、安全带，是否存在违规操作行为，如高空作业未系安全绳、在危险区域随意穿行等。一旦发现违规行为，系统立即发出警报，通知相关人员进行纠正，有效预防安全事故的发生。同时，对施工设备的运行数据进行实时监测和分析，可以提前发现设备故障隐患。例如，通过安装在塔吊上的传感器，实时收集塔吊的起吊重量、回转角度、运行速度等数据，运用大数据分析算法对这些数据进行处理和分析。如果发现塔吊的某一关键部件的振动频率超出正常范围，或者起吊重量接近塔吊的额定起重量，系统会及时发出预警信息，提醒设备管理人员对塔吊进行检查和维护，避免因设备故障引发安全事故。此外，通过分析施工现场的环境数据，如风速、扬尘浓度、噪声强度等，当环境参数超出安全标准时，系统自动发出警报，施工单位可以及时采取相应的防护措施，如在大风天气暂停高空作业、增加洒水降尘频次、调整施工时间避开噪声敏感时段等，保障施工人员的生命安全和身体健康。成本管理是建设工程施工企业关注的重点，大数据在成本管理方面具有显著的优势。在材料成本管理方面，通过大数据分析技术，可以对材料采购价格的波动规律进行深入研究。收集不同供应商在不同时间段的材料报价数据，和市场供需情况、原材料产地的价格变动等信息，运用数据分析模型预测材料价格走势。例如，通过对钢材市场的历史价格数据和近期铁矿石价格变动趋势的分析，预测未来几个月钢材价格可能会上涨。基于这一预测结果，施工企业可以提前与供应商签订采购合同，锁定材料价格，避免因材料价格上涨导致成本增加。同时，通过对材料使用数据的分析，可以有效控制材料浪费现象。通过在施工现场安装的材料管理系统，实时记录材料的领用、使用情况，分析不同施工部位、不同施工班组的材料消耗数据。如果发现某一施工班组在某一施工环节的材料损耗率明显高于平均水平，通过大数据分析找出原因，可能是施工工艺不合理或存在浪费现象，及时采取措施进行改进，如优化施工工艺、加强对施工人员的培训，提高材料利用率，降低材料成本。在设备成本管理方面，通过分析设备租赁数据，根据施工进度和设备使用需求，合理安排设备租赁时间，避免设备闲置浪费，降低设备租赁成本。例如，通过对多个项目的设备租赁数据进行分析，发现某些设备在施工淡季的租赁需求较低，施工企业可以在淡季适当减少设备租赁数量，或者与租赁公司协商降低租赁价格，从而有效降低设备成本。除上述应用场景外，大数据在建设工程施工中的资源调配方面也有着重要的应用。通过对施工进度、质量、安全和成本等多方面数据的综合分析，施工企业可以更加精准地了解项目在不同阶段对人力、物力和财力等资源的需求情况。例如，在某一施工阶段，如果通过大数据分析发现施工进度滞后，可能是由施工人员不足导致的。项目管理者可以根据数据分析结果，及时调配其他施工区域的人员进行支援，或者招聘临时施工人员，确保施工进度不受影响。在物力资源调配方面，通过对材料库存数据和施工进度数据的分析，合理安排材料的采购和配送计划，避免材料积压或缺货现象的发生。同时，通过对机械设备的使用数据和维护记录的分析，合理安排机械设备的维修保养时间，确保机械设备的正常运行，提高机械设备的使用效率。在财力资源调配方面，通过对项目成本数据和资金流动情况的分析，合理安排资金的使用计划，确保项目建设资金的充足供应，同时避免资金闲置浪费，提高资金使用效益。

第二节 数据采集与预处理

一、数据来源

在建设工程施工大数据分析体系中，数据来源的多样性与全面性是实现精准分析与科学决策的基石。丰富的数据来源为施工过程的精细化管理、质量把控、安全保障和成本优化提供了有力支撑。施工过程记录是重要的数据来源，施工日志详细记录每日施工情况，涵盖施工部位、施工内容、投入的人力与设备、施工进度以及遇到的问题与解决方案等信息。例如，在某高层住宅建设项目中，施工日志记录了某楼层混凝土浇筑的日期、时间、参与施工的工人数量、使用的混凝土型号与方量，和浇筑过程中出现的混凝土坍落度异常问题及处理措施。这些记录为分析施工进度、质量问题及资源投入情况提供了基础数据。隐蔽工程验收记录同样关键，在基础工程、钢筋工程等隐蔽工程施工完成后，会进行验收并形成记录。记录内容包括隐蔽工程的施工工艺、施工质量情况、验收时间及验收人员等。如基础钢筋隐蔽工程验收记录，详细记载了钢筋的规格、数量、布置间距、焊接质量等信息，对于后续工程质量追溯与分析具有重要意义。施工质量检验报告也是重要的数据载体，涵盖原材料检验报告、分项工程质量检验报告等。原材料检验报告记录了钢材、水泥、砂石等原材料的各项性能指标检测结果，如钢材的屈服强度、抗拉强度，水泥的凝结时间、安定性等；分项工程质量检验报告则针对各施工分项，如混凝土工程、砌体工程等，记录质量检验的实测数据与评定结果，这些报告为质量数据分析提供了量化依据。设备传感器在施工现场广泛应用，成为实时数据采集的重要来源。在建筑结构上安装的传感器，如应力应变传感器、位移传感器等，可实时监测结构在施工过程中的受力与变形情况。在超高层建筑施工中，在核心筒、框架柱等关键部位安装应力应变传感器，实时采集结构在不同施工阶段，如基础施工、主体结构施工、装饰装修施工等阶段的应力变化数据，为评估结构安全提供实时数据支持。施工现场的机械设备同样配备多种传感器，塔吊上安装有起重量传感器、回转角度传感器、高度限位传感器等，这些传感器实时采集塔吊的运行数据，如起吊重量、回转角度、吊钩提升高度等，通过对这些数据的分析，可了解塔吊的使用频率、工作效率以及是否存在违规操作情况。混凝土搅拌站中的传感器可实时监测混凝土的配合比、搅拌时间、出料温度等参数，确保混凝土质量稳定。施工电梯上的传感器采集运行速度、载重等数据，保障施工人员垂直运输安全。项目管理软件是整合施工数据的重要平台，汇聚了多方面数据。进度管理模块记录了施工进度计划与实际进度数据。施工进度计划明确各施工工序的开始时间、结束时间、持续时长以及逻辑关系，在项目实施过程中，施工人员通过软件实时更新各工序的实际进展情况，如实际开始时间、完成时间、已完成工程量等，通过对比计划与实际进度数据，可及时发现进度偏差并分析原因。质量管理模块存储了质量检验计划、质量检验结果和质量问题整改记录等数据。质量检验计划明确各施工部位、施工工序的质量检验标准与检验时间；质量检验结果记录了实际检验的各项数据，如混凝土试块强度检测值、墙面平整度实测值等；质量问题整改记录详细记载了质量问题的描述、整改措施和整改后的复查结果，为质量管理提供了全过程数据支持。资源管理模块记录了人力、材料、设备等资源的投入与使用情况。在人力资源方面，记录了施工人员的工种、数量、出勤情况等；在材料资源方面，记录了材料的采购、入库、领用、库存等信息；在设备资源方面，记录了设备的租赁、使用时长、维护保养等数据，为资源优化配置提供数据依据。外部环境监测也为施工数据来源增添了重要部分，气象监测数据对施工影响较大，通过气象部门提供的气象数据接口或施工现场安装的气象监测设备，可获取气温、降水、风速、湿度等气象信息。在混凝土浇筑施工中，气温与湿度影响混凝土的凝结时间与强度发展，降水与风速影响高空作业安全与施工进度，通过分析气象数据与施工情况的关联，可合理安排施工时间，采取相应的防护措施。

地质监测数据在基础施工阶段尤为重要，通过地质勘察报告获取施工现场的地质条件信息，包括土层分布、岩土力学参数等。在施工过程中，利用地质监测设备实时监测地基沉降、边坡位移等情况，为基础施工安全提供数据保障。周边环境监测数据也不容忽视，如施工现场周边的交通流量、噪声污染、环境污染等数据。交通流量数据影响材料运输与设备进场时间，噪声与环境污染数据关系到施工是否符合环保要求，通过对这些数据的采集与分析，可优化施工组织，减少对周边环境的影响。通过多渠道、全方位的数据来源，为建设工程施工大数据分析提供了丰富、全面的数据基础，助力施工管理水平提升与项目目标实现。

二、数据采集技术

在建设工程施工数据采集与预处理流程中，数据采集技术起着至关重要的作用，它是获取施工相关数据的直接手段，为后续的数据分析与决策提供基础。传感器技术是数据采集的核心技术之一，在施工现场广泛应用。结构应力、应变传感器用于监测建筑结构在施工过程中的受力情况。在大型桥梁建设中，于桥梁的主拱圈、桥墩等关键部位安装此类传感器。这些传感器通过内置的敏感元件，将结构所受的应力、应变转化为电信号，再经电信号调理电路放大与转换，最终传输至数据采集系统。例如，在桥梁悬臂浇筑施工阶段，传感器实时采集主拱圈在混凝土浇筑、预应力张拉等工序下的应力变化数据，为判断结构是否处于安全状态提供依据。位移传感器用于测量结构或物体的位移。在超高层建筑施工中，在建筑物的顶部与底部安装位移传感器，可实时监测建筑物在风力、地震等作用下的水平位移，和施工过程中由于基础沉降等原因产生的垂直位移。通过对位移数据的分析，能及时发现结构变形异常，采取相应措施保障施工安全。施工现场的机械设备也大量配备传感器，工作状态传感器安装在塔吊、施工电梯等设备上。塔吊的工作状态传感器包括起重量传感器、回转角度传感器、起升高度传感器等。起重量传感器利用压力应变原理，将塔吊起吊重物的重量转化为电信号输出，可实时监测塔吊的起吊重量，防止超载作业；回转角度传感器通过光电或磁电感应技术，精确测量塔吊起重臂的回转角度，确保塔吊运行的准确性与安全性；起升高度传感器则通过测量钢丝绳的收放长度，获取吊钩的提升高度。施工电梯的工作状态传感器可监测电梯的运行速度、载重等参数，保障施工人员垂直运输安全。此外，混凝土搅拌站中的传感器用于监测混凝土生产过程。配合比传感器能实时检测砂石、水泥、水等原材料的配比，确保混凝土配合比符合设计要求；搅拌时间传感器记录混凝土的搅拌时长，保证混凝土搅拌均匀；出料温度传感器测量混凝土出料时的温度，防止因温度过高或过低影响混凝土性能。图像识别技术在施工数据采集中发挥着重要作用，施工现场部署多个摄像头，用于采集视频图像数据。利用图像识别技术，可对施工人员行为进行监测。通过对摄像头采集的视频图像进行分析，能识别施工人员是否正确佩戴安全帽、安全带等安全防护装备。基于深度学习的目标检测算法，对图像中的人员头部、身体等部位进行识别，判断是否佩戴安全帽；通过分析人员身体姿态与安全带的视觉特征，识别是否正确系挂安全带。一旦发现违规行为，系统立即发出警报，通知相关人员进行纠正。图像识别技术还可用于施工进度监测。通过对比不同时期同一施工区域的图像，利用图像匹配与特征提取算法，判断施工进度是否符合计划。例如，在建筑主体结构施工中，对比不同周拍摄的楼层施工图像，根据已完成的结构构件数量与设计图纸进行比对，确定施工进度偏差。在质量检测方面，图像识别技术可检测墙面平整度、地面裂缝等质量问题。对墙面图像进行处理，通过边缘检测、纹理分析等算法，计算墙面的平整度误差；对地面图像进行分析，识别地面裂缝的位置、长度与宽度等参数，为质量评估提供数据支持。物联网技术实现了施工现场设备与系统的互联互通，极大地提升了数据采集效率与实时性。通过物联网，将施工现场的各类传感器、设备连接成网络。传感器采集的数据可通过无线传输模块，如 Wi-Fi、蓝牙、ZigBee 等，实时传输至数据采集终端或云平台。例如，施工现场的环境监测传感器，包括风速传感器、扬尘浓度传感器、噪声传感器等，通过物联网技术将采集到的环境数据实时上传至云平台。项目管理人员可通过手机、电脑等终端设备，随时随地访问云平台，获取施工现场的实时环境数据，当环境参数超出安全标准时，及时采取防护措施。物联网技术还可实现对施工设备的远程监控与数据采集。施工企业可通过物联网平台，远程获取塔吊、混凝土泵车等设备的运行数据，如设备的工作时长、油耗、故障报警信息等。根据设备运行数据，合理安排设备维护保养计划，提高设备利用率，降低设备故障率。数据录入技术在施工数据采集中仍占据一定地位，施工人员通过项目管理软件进行数据录入。在每日施工结束后，施工人员登录项目管理软件，填写施工日志。施工日志内容包括当天完成的施工部位、施工内容、投入的人力与设备数量、施工进度情况和施工中遇到的问题与解决方案等。质量管理人员通过软件录入质量检验数据，如混凝土试块强度检测结果、钢筋焊接质量检查情况等。材料管理人员利用软件记录材料的采购、入库、领用、库存等信息。在数据录入过程中，为确保数据的准确性与完整性，项目管理软件通常设置数据校验功能，对录入的数据进行格式、范围等方面的校验。例如，在录入混凝土试块强度数据时，软件会自动校验数据是否在合理范围内，若超出范围则提示录入错误，要求重新录入，保障数据质量。通过综合运用传感器技术、图像识别技术、物联网技术和数据录入技术，全面、高效地采集建设工程施工数据，为后续的数据预处理与深度分析奠定坚实的基础，助力施工管理水平的提升与项目的顺利推进。

三、数据预处理

在建设工程施工大数据分析流程里，数据预处理是极为关键的环节。从各类来源采集到的数据，往往存在诸多问题，难以直接用于深度分析，数据预处理便是对这些原始数据进行加工，使其符合分析要求，提升数据质量，为后续分析工作筑牢基础。数据清洗是数据预处理的基础工作，建设工程施工数据来源广泛，采集过程中易产生错误、重复和无效数据。在施工进度数据方面，由于施工人员操作失误或系统故障，可能出现同一施工工序被多次记录，或者工序时间记录错误的情况。通过数据清洗算法，依据施工工序的逻辑关系，对时间序列数据进行比对分析，能够识别并删除重复记录。同时，设定合理的时间范围和逻辑规则，检查工序时间的合理性，修正错误的时间记录。在质量数据中，因检测设备精度问题或环境干扰，可能出现异常值。例如混凝土试块强度检测数据，若出现远超正常范围的值，通过构建基于统计学的异常值检测模型，设定正常强度范围的阈值，将超出阈值的数据筛选出来，进一步核实其真实性。若为错误数据，通过与原始检测记录核对或重新检测，进行修正或删除，确保质量数据的准确性。数据集成旨在将来自不同数据源的数据整合到统一的数据库或数据仓库中，建设工程施工数据分散于多个系统，如施工现场传感器采集的数据、项目管理软件记录的数据、质量检测实验室出具的报告数据等。这些数据格式、编码方式、数据结构各不相同，数据集成就是要解决这些差异。首先，建立统一的数据标准，规定数据的格式、字段定义、编码规则等。例如，对施工进度数据中的时间格式统一为"年—月—日 时：分：秒"，对材料名称进行标准化命名，避免因名称不一致导致的数据混乱。其次，开发数据接口，实现不同数据源与目标数据库的连接。通过 ETL（Extract，Transform，Load）工具，从各个数据源抽取数据，按照统一标准进行转换，再加载到目标数据库中。如将传感器采集的实时数据，经过格式转换、数据校验后，加载到施工管理数据仓库中，方便后续综合分析。数据转换是使数据适应分析算法和模型的必要手段，数据类型转换是常见操作，将非结构化或半结构化数据转换为结构化数据。施工日志通常以文本形式记录，包含大量有价值信息，但难以直接用于数据分析。利用自然语言处理技术，对施工日志文本进行分词、词性标注、命名实体识别等处理，提取关键信息，如施工部位、施工内容、施工时间、出现的问题等，将其转换为结构化表格形式，便于存储和分析。对数值型数据进行标准化处理，由于不同数据源采集的数据量纲和取值范围不同，例如施工现场不同设备采集的温度、压力数据，为了消除数据量纲和取值范围差异对分析结果的影响，采用归一化方法，将数据统一映射到 [0，1] 或 [-1，1] 区间，使数据具有可比性，提高数据分析算法的准确性和稳定性。数据归约也是数据预处理的重要部分，在建设工程施工中，数据量庞大，存储和分析成本高，数据归约可在不损失重要信息的前提下，减少数据量。属性子集选择是常用方法，在众多施工数据属性中，筛选出对分析目标最有影响的属性。在分析施工成本的影响因素时，施工材料价格、人工成本、设备租赁费用等属性与成本密切相关，而一些次要属性如施工现场临时设施的颜色等对成本的影响极小，可通过相关性分析、主成分分析等方法，去除这些无关或冗余属性，降低数据维度，提高分析效率。数据压缩也是归约手段，对于一些数值型数据，如施工过程中的结构应力应变数据，采用无损压缩算法，如哈夫曼编码、游程编码等，在不丢失数据信息的前提下，减少数据存储空间，便于数据存储和传输。通过数据清洗、数据集成、数据转换和数据归约等一系列数据预处理操作，建设工程施工数据质量得以提升，数据结构更加合理，为后续的数据分析、挖掘和基于数据的决策制定提供了坚实可靠的数据基础，助力施工企业实现精细化管理、优化施工流程、提高工程质量和降低成本。

第三节 数据存储与管理

一、数据存储技术

在建设工程施工大数据分析体系里，数据存储技术是保障数据有效存储与后续高效利用的关键支撑。建设工程施工过程产生的数据量庞大、类型多样，涵盖结构化、半结构化与非结构化数据，因此需要适配多种数据存储技术。关系型数据库在处理结构化数据方面优势显著，施工进度数据具备明确的结构与逻辑关系，各施工工序的开始时间、结束时间、持续时长和前后工序的关联等信息，能通过关系型数据库的表结构进行精准存储。以一个大型商业综合体建设项目为例，创建"施工进度表"，表中设置"工序编号"字段作为主键，唯一标识每一道施工工序；"工序名称"字段详细描述工序内容，如"基础土方开挖""主体钢筋绑扎"等；"计划开始时间"与"计划结束时间"依据施工计划填写，用于设定工序时间节点；"实际开始时间"与"实际完成时间"在施工过程中实时更新，反映实际施工进度；"前置工序编号"字段记录该工序开展前需完成的工序编号，以此体现工序间的逻辑顺序。通过这样的表结构设计，施工进度数据得以有序存储。关系型数据库支持标准的 SQL 查询语言，这使得对施工进度数据的查询、统计与分析极为便捷。例如，利用 SQL 语句 "SELECT 工序名称，实际完成时间—计划完成时间 AS 延误时长 FROM 施工进度表 WHERE 实际完成时间>计划完成时间"，可快速查询出所有延误的施工工序及其延误时长，为项目进度管理提供有力数据支持。非关系型数据库则在应对非结构化与半结构化数据时发挥重要作用，施工现场的监控视频属于典型的非结构化数据，采用对象存储系统进行存储较为合适。像阿里云 OSS、腾讯云 COS 等对象存储服务，以对象为单位存储数据，每个监控视频文件作为一个独立对象，拥有唯一的标识符。这种存储方式能够高效处理海量视频文件，支持高并发的上传与下载操作。在施工安全管理中，管理人员可通过对象标识符迅速调取特定时间段、特定区域的监控视频，查看是否存在安全隐患或违规操作行为。施工日志通常包含丰富的文本信息，属于半结构化数据，适合用文档型数据库存储，如 MongoDB。施工日志以文档形式存在，内容涵盖施工内容、参与人员、遇到的问题及解决方案等。MongoDB 无需预先定义严格的表结构，可灵活存储此类文档数据。例如，一条施工日志文档可表示为 ｛"日期"："2025-05-10"，"施工部位"："3 号楼 2 层"，"施工内容"："进行混凝土浇筑"，"参与人员"：["张三""李四"]，"问题描述"："混凝土坍落度略低"，"解决方案"："添加适量减水剂并搅拌均匀"｝。通过这种方式，施工日志数据得以完整保存，且便于后续利用文档查询语言进行检索与分析。分布式存储技术在建设工程施工大数据存储中应用广泛，随着项目规模扩大，数据量呈爆发式增长，传统单机存储难以满足需求。分布式存储将数据分散存储在多个存储节点上，通过分布式文件系统（如 Ceph、GlusterFS）实现数据的统一管理与访问。在大型桥梁建设项目中，施工过程产生的地质勘察数据、结构监测数据、施工图纸数据等总量可达数 TB 甚至更大。采用分布式存储技术，可将这些数据根据类型、时间等维度分散存储在不同节点。例如，将历史地质勘察数据存储在容量较大、成本较低的节点；将实时结构监测数据存储在读写性能较高的节点，以满足数据实时采集与分析的需求。分布式存储技术不仅提升了存储容量，还增强了数据读写性能与可靠性。多个节点同时工作，可并行处理数据读写请求，提高数据访问速度；通过数据冗余与副本机制，当某个节点出现故障时，数据可从其他副本节点读取，保障数据的可用性。云存储技术为建设工程施工数据存储提供了便捷、灵活的解决方案，云存储服务提供商（如亚马逊云AWS、微软 Azure）拥有大规模的数据中心与专业的存储管理团队。施工企业无须自行搭建复杂的存储基础设施，只需通过互联网接入云存储服务，即可按需租用存储资源。对于一些小型施工企业或临时项目，云存储的成本优势尤为明显。企业可根据项目进展情况，灵活调整存储容量。在项目初期，数据量较小，租用较小的存储空间；随着项目推进，数据量增加，可随时在线扩容。云存储还支持多设备、多地域的数据访问。施工团队成员无论身处项目现场、办公室还是出差途中，只要能连接互联网，就能通过云存储客户端或网页界面访问项目数据，实现数据的实时共享与协同工作。同时，云存储服务提供商通常具备完善的数据备份与恢复机制，定期对存储数据进行备份，在数据遭遇丢失或损坏时，能快速恢复，保障项目数据安全。通过综合运用这些数据存储技术，建设工程施工大数据得以安全、高效地存储，为后续的数据管理与分析工作奠定坚实的基础。

二、数据管理策略

在建设工程施工领域，有效的数据管理策略对于充分挖掘大数据价值、提升项目管理水平至关重要。面对海量且繁杂的施工数据，合理的数据管理策略能使数据有序存储、高效流转与精准应用。数据分类是数据管理的基础工作，建设工程施工数据涵盖多个方面，将其系统分类有助于快速定位与使用。从项目阶段划分，可分为项目前期策划数据、施工过程数据、竣工验收数据。项目前期策划数据包含项目可行性研究报告、设计图纸、招投标文件等，这些数据为项目实施提供规划依据。施工过程数据最为丰富，又可细分为施工进度数据、质量控制数据、安全管理数据、成本管理数据等。施工进度数据记录各施工工序的计划与实际开始时间、结束时间、持续时长及逻辑关系，如在某高层住宅建设项目中，每一层楼的主体结构施工、水电安装施工等工序的时间节点信息都属于此类。质量控制数据涵盖原材料检验报告、施工过程质量检测记录、工程实体质量监测数据等，像钢材的力学性能检测报告、混凝土试块的抗压强度检测结果等。安全管理数据包括施工现场安全检查记录、人员安全培训记录、安全事故报告等，例如对施工人员安全帽佩戴情况的检查记录、安全培训的签到表等。成本管理数据涉及材料采购成本、设备租赁费用、人工成本等，如每批建筑材料的采购价格、施工设备的租赁合同金额等。竣工验收数据则包含竣工验收报告、竣工图纸、质量验收评定文件等，用于项目交付时的质量确认与存档。数据生命周期管理贯穿数据从产生到销毁的全过程，在数据产生阶段，制定严格的数据采集标准与流程。明确各类数据的采集要求，如在材料采购数据采集中，规定采购合同编号、材料名称、规格型号、数量、单价、供应商等必填字段，确保数据完整准确。规范数据采集方式，对于施工进度数据，可通过项目管理软件实时录入；对于质量检测数据，采用专业检测设备采集并自动上传至数据管理系统，减少因人为干预导致的误差。在数据存储阶段，依据数据的重要性与使用频率，选择适配的存储方式与介质。对于实时性要求高、频繁使用的施工进度数据、当前的质量检测数据，存储在高性能的固态硬盘（SSD）中，以提高数据访问速度；对于历史数据、备份数据，如多年前的项目竣工验收数据，可存储在大容量、低成本的机械硬盘中。同时，建立数据备份机制，定期对重要数据进行全量或增量备份，将备份数据存储在异地，防止因本地存储设备故障或自然灾害导致数据丢失。在数据使用阶段，构建数据访问权限体系。根据项目团队成员的职责与需求，授予不同的数据访问级别。项目经理拥有最高权限，可查看与修改项目所有数据，以便全面掌控项目进展；施工人员仅能访问与自身工作相关的施工进度、质量检验等数据，进行数据录入与简单查询；质量管理人员专注于质量控制数据的查看、分析与更新。通过这种权限设置，保障数据安全，防止数据滥用。在数据销毁阶段，对过期、无用的数据进行安全销毁。制定数据销毁标准，如超过一定年限且无保留价值的项目前期策划数据，经过审批流程后，采用专业的数据销毁工具，确保数据无法恢复，释放存储资源。数据质量管理是数据管理策略的核心内容，建立数据质量监控机制，定期对存储的数据进行质量检查。检查数据的完整性，如施工进度数据中各工序的时间记录、逻辑关系是否完整，有无缺失；质量检测数据中的各项指标是否齐全。检查数据的准确性，对比不同数据源的数据，如将材料采购发票数据与入库数据进行核对，确保材料价格、数量等信息一致；对施工质量检测数据，可通过重复检测或与行业标准对比，验证数据准确性。检查数据的一致性，确保同一数据在不同业务系统中的表述一致，如项目名称、施工部位名称等在施工进度管理系统与成本管理系统中的表述应完全相同。若发现数据质量问题，及时追溯数据来源，分析数据质量问题产生原因，采取相应措施进行修正。例如，若施工进度数据出现逻辑错误，追溯到是否为施工人员录入失误，若是，则及时纠正数据并对相关人员进行培训，避免再次出现类似问题。同时，持续优化数据质量管理流程，根据项目实际情况与数据特点，调整质量监控指标与方法，提高数据质量。通过实施科学的数据管理策略，建设工程施工数据得以有序管理，为项目决策、过程控制与绩效评估提供可靠的数据支持，助力提升项目整体效益与竞争力。

第四节　施工进度与质量大数据分析

一、进度数据采集与监控

在建设工程施工进度与质量大数据分析体系里，进度数据采集与监控是保障项目按计划推进的关键环节。通过高效的数据采集与实时监控，能够及时掌握施工进度的实际情况，为项目管理决策提供准确依据。施工现场传感器在进度数据采集中扮演着重要角色，塔吊作为施工中的关键设备，运行数据与施工进度紧密相关。在塔吊上安装工作时长传感器，该传感器通过监测塔吊电机的运行时间，精确记录塔吊每日的作业时长。同时，配备吊运次数传感器，利用计数装置统计塔吊吊运物料的次数。在某高层住宅建设项目中，每吊运一斗混凝土用于楼层浇筑，吊运次数传感器便记录一次，结合每次吊运混凝土的方量和该楼层所需混凝土总量，可推算出该楼层混凝土浇筑的进度。升降机的运行数据同样重要，通过安装在升降机上的传感器，可获取其每日的运行次数、每次搭载的人员或物料重量和运行的楼层区间等信息。根据升降机的运行数据，能够了解人员与物料在不同楼层间的运输情况，间接反映各楼层施工工作的开展进度。此外，在混凝土搅拌站中，传感器可实时监测混凝土的生产数据，如每小时的混凝土生产量、不同标号混凝土的生产比例等。这些数据对于判断混凝土供应是否满足施工进度需求至关重要，若某时段混凝土生产量持续低于施工需求，可能预示着施工进度将因材料供应问题受到影响。图像识别技术为施工进度数据采集提供了直观且高效的手段，在施工现场部署多个摄像头，对施工区域进行全方位、多角度的拍摄。利用图像识别算法对采集到的视频图像进行分析，可实现对施工进度的可视化监测。在建筑主体结构施工阶段，通过定期拍摄施工现场照片或视频，对比不同时期同一施工区域的图像特征。例如，在某商业综合体项目中，对比每周拍摄的施工现场图像，根据已完成的楼层数量、建筑结构的搭建情况、施工设备的位置变化等特征，能够准确判断施工进度。图像识别技术还可用于识别施工现场的人员与设备数量。通过对视频图像中的人员与设备进行识别与计数，了解施工现场的人力与设备投入情况，若某施工区域的人员或设备数量持续低于计划投入量，可能导致施工进度滞后。同时，利用图像识别技术对施工标识牌、进度指示牌等进行识别，获取施工进度的文字信息，与图像分析结果相互印证，保障施工进度数据采集的准确性。项目管理软件是施工进度数据采集的重要平台，施工人员在日常工作中，借助项目管理软件记录施工进度相关信息。在每日施工结束后，施工人员登录软件，详细填写当天完成的施工部位、施工内容以及是否按计划完成等信息。如在某桥梁建设项目中，施工人员记录桥梁基础施工中的钻孔灌注桩施工，当天完成了某编号桩位的钻孔作业，实际完成时间比计划提前或滞后的具体时长等数据。质量管理人员在进行质量检验时，也会同步记录施工进度信息，例如在对某段桥梁箱梁混凝土浇筑进行质量检验时，记录该箱梁混凝土浇筑完成的时间，和对应的施工进度节点。材料管理人员通过项目管理软件记录材料的进场时间、使用部位等信息，这些材料使用数据与施工进度紧密关联，可用于分析材料供应是否及时满足施工进度需求。通过项目管理软件，施工进度数据得以实时、准确地收集与汇总，形成完整的施工进度数据链。建立完善的数据监控流程是确保施工进度数据准确、及时的关键，在施工现场设置数据采集终端，负责收集各类传感器、摄像头和项目管理软件上传的数据。数据采集终端对收集到的数据进行初步校验，检查数据的完整性、准确性与格式规范性。如检查传感器上传的塔吊运行数据是否存在缺失值；项目管理软件录入的施工进度时间格式是否正确等。对于校验通过的数据，及时上传至数据服务器进行存储。同时，在数据服务器端部署数据监控系统，实时监测数据的变化情况。通过设定数据阈值，当施工进度数据出现异常波动时，系统自动发出警报。例如，若某施工工序的实际完成时间超出计划完成时间的一定比例，数据监控系统立即向项目管理人员发送预警信息，提醒其关注该工序的进度情况。项目管理人员可通过数据监控系统的可视化界面，实时查看施工进度数据的动态变化，以图表、报表等形式直观展示施工进度计划与实际进度的对比情况，方便及时发现问题并采取相应措施，保障施工进度按计划推进。通过多维度的数据采集方式与严格的数据监控流程，为建设工程施工进度大数据分析提供可靠的数据基础，助力项目高效管理与顺利实施。

二、进度预测与优化

在建设工程施工进度与质量大数据分析体系中，进度预测与优化对于保障项目按时交付、提高资源利用效率、降低成本具有关键意义。通过对施工进度数据的深度挖掘与分析，构建精准的预测模型，并据此制定有效的优化策略，能显著提升项目管理水平。构建施工进度预测模型是进度预测的核心，以历史施工项目数据为基础，结合当前项目的实际情况，运用多种数据分析方法。时间序列分析是常用手段之一，通过对过往施工进度数据按时间顺序进行排列与分析，挖掘数据中的趋势、季节性和周期性特征。例如，在分析多个类似建筑项目的施工进度数据后发现，每年冬季受天气影响，施工进度普遍放缓，这一季节性特征可纳入预测模型。将当前项目的施工进度数据输入时间序列模型，可预测未来一段时间内的施工进度趋势。机器学习算法在进度预测中也发挥着重要作用，如采用神经网络算法。构建包含输入层、隐藏层和输出层的神经网络模型，将与施工进度相关的各类因素作为输入，如已完成的工程量、投入的人力与设备数量、施工时间等。隐藏层通过复杂的神经元连接对输入数据进行特征提取与处理，输出层则预测施工进度。在训练过程中，利用大量历史数据对神经网络模型进行训练与优化，调整神经元之间的连接权重，使模型能够准确学习到施工进度与各影响因素之间的复杂关系。经过充分训练的神经网络模型，可对当前项目的施工进度进行较为精准的预测。分析影响施工进度的因素是进行进度预测与优化的基础。在内部因素方面，施工人员的技能水平与数量对进度影响显著。若施工团队中熟练工人占比较高，施工效率会相应提升，进度加快；反之，若新工人较多，技能不熟练，可能导致施工过程中出现问题，延误进度。施工设备的性能与数量同样关键，先进且数量充足的施工设备，如高效的塔吊、混凝土泵车等，能提高物料吊运与混凝土浇筑的速度，保障施工进度；而设备故障频发、数量不足，则会阻碍施工进展。材料供应情况也不容忽视，材料及时、足额供应是施工顺利进行的保障，若材料短缺或供应不及时，施工将被迫中断。在外部因素中，天气条件是重要影响因素，恶劣天气如暴雨、暴雪、大风等，会使室外施工无法正常进行，像在雨季，土方开挖、外墙施工等工序往往会受到较大影响。政策法规变化也可能对施工进度产生影响，如环保政策趋严，可能要求施工单位增加环保设施投入、调整施工时间以减少污染排放，这在一定程度上会影响施工进度。基于进度预测结果，制定有效的进度优化策略。当预测到施工进度可能滞后时，可采取增加资源投入的策略。若因施工人员不足导致进度缓慢，可招聘临时施工人员或从其他施工区域调配人员，充实施工力量。同时，增加施工设备数量或对现有设备进行升级改造，提高设备工作效率。例如，在某桥梁建设项目中，预测到因桥梁架设设备效率低可能导致进度滞后，施工单位及时租赁了更先进的架桥设备，加快了桥梁架设进度。调整施工顺序也是常用策略，在不影响项目整体逻辑关系的前提下，优先开展受外部因素影响较小的工序。如在建筑项目中，若预测到近期天气状况不佳，不利于室外施工，可先安排室内装修、设备安装等工序，待天气好转后再进行室外施工，确保施工进度不受太大影响。此外，优化施工工艺能提高施工效率，通过技术创新与改进，缩短施工工序的持续时间。例如，采用新型的混凝土浇筑工艺，可减少混凝土浇筑的时间，提升施工进度。对进度优化效果进行评估是持续改进的关键，在实施进度优化策略后，对比优化前后的施工进度数据。通过计算实际进度与计划进度的偏差率，评估进度优化效果。若优化前某施工工序的进度偏差率为15%（实际进度比计划进度滞后15%），在实施优化策略后，该工序的进度偏差率降至5%，说明优化策略取得了一定成效。同时，分析资源利用效率的变化，评估增加资源投入是否合理。若增加施工人员后，施工进度加快的同时，人工成本并未大幅增加，且工程质量未受影响，则说明资源投入的增加是有效的。此外，观察项目整体成本的变化情况，进度优化的目的之一是在保障进度的同时控制成本，若在优化进度过程中，项目成本得到有效控制，未出现因赶工导致成本大幅上升的情况，表明进度优化策略在成本控制方面也是成功的。通过对进度优化效果的全面评估，总结经验教训，为后续项目的施工进度管理提供参考，不断提升建设工程施工进度预测与优化水平，保障项目顺利实施。

三、质量数据分析

在建设工程施工进度与质量大数据分析体系中，质量数据分析是保障工程质量、提升项目管理水平的关键环节。通过对海量质量数据的深入挖掘与分析，能够精准识别质量问题、探寻问题根源，并制定有效的改进措施。质量数据收集是质量数据分析的基础，原材料质量数据的收集贯穿材料采购与使用的全过程。在材料进场前，供应商需提供钢材的质量证明文件，详细记录钢材的牌号、规格、屈服强度、抗拉强度、伸长率等力学性能指标。在水泥进场时，其安定性、凝结时间、强度等级等参数通过专业检测设备进行测定并记录。砂石料则需检测颗粒级配、含泥量、泥块含量等指标。在施工过程中，混凝土质量数据收集尤为关键。从混凝土配合比设计阶段开始，记录水泥、砂、石、水及外加剂的用量比例。在搅拌过程中，实时监测混凝土的坍落度、和易性等工作性能指标，通过坍落度筒等工具进行测量并记录。每一批次混凝土浇筑时，制作试块并进行抗压强度、抗渗性等试验，详细记录试验结果。在建筑结构施工中，对钢筋连接质量数据进行收集。采用拉伸试验检测钢筋焊接或机械连接部位的抗拉强度，通过外观检查记录连接部位的焊接质量、套筒拧紧程度等情况。对于墙面、地面等装饰装修工程，利用靠尺、水准仪等工具测量墙面的平整度、垂直度和地面的水平度等数据并记录。收集到的质量数据往往存在错误、重复、缺失等问题，需要进行数据清洗。在原材料质量数据中，若发现钢材质量证明文件中的屈服强度数据明显超出正常范围，与同批次其他检测结果差异过大，需核实数据来源，若为录入错误则进行修正。对于混凝土试块强度数据，若存在重复记录或记录格式错误，通过数据比对与格式校验进行清理。在清洗过程中，利用统计学方法设定合理的数据范围，如根据历史数据及行业标准，确定某强度等级混凝土试块强度的合理波动区间，对超出该区间的数据进行重点排查与处理。对于缺失的数据，若混凝土坍落度数据缺失，可通过分析同一批次混凝土在其他时间点的坍落度数据、结合搅拌工艺及原材料情况进行合理估算补充。运用多种分析方法对清洗后质量数据进行深度挖掘，统计分析是常用手段，通过计算混凝土试块强度的平均值、标准差、变异系数等统计量，评估混凝土质量的稳定性。若某批次混凝土试块强度平均值接近设计强度等级，但标准差较大，说明该批次混凝土质量波动大，需进一步分析原因。利用控制图对施工过程质量进行监控，如在混凝土浇筑过程中，以时间为横轴，混凝土坍落度为纵轴绘制控制图，设定控制上限与下限。若坍落度数据超出控制界限，表明在施工过程中可能出现异常，需及时排查原材料质量、搅拌工艺、施工人员操作等方面的问题。相关性分析用于探寻质量影响因素，分析混凝土强度与水泥用量、水灰比、骨料质量等因素的相关性。通过大量数据统计分析发现，水灰比与混凝土强度呈显著负相关，即水灰比越大，混凝土强度越低，为优化混凝土配合比提供依据。质量数据分析在工程质量管理中应用广泛，通过分析质量数据，可识别质量问题集中区域与关键影响因素。在某建筑项目中，对各楼层墙面平整度数据进行分析，发现某几个楼层的墙面平整度不合格率较高，进一步追溯施工过程，发现是该区域施工班组在施工工艺上存在问题，如抹灰厚度控制不当、未按规范进行分层抹灰等。针对这一问题，对该施工班组进行专项培训，改进施工工艺，提高墙面平整度质量。利用质量数据分析建立质量预警机制，通过对历史质量数据和实时数据的分析，设定质量指标阈值。在防水工程施工中，设定防水卷材搭接宽度的允许偏差范围，通过实时监测防水卷材铺贴施工数据，当发现某区域防水卷材搭接宽度接近或超出允许偏差范围时，及时发出预警，提醒施工人员进行整改，避免出现防水质量问题。通过质量数据分析，还可为质量改进提供决策支持，如根据原材料质量数据与施工质量数据的综合分析，选择质量更稳定的原材料供应商，优化施工工艺，提高工程整体质量水平，保障建设工程的安全性与可靠性。

四、安全数据分析

在建设工程施工进度与质量大数据分析体系中，安全数据分析是确保施工安全、降低事故风险的核心手段。通过对多源安全数据的系统收集、整理与深度分析，能够精准洞察安全隐患，为制定有效的安全管理措施提供有力支撑。安全数据收集覆盖施工全过程的各个层面，人员安全行为数据的收集借助多种技术手段。在施工现场部署摄像头，运用图像识别技术对视频图像进行分析，可识别施工人员是否正确佩戴安全帽、安全带等安全防护装备。通过深度学习算法，对人员头部、身体姿态等特征进行识别，判断安全帽佩戴是否规范，安全带是否系挂牢固。同时，利用传感器技术，在安全防护装备上安装智能芯片，如在安全帽中嵌入蓝牙定位芯片与加速度传感器，可实时监测施工人员的位置以及是否发生坠落等危险行为。当加速度传感器检测到异常加速度变化，且蓝牙定位显示人员位置处于高处危险区域时，系统自动发出警报。施工设备安全运行数据的收集同样关键，在塔吊、施工电梯、起重机等大型施工设备上安装各类传感器。塔吊的起重量传感器实时监测起吊重物的重量，防止超载作业；回转角度传感器精确测量起重臂的回转角度，保障塔吊运行平稳；高度限位传感器监测吊钩的提升高度，避免吊钩冲顶事故。施工电梯的运行速度传感器、载重传感器分别监测电梯的运行速度与承载重量，一旦数据超出安全范围，设备控制系统就立即触发制动装置，并将异常数据上传至安全管理系统。施工现场环境安全数据的收集涉及多个方面，风速传感器实时监测施工现场的风速，当风速超过安全作业标准时，自动发出警报，提醒施工人员停止高空作业等危险操作。扬尘浓度传感器监测施工现场的扬尘污染情况，若扬尘浓度过高，可能影响施工人员的身体健康，同时也违反环保要求，此时系统会通知相关人员采取洒水降尘等措施。噪声传感器监测施工现场的噪声强度，避免噪声污染对周边居民生活造成影响，当噪声强度超出规定范围时，及时调整施工设备运行时间或采取降噪措施。收集到的安全数据需进行清洗以确保数据质量，在人员安全行为数据中，可能存在因图像识别误差导致的误判情况。例如，由于光线问题或人员衣物遮挡，导致图像识别系统误将正确佩戴安全帽的人员识别为未佩戴。通过人工抽检与数据比对，对这类误判数据进行修正。在设备安全运行数据方面，传感器故障可能导致数据异常，如塔吊起重量传感器出现故障，传输的起重量数据明显偏离实际值。此时，通过对设备运行状态的实地检查与历史数据比对，判断数据的真实性，剔除错误数据，并及时维修传感器。对于环境安全数据，若风速传感器受到周边建筑物遮挡等因素影响，导致测量数据不准确，通过对多个位置风速传感器数据的综合分析，并结合气象部门的区域风速数据，对异常数据进行校正。同时，对缺失数据进行处理，若某时段施工现场的扬尘浓度数据缺失，可通过分析周边类似区域的扬尘浓度变化规律，结合施工现场的施工活动情况，采用插值法等方法进行合理估算补充。运用多种分析方法对清洗后的安全数据进行深度挖掘，关联规则分析用于探寻不同安全因素之间的潜在联系。通过对大量安全事故数据的分析，发现施工人员未正确佩戴安全帽与高处坠落事故之间存在较高的关联度。进一步分析发现，在发生高处坠落事故的案例中，有相当比例的事故涉及施工人员未规范佩戴安全帽。这一分析结果为加强人员安全培训与监管提供了依据，施工单位可重点针对高空作业人员的安全帽佩戴情况进行检查与培训。趋势分析用于预测安全风险的发展趋势，通过对历史安全数据的时间序列分析，观察施工设备故障发生率、人员违规操作次数、环境安全指标变化等数据随时间的变化趋势。例如，分析发现某施工区域在过去几个月内，施工电梯的故障发生率呈逐渐上升趋势，进一步深入分析设备维护记录、运行数据等，预测未来该施工电梯可能出现更严重的故障，提前安排设备维护与检修，降低安全风险。安全数据分析在施工安全管理中有着广泛应用，通过数据分析，可精准识别安全隐患集中区域与关键风险因素。在某大型建筑项目中，对不同施工区域的安全事故数据进行分析，发现某一施工区域的事故发生率明显高于其他区域。进一步追溯该区域的人员安全行为、设备运行状况、环境条件等数据，发现该区域存在施工人员安全意识淡薄、设备老化且维护不及时、施工现场环境复杂等问题。针对这些问题，施工单位采取加强人员安全教育培训、更新老化设备、优化施工现场布局等措施，降低安全风险。利用安全数据分析建立安全预警机制，通过对历史安全数据与实时数据的综合分析，设定安全指标阈值。在施工现场的动火作业管理中，设定动火作业区域的可燃气体浓度阈值，通过可燃气体传感器实时监测动火作业区域的可燃气体浓度。当浓度接近或超出阈值时，系统自动发出预警，提醒施工人员停止动火作业，采取通风、检测等措施，避免火灾事故发生。同时，安全数据分析还可为安全管理决策提供支持，如根据不同施工阶段的安全风险分析结果，合理调配安全管理人员与资源，加强对高风险区域与时段的安全监管，提高施工安全管理的针对性与有效性，保障建设工程施工安全。

第五节　资源成本与风险决策大数据分析

一、资源使用分析

在建设工程资源成本与风险决策大数据分析体系中，资源使用分析是精准把控项目成本、提升资源利用效率的关键环节。建设工程所涉及的资源广泛，主要包括人力、材料和设备资源，对这些资源的有效分析有助于优化资源配置，降低项目风险，提高项目整体效益。人力作为建设工程的核心资源之一，使用情况的分析至关重要。在施工过程中，通过考勤系统能够准确记录施工人员的出勤天数、加班时长等信息。例如，某大型商业综合体项目运用电子考勤设备，精确记录每个施工人员每日的上下班时间，从而计算出实际工作时长。同时，借助项目管理软件，详细记录施工人员的工种、技能水平和在各个施工阶段的工作分配情况。以主体结构施工阶段为例，泥瓦工、钢筋工、架子工等不同工种的投入数量和所承担的工作任务都被清晰记录。通过对这些数据的分析，可以评估人力配置的合理性。若在某一施工阶段，泥瓦工的实际投入人数远超计划，且施工进度并未明显加快，经深入分析可能发现是施工流程安排不合理，部分工序衔接不畅，导致泥瓦工出现窝工现象。基于此分析结果，可对施工流程进行优化，合理调配人力，提高劳动效率，避免人力成本的浪费。材料资源的使用分析同样复杂且关键，从采购环节开始，就需要详细记录材料的采购价格、供应商信息、采购数量和采购时间。在某桥梁建设项目中，钢材、水泥等主要材料的每次采购都精确登记这些信息。在材料运输过程中，运输方式、运输费用和运输损耗等数据也需准确记录。例如，砂石料采用公路运输，由于运输途中的颠簸等原因存在一定损耗，这部分损耗数据会被详细统计。在材料存储阶段，仓储费用、库存数量和库存周转率等信息成为分析重点。通过分析材料库存周转率，若发现某种材料库存周转率过低，表明该材料可能存在积压，占用了大量资金。在材料使用阶段，对比实际使用量与设计用量至关重要。如在墙面抹灰工程中，通过对水泥、砂等材料实际使用量与设计用量的对比分析，若实际用量超出设计用量较多，经排查可能是施工工艺不规范，导致材料浪费严重。针对这种情况，可对施工人员进行施工工艺培训，加强对材料使用的管理，降低材料成本。设备资源使用分析围绕设备的租赁、购置和运行维护展开，对于租赁设备，需要记录租赁价格、租赁期限、设备型号和维修保养责任等信息。在某高层住宅建设项目中，租赁塔吊等大型设备时，详细记录租赁费用按天计算的单价和租赁期间设备维修保养的责任划分。对于自有设备，购置成本、折旧费用、维修保养费用和设备使用时长等数据是分析的关键。通过设备管理系统，记录设备每次维修保养的时间、内容和费用，结合设备购置价格与预计使用年限，计算设备折旧成本。分析设备使用时长数据，若发现某设备实际使用时长远低于预期，可能是因为设备配置不合理或施工任务安排不均衡。例如，某台混凝土泵车在某施工阶段闲置时间过长，经分析是周边混凝土需求减少，但设备调配不及时。基于此，可优化设备调配方案，提高设备利用率，降低设备成本。综合人力、材料、设备等资源使用数据进行深度分析，能够挖掘出资源之间的协同关系。例如，通过分析发现，在某施工阶段，材料供应不及时导致设备闲置时间增加，同时人力也出现窝工现象。这表明材料资源与设备、人力资源之间的协同出现问题。通过建立资源协同分析模型，整合各类资源数据，可提前预测资源协同风险。如根据材料采购计划与施工进度计划，预测材料供应是否能满足设备与人力的需求，若存在供应风险，提前调整采购计划或施工进度安排。通过对资源使用的全面、深入分析，为建设工程资源成本控制与风险决策提供有力数据支持，实现资源优化配置，保障项目顺利实施，提升项目整体效益。

二、成本控制分析

在建设工程资源成本与风险决策大数据分析体系中，成本控制分析是保障项目经济效益、实现资源合理利用的核心环节。通过对建设工程各阶段成本数据的深度挖掘与分析，能够精准识别成本控制关键点，制定科学有效的成本控制策略。人力成本在建设工程成本中占据重要比例，其控制分析基于多维度数据。通过考勤系统记录施工人员的出勤天数、加班时长等信息，结合工资标准，可准确计算人力成本。例如，某建筑项目运用电子考勤设备，详细记录每个施工人员每日的上下班时间，进而得出实际工作时长。若某施工阶段泥瓦工加班时长超出预期，经分析发现是施工流程安排不合理，部分工序衔接不畅，导致泥瓦工等待时间过长，只能通过加班完成任务。基于此，可优化施工流程，合理安排工序，减少不必要的加班，降低人力成本。同时，分析不同工种人员的技能水平与工作效率，对于技能水平高、工作效率高的人员，给予适当奖励，激励员工提升自身能力，提高整体劳动效率，间接降低人力成本。材料成本是建设工程成本的关键组成部分，从采购环节开始，收集材料的采购价格、供应商信息、采购数量及采购时间等数据。在某大型桥梁建设项目中，钢材、水泥等主要材料的每次采购信息都被精确记录。通过对历史采购价格数据的分析，结合市场供需情况、原材料产地政策变化等因素，运用数据分析模型预测材料价格走势。若预测钢材价格将上涨，提前与供应商签订长期采购合同，锁定价格，避免因价格上涨增加成本。在材料运输过程中，记录运输方式、运输费用及运输损耗数据。如砂石料采用公路运输，运输途中存在一定损耗，通过分析损耗数据，可优化运输路线、改进运输包装，降低运输损耗成本。在材料存储阶段，分析仓储费用、库存数量及库存周转率。若某种材料库存周转率过低，表明材料积压，占用大量资金，可通过调整采购计划、优化库存管理，减少库存积压成本。在材料使用阶段，对比实际使用量与设计用量，如在墙体砌筑工程中，若砖块实际使用量超出设计用量较多，经排查可能是施工工艺不规范，导致砖块浪费严重。通过对施工人员进行工艺培训，加强材料使用管理，降低材料浪费成本。设备成本控制分析围绕设备的租赁、购置及运行维护展开，对于租赁设备，记录租赁价格、租赁期限、设备型号及维修保养责任等信息。在某高层住宅建设项目中，租赁塔吊等大型设备时，详细记录租赁费用按天计算的单价，和租赁期间设备维修保养的责任划分。分析租赁设备的使用时长与租赁成本关系，若某设备租赁时长超出预期，可能是施工计划安排不合理，导致设备闲置时间增加，租赁成本上升。基于此，优化施工计划，合理调配设备，提高设备租赁效率，降低租赁成本。对于自有设备，计算购置成本、折旧费用、维修保养费用及设备使用时长。通过设备管理系统，记录设备每次维修保养的时间、内容及费用，结合设备购置价格与预计使用年限，计算设备折旧成本。若某设备维修保养费用过高，经分析可能是设备老化严重，继续维修不经济，可考虑更新设备，综合评估设备更新成本与维修成本，做出合理决策，降低设备总成本。综合人力、材料、设备等成本数据进行深度分析，挖掘成本之间的关联关系。例如，通过分析发现，在某施工阶段，材料供应不及时导致设备闲置时间增加，同时人力也出现窝工现象，这不仅增加了设备租赁成本，还导致人力成本增加。通过建立成本关联分析模型，整合各类成本数据，提前预测成本风险。如根据材料采购计划与施工进度计划，预测材料供应是否能满足设备与人力的需求，若存在供应风险，提前调整采购计划或施工进度安排，避免因成本失控导致项目经济效益受损。同时，通过对不同施工方案的成本模拟分析，选择成本最优的施工方案。如在某建筑基础施工中，对比桩基础与筏板基础两种施工方案的成本，包括材料成本、设备成本、人力成本等，结合项目实际地质条件、工期要求等因素，选择成本最低且能满足项目需求的施工方案，实现对建设工程成本的有效控制，提升项目整体经济效益。

三、风险预测

在建设工程资源成本与风险决策大数据分析体系里，风险预测对保障项目顺利推进、降低损失意义重大。通过全面收集各类风险相关数据，运用科学分析方法，能够提前洞察潜在风险，为项目决策提供有力支撑。市场风险预测需收集多方面数据，材料价格波动数据是关键，收集钢材、水泥、砂石等主要材料的历史价格信息，涵盖不同时期、不同地区的价格变动情况。同时，关注原材料产地的政策调整、国际大宗商品市场的价格走势等外部因素数据。例如，若铁矿石主要产地出台限产政策，可能影响钢材原材料供应，进而影响钢材价格。劳动力市场数据同样重要，包括劳动力供需情况、不同工种的工资水平及变化趋势。在施工旺季，某些地区可能出现劳动力短缺，导致人工成本增加。设备租赁市场数据也不容忽视，收集设备租赁价格的历史波动数据、不同租赁公司的报价差异和市场对各类设备的需求情况。通过对这些市场数据的综合分析，运用时间序列分析、回归分析等方法，预测市场风险。如通过时间序列分析钢材价格数据，发现价格呈现周期性波动，结合当前市场供需及政策环境，预测未来一段时间内钢材价格可能上涨，提前做好材料采购规划，降低因价格上涨带来的成本风险。技术风险预测围绕施工工艺、新技术应用及设计变更等方面展开，对于复杂施工工艺，收集过往类似项目中该工艺出现的问题数据，如某新型建筑结构施工工艺在施工过程中可能出现的节点连接不牢固、施工精度难以控制等问题的频率及严重程度。在应用新技术时，收集新技术的研发进展、试验数据以及在其他项目中的应用效果数据。例如，采用3D打印技术进行建筑构件生产，需收集该技术的打印速度、构件质量稳定性等数据。设计变更数据的收集包括变更的原因、变更内容以及变更对施工进度和成本的影响。通过对这些技术相关数据的分析，运用风险矩阵法、故障树分析法等方法预测技术风险。如利用故障树分析法，从最终的技术问题出发，逐步分析导致该问题的各种原因，确定关键风险因素，预测在当前施工条件下采用某新技术可能出现的技术故障概率，提前制定应对措施，如增加技术培训、优化施工方案等，降低技术风险影响。管理风险预测涉及项目组织架构、人员管理及施工进度管理等层面，分析项目组织架构数据，包括部门设置、职责划分和部门之间的沟通协作流程。若部门职责不清，可能导致工作推诿、效率低下等问题。收集人员管理数据，如施工人员的技能水平分布、人员流动率和培训情况。施工人员技能不足或人员流动频繁，可能影响施工质量与进度。施工进度管理数据的收集包括进度计划的制订、实际进度执行情况和进度延误的历史数据。通过对这些管理数据的分析，运用层次分析法、模糊综合评价法等方法预测管理风险。如采用层次分析法，将项目组织架构、人员管理、施工进度管理等因素构建成层次结构模型，通过两两比较确定各因素的相对重要性权重，结合各因素的风险评估值，综合计算出项目管理风险的总体水平，预测项目在当前管理模式下可能面临的管理风险，提前优化组织架构、加强人员培训与管理、合理调整进度计划，降低管理风险。自然环境风险预测也是重要部分，收集施工现场的气象数据，包括气温、降水、风速、湿度等历史数据以及未来的气象预报信息。在沿海地区施工，需重点关注台风季节的台风路径、强度等数据。地质数据同样关键，收集施工现场的地质勘察报告，包括土层分布、岩土力学参数、地下水位等信息。通过对气象和地质数据的分析，运用灾害预测模型等方法预测自然环境风险。如利用气象灾害预测模型，结合历史气象数据和当前气象条件，预测施工期间可能遭遇的暴雨、暴雪等极端天气问题，提前做好防护措施，如搭建防雨棚、加固临时设施等，降低自然环境风险对项目的影响。通过全面、深入地进行风险预测，为建设工程资源成本与风险决策提供科学依据，保障项目顺利实施，提高项目整体效益。

四、决策支持

在建设工程资源成本与风险决策大数据分析体系中，决策支持基于海量且精准的数据，为项目各阶段决策提供科学依据，助力提升项目效益、降低风险。在资源调配决策方面，人力调配依赖大数据分析。通过考勤系统、项目管理软件等多渠道收集施工人员的工种、技能水平、工作时长、出勤情况等数据。例如，在某大型商业综合体项目中，借助这些数据，分析不同施工阶段各工种人员的实际需求与投入情况。若在主体结构施工阶段，通过数据分析发现泥瓦工的工作效率低于预期，且工作时长超出计划，进一步深挖数据，可能是该区域施工任务分配不合理，部分泥瓦工负责的施工区域复杂程度过高。基于此，项目管理者可重新调配泥瓦工，将经验丰富的泥瓦工安排到复杂区域，同时对工作效率低的泥瓦工进行针对性技能培训，提高整体施工效率。材料调配决策同样依靠大数据，从材料采购、运输、存储到使用的全流程数据被收集分析。在采购环节，收集不同供应商的材料价格、质量、交货期等数据，通过对比分析，选择性价比高且供货稳定的供应商。在某桥梁建设项目中，通过大数据分析发现，长期合作的某钢材供应商近期交货期延长，且价格有上涨趋势，同时另一供应商提供了更优惠的价格与更短的交货期。基于此，项目决策层可调整采购策略，适当增加新供应商的采购份额。在材料存储阶段，分析库存数量、库存周转率等数据，若某种材料库存周转率过低，表明库存积压，占用资金，可通过促销、与其他项目调配等方式减少库存。在使用阶段，对比材料实际使用量与设计用量数据，若发现某区域材料浪费问题严重，可调整施工工艺或加强材料使用管理。设备调配决策也离不开大数据支持，对于租赁设备，收集租赁价格、租赁期限、设备使用频率、故障率等数据。在某高层住宅建设项目中，分析塔吊租赁数据发现，某台塔吊租赁期限内实际使用时长未达预期，且故障率较高，经评估，可提前终止该塔吊租赁合同，更换性能更稳定的设备。对于自有设备，收集购置成本、折旧费用、维修保养费用、使用时长等数据。若某设备维修保养费用过高且频繁出现故障，经大数据分析判断继续维修不经济，可决策进行设备更新，综合考虑新设备购置成本与未来运营成本，做出最优决策。在成本控制决策方面，大数据助力显著。在人力成本控制上，通过分析不同工种人员的工资成本与工作效率数据，制定合理的人员配置方案。若发现某工种人员过多且效率低下，可适当精减人员，降低人力成本。在材料成本控制方面，基于材料价格走势预测数据，如通过时间序列分析等方法预测钢材价格将上涨，项目可提前储备一定量的钢材，锁定成本。同时，通过分析材料使用过程中的浪费数据，制定针对性措施降低浪费成本。在设备成本控制方面，依据设备租赁与购置成本对比数据，以及设备使用效率数据，决策设备获取方式。若某设备使用频率低，租赁成本低于购置成本，选择租赁设备。在风险应对决策上，大数据提供关键支持。在市场风险应对中，收集材料价格、劳动力市场、设备租赁市场等数据，预测市场风险。若预测钢材价格上涨，除提前采购外，还可与供应商协商签订价格调整条款合同。在技术风险应对中，收集施工工艺、新技术应用等数据，预测技术风险。若采用新技术存在较高风险，可增加技术研发投入、与科研机构合作或选择成熟技术替代。在管理风险应对中，收集项目组织架构、人员管理、施工进度管理等数据，预测管理风险。若发现项目组织架构存在沟通不畅问题，可优化组织架构，明确部门职责。在自然环境风险应对中，收集气象、地质等数据，预测自然环境风险。若预测施工区域将有暴雨天气，提前做好防雨、排水措施，保障施工安全与进度。通过大数据在资源调配、成本控制、风险应对等多方面的决策支持，建设工程能够实现科学决策，提升项目整体竞争力与经济效益。

第十章 施工风险管理

第一节 风险识别

一、识别方法选择

在建设工程施工风险识别环节，合理选择识别方法是精准把控风险的基础。不同的识别方法各有特点，适用于不同的场景与项目需求，需综合考量多方面因素进行抉择。头脑风暴法是一种常用的风险识别方法，通过组织项目团队成员、专家、相关利益者等集中讨论，充分激发群体智慧。在某大型桥梁建设项目风险识别会议上，召集项目经理、各专业工程师、安全管理人员等，围绕施工过程中的风险展开讨论。成员们从自身专业角度出发，提出如地质条件复杂可能导致基础施工困难、大型施工设备故障可能延误工期、恶劣天气影响高空作业安全等风险因素。这种方法的优点在于能快速收集大量风险信息，促进团队成员之间的思想碰撞，激发创新思维，发现一些潜在的、容易被忽视的风险。然而，其缺点也较为明显，讨论过程中易受权威人士影响，部分成员可能因顾虑而不敢充分表达自己的观点，导致风险信息收集不够全面。而且，由于缺乏严格的逻辑框架，收集到的风险信息可能较为杂乱，需要后续进一步整理与归纳。德尔菲法借助专家的专业知识与经验进行风险识别，采用匿名问卷调查的方式，向多位建筑行业专家发放问卷，询问他们对项目施工风险的看法。在某高层建筑施工风险识别中，邀请结构工程专家、施工管理专家、地质专家等，问卷内容涵盖自然环境、市场、技术、管理等多方面风险。专家们独立填写问卷后，由组织者汇总分析，将结果反馈给专家进行下一轮匿名作答。经过多轮反馈，专家们的意见逐渐趋于一致，从而得出较为可靠的风险识别结论。德尔菲法的优势在于专家匿名作答，避免了群体讨论中可能出现的相互干扰，能充分发挥专家的专业判断能力。同时，多轮反馈过程使风险识别结果更加准确、全面。但该方法耗时较长，问卷设计与结果分析的专业性要求较高，若组织者经验不足，可能影响结果的可靠性。检查表法是依据过往类似项目的风险经验，制定详细的风险检查表。在某住宅小区建设项目中，参考多个已建成住宅小区项目的风险记录，编制包含自然环境风险（如暴雨导致积水、严寒影响混凝土施工）、市场风险（如材料价格上涨、劳动力短缺）、技术风险（如施工工艺复杂、设计变更频繁）、管理风险（如组织架构不合理、进度管理不善）等方面的检查表。在项目风险识别阶段，对照检查表逐一排查，判断项目是否存在相应风险。检查表法的优点是简单易行，能快速识别出常见风险，提高风险识别效率。不过，局限性在于过于依赖过往经验，对于一些创新性项目或新出现的风险因素，可能无法有效识别。流程图法通过绘制项目施工流程，分析每个环节可能出现的风险。在某市政道路施工项目中，绘制从项目前期规划、场地平整、路基施工、路面施工到竣工验收的详细流程图。针对每个施工环节，如路基施工中的土方开挖、填方压实，分析可能面临的风险，如土方开挖时可能因地下管线损坏、填方压实不足导致路基沉降等风险。流程图法的好处是能直观展示施工过程，清晰呈现风险产生的环节与原因，便于制定针对性的风险应对措施。但对于复杂项目，流程图的绘制难度较大，且可能因流程图不够详细，遗漏一些风险。故障树分析法常用于技术风险识别，以某一故障为顶事件，通过逻辑推理，分析导致该故障的各种直接和间接原因，构建故障树。在某建筑施工中，以塔吊故障为顶事件，分析可能导致塔吊故障的原因，如零部件老化、操作不当、维护不及时等。将这些原因作为中间事件与基本事件，通过分析各事件发生概率，确定塔吊故障风险大小。故障树分析法的优势在于能深入分析风险产生的因果关系，定量评估风险发生概率，为风险应对提供科学依据。但该方法对分析人员的专业知识要求高，构建故障树的过程复杂，且对于一些难以量化的风险因素，分析效果欠佳。在建设工程施工风险识别中，单一方法往往难以全面识别风险，通常需综合运用多种方法。如在项目初期，可采用头脑风暴法，广泛收集风险信息；再结合德尔菲法，借助专家意见对风险信息进行筛选与完善；同时运用检查表法，快速排查常见风险；对于关键技术环节，采用故障树分析法深入分析技术风险。通过综合运用多种风险识别方法，取长补短，提高风险识别的准确性与全面性，为后续风险评估与应对奠定坚实的基础，保障建设工程施工顺利进行。

二、风险因素分类

在建设工程施工风险识别工作里，对风险因素进行科学分类，是全面且精准识别风险的重要前提，能为后续制定有效应对策略提供有力支撑。建设工程施工环节众多、环境复杂，风险因素大致可归为自然环境、市场、技术、管理、社会及其他特殊风险这几类。自然环境风险因素对施工影响直接且广泛，天气条件是关键部分，如暴雨常引发一系列问题。城市建筑项目中，暴雨易致施工现场积水，浸泡施工设备，增加维修成本，还可能冲垮基坑边坡，严重影响施工进度，危及人员安全。洪水对临水工程危害极大，如桥梁、水利工程，一旦遭遇，施工中的下部结构、围堰等临时设施可能瞬间被毁，导致施工中断，后续清理修复工作耗时费力，大幅增加成本。地震虽发生概率低，但危害巨大。在地震多发区进行高层建筑施工，地震震动可能使未完工建筑结构严重受损，墙体开裂、柱子折断甚至整栋倒塌，造成重大伤亡和财产损失。中小规模地震也可能损伤建筑结构，需大量检测加固，延误工期。高温影响混凝土浇筑，加速水分蒸发，降低坍落度，影响和易性与可泵性，若施工工艺未及时调整，易出现浇筑不密实、裂缝等质量问题。严寒使建筑材料性能改变，钢材变脆易断裂，混凝土凝结时间延长、强度增长缓慢，若保温、养护措施不到位，混凝土强度可能不达标，威胁结构安全。市场风险因素紧密关联工程成本与进度，材料价格波动是重要风险点，钢材、水泥等主要材料价格受国际市场、产地政策、运输成本等多种因素影响。国际铁矿石价格上涨带动钢材价格上升，若项目采购时未考虑价格波动，可能因资金短缺影响施工进度。水泥价格也可能因环保政策调整，导致部分水泥厂停产限产而上涨。材料质量不稳定同样危险，不良供应商可能提供不达标的材料，如钢筋强度不达标，用于工程会严重影响结构安全，后期发现问题需拆除重建，造成巨大经济损失与工期延误。劳动力市场变化影响施工，旺季劳动力短缺常见，如大型商业综合体项目，因劳动力不足导致部分工序滞后。劳动力成本上升也是风险，随着经济发展和供需变化，工人工资上涨，若预算未考虑成本增长，可能超支。劳动力素质参差不齐，新工人多、技能不熟练，易导致施工质量下降，增加返工成本。设备租赁市场波动不可忽视，租赁价格上涨增加使用成本，设备供应不足则影响施工计划，如某项目因塔吊租赁困难，致使主体结构施工延误。技术风险因素贯穿施工全程，施工工艺复杂程度是关键风险，采用新型复杂工艺时，施工团队若经验不足、理解不深，易出现质量问题。大跨度桥梁悬臂浇筑施工中，挂篮安装、预应力张拉等关键环节操作不当，会导致桥梁结构变形，影响受力性能与安全。新技术应用也有风险，虽能提升效率、改善质量，但技术不成熟可能引发故障。如采用BIM技术管理项目，若软件系统不稳定，数据传输、处理出错，会影响施工协调与决策。设计变更常见，设计单位对现场了解不足，或业主需求调整，都可能导致设计变更。设计频繁变更会打乱施工计划，增加成本，沟通不畅还可能引发施工错误，导致返工。管理风险因素对施工影响深远，项目组织架构不合理，部门职责不清，会导致工作推诿、协调困难。如工程与物资部门对材料采购与使用职责不明，影响施工进度且无法有效解决问题。沟通不畅也是风险，施工团队内部及与各方沟通不及时、不准确，易传递错误信息，影响施工决策。施工进度管理不善，进度计划未考虑恶劣天气、材料供应延迟等风险因素，易导致进度滞后。施工人员管理不到位，技能水平不一，缺乏培训考核，易致施工质量不达标。施工人员工作态度不积极，存在偷懒、违规操作等行为，可能引发安全事故，影响施工进度与质量。安全管理不到位，施工现场安全防护设施不完善、检查不严格，都可能发生安全事故，造成人员伤亡与财产损失，因事故处理、整改而延误施工进度。社会风险因素同样不可小觑，政策法规变化影响施工，环保政策趋严，可能要求增加环保设施投入、调整施工时间，影响施工进度与成本。税收政策调整增加项目税负，影响经济效益。社会稳定因素重要，施工地发生社会动荡、罢工等事件，会阻碍施工人员工作与材料运输，影响进度。周边居民因施工噪声、粉尘等问题反对施工，可能导致施工暂停，增加协调成本与时间成本。其他特殊风险因素包括不可抗力事件，如泥石流、山体滑坡等，一旦发生，会给工程带来巨大破坏，造成工程中断、人员伤亡和财产损失。金融风险如汇率波动、利率变化等，对涉及国际采购、融资的项目影响较大，汇率波动可能增加材料采购成本，利率变化影响融资成本，进而影响项目经济效益。通过系统分类建设工程施工风险因素，能更全面、有条理地识别风险，为后续风险评估与应对指明方向，保障施工顺利推进，实现项目目标。

三、清单编制流程

建设工程施工风险识别清单的编制是系统识别项目风险的重要手段，流程涵盖多个关键环节，每个环节紧密相连，共同确保清单的全面性与准确性。首先是前期资料收集环节。收集项目相关的各类文件，包括项目可行性研究报告，其中详细阐述了项目的建设背景、规模、技术方案等内容，能帮助识别项目在宏观层面可能面临的风险，如因技术方案不成熟导致的技术风险。项目设计图纸也是关键资料，从建筑、结构、给排水、电气等各专业图纸中，可分析出在施工过程中可能遇到的技术难题，像复杂结构设计可能带来的施工工艺风险。施工合同同样重要，合同条款中关于工期、质量、造价、违约责任等规定，会引发相应风险，如工期延误的罚款条款可能导致施工单位在施工进度安排上的风险。同时，收集类似项目的历史数据。了解过往类似项目在施工过程中遇到的风险事件，包括自然环境风险，如某地区类似项目在雨季施工时遭遇暴雨引发的施工现场积水问题；市场风险，如材料价格大幅上涨导致成本超支；技术风险，如采用新施工工艺出现的质量问题；管理风险，如项目组织架构不合理造成的沟通协调不畅。分析这些历史数据，总结风险发生的规律、影响程度及应对措施，为当前项目风险识别提供参考。接下来进入风险因素梳理阶段。基于收集的资料，从自然环境、市场、技术、管理、社会等多个维度梳理风险因素。在自然环境方面，考虑施工现场所在地的气候条件，如是否处于暴雨多发区、地震带，是否易遭受洪水侵袭，和高温、严寒天气对施工的影响。分析地质条件，如是否存在软土地基、地下水位过高、岩石破碎等问题，这些地质状况可能影响基础施工，带来施工难度增加、成本上升等风险。在市场维度，关注材料价格波动风险，分析钢材、水泥、木材等主要材料价格受国际市场、原材料产地政策、运输成本等因素影响的趋势。考虑劳动力市场变化，包括劳动力短缺、成本上升和劳动力素质参差不齐带来的风险。设备租赁市场波动，如租赁价格上涨、设备供应不足等情况也需纳入考量。在技术维度，梳理施工工艺复杂程度带来的风险，特别是采用新型、复杂施工工艺时，施工团队经验不足可能导致的质量问题。分析新技术应用风险，如新技术不成熟引发的技术故障。关注设计变更风险，因设计单位对现场了解不足或业主需求调整导致的设计变更，可能打乱施工计划，增加成本。管理维度，分析因项目组织架构不合理导致的部门职责不清、沟通不畅风险。关注施工进度管理不善问题，进度计划未充分考虑风险因素，如恶劣天气、材料供应延迟等，可能导致的进度滞后风险。考虑施工人员管理不到位，包括技能水平参差不齐、缺乏培训考核、工作态度不积极等带来的施工质量与安全风险。审视安全管理不到位，施工现场安全防护设施不完善、安全检查不严格可能引发的安全事故风险。社会维度，考虑政策法规变化风险，如环保政策趋严要求增加环保设施投入、调整施工时间，影响施工进度与成本；税收政策调整增加项目税负。关注社会稳定因素，如施工所在地发生社会动荡、罢工等事件，阻碍施工人员工作与材料运输。分析周边居民对施工项目的反对风险，如因施工噪声、粉尘污染等问题导致的施工暂停。在风险因素梳理完成后，进行清单的初步拟定。将梳理出的风险因素按照一定的逻辑顺序，如按照风险类别、风险发生可能性高低、风险影响程度大小等进行排列，详细列出每个风险因素的描述、可能发生的阶段、影响范围及初步的风险等级评估。例如，将"暴雨导致施工现场积水"这一风险因素，描述为"在雨季施工时，因暴雨天气导致施工现场大量积水，可能浸泡施工设备、冲毁基础结构"，可能发生阶段为"雨季施工期间"，影响范围为"施工现场设备、基础结构及施工进度"，初步风险等级评估为"较高"。清单初步拟定后，进入审核完善环节。组织项目团队成员、专家、相关利益者等对清单进行审核。项目团队成员从自身专业角度出发，如施工工程师从施工技术层面，检查清单中技术风险因素是否全面准确；安全管理人员从安全管理角度，审视安全风险因素是否遗漏。专家凭借丰富的行业经验，对清单的完整性、合理性进行评估，提出专业意见。相关利益者如业主，从项目整体目标实现角度，关注清单中风险因素对项目成本、进度、质量的影响是否考虑周全。根据审核意见，对清单进行完善，补充遗漏的风险因素，修正不准确的风险描述，调整不合理的风险等级评估。最后是定稿发布环节。经过审核完善的风险识别清单，在项目负责人审批后正式定稿。将定稿后的清单以正式文件形式发布给项目团队成员、业主、监理单位等相关方，确保各方对项目施工风险有清晰一致的认识。同时，建立风险识别清单动态管理机制，随着项目施工的进展，新的风险因素可能出现，已识别风险的情况可能发生变化，及时对清单进行更新调整，保证清单始终能准确反映项目施工过程中的风险状况，为项目风险管理提供有力支持，保障建设工程施工顺利推进。

四、识别流程优化

在建设工程施工中，优化风险识别流程对有效防控风险、保障项目顺利推进至关重要。一个优化的风险识别流程，能更全面、更精准地发现潜在风险，为后续风险应对奠定坚实基础。优化风险识别流程的前期准备工作十分关键，首先，要组建专业且多元化的风险识别团队。团队成员应涵盖项目经理、结构工程师、安全管理人员、造价师等。项目经理把控全局，从项目整体目标和管理层面识别风险；结构工程师从工程结构角度，分析如复杂结构设计可能带来的施工风险；安全管理人员专注于施工现场安全隐患，像防护设施不足、施工操作违规等风险；造价师则关注成本相关风险，如材料价格波动、预算超支等。不同专业背景成员的协同合作，能从多个维度审视项目，避免风险遗漏。同时，收集丰富且准确的项目资料。全面收集项目设计文件，包括建筑、结构、给排水、电气等专业图纸，从图纸细节中识别施工技术难题，例如复杂的建筑造型可能导致模板支设困难，特殊结构设计可能引发施工工艺风险。深入研究项目合同，合同条款中关于工期、质量标准、违约责任等规定，会引发相应风险，如工期延误罚款条款可能促使施工单位盲目赶工，增加安全与质量风险。收集类似项目的历史数据，分析过往项目在不同施工阶段遭遇的风险事件，如某地区类似项目在基础施工时遇到流沙层，导致施工进度受阻，总结这些风险发生的规律、影响程度及应对措施，为当前项目的风险识别提供参考。进入风险识别实施阶段，要综合运用多种识别方法。头脑风暴法可激发团队创造力，组织风险识别团队成员集中讨论，鼓励成员大胆发言，从各的专业视角提出潜在风险。在某大型桥梁建设项目中，成员们提出地质条件复杂可能导致基础施工困难、大型施工设备故障可能延误工期、恶劣天气影响高空作业安全等风险因素。但头脑风暴法易受权威人士影响，所以需结合德尔菲法，向多位建筑行业专家发放匿名问卷，询问他们对项目施工风险的看法。经过多轮反馈，专家意见逐渐趋于一致，得出更可靠的风险识别结论。检查表法也不可或缺，依据过往类似项目的风险经验，制定详细的风险检查表。在某住宅小区建设项目中，检查表涵盖自然环境风险（如暴雨导致积水、严寒影响混凝土施工）、市场风险（如材料价格上涨、劳动力短缺）、技术风险（如施工工艺复杂、设计变更频繁）、管理风险（如组织架构不合理、进度管理不善）等方面。对照检查表逐一排查，快速识别常见风险。对于复杂施工环节，可采用故障树分析法，以某一故障为顶事件，分析导致该故障的各种直接和间接原因，构建故障树。如在分析塔吊故障风险时，将塔吊故障作为顶事件，把零部件老化、操作不当、维护不及时等作为中间事件与基本事件，确定塔吊故障风险大小。风险识别结果评估与反馈是优化流程的重要环节，风险识别完成后，对识别出的风险进行全面评估。评估风险发生的可能性，可分为高、中、低三个等级；评估风险影响程度，如对施工进度、成本、质量、安全等方面的影响，同样分为严重、较大、一般三个等级。通过风险矩阵法，将风险发生可能性与影响程度相结合，确定风险等级。例如，某风险发生可能性为高，影响程度为严重，其风险等级即为高风险。根据评估结果，对风险识别流程进行反馈优化。若发现某些风险在识别过程中遗漏，分析原因，可能是识别方法选择不当，如对于一些创新性项目，检查表法可能无法有效识别新风险因素，需调整识别方法，增加创新性风险识别手段。若发现风险描述不准确，导致风险评估偏差，需重新梳理风险信息，完善风险描述。同时，随着项目施工进展，新风险可能出现，已识别风险的情况可能发生变化，要建立动态风险识别机制，定期对项目进行风险识别，及时更新风险清单，确保风险识别流程始终适应项目实际情况，为建设工程施工风险管理提供持续、有效的支持，保障项目顺利实施。

第二节　风险评估

一、评估指标设定

在建筑工程施工风险评估中，科学合理地设定评估指标是准确衡量风险的基础，能够为风险应对决策提供有力依据。评估指标涵盖自然环境、市场、技术、管理等多个关键维度。自然环境维度的评估指标对建筑工程施工影响显著。在气象条件方面，降水指标至关重要。降水量、降水频率和降水强度都需纳入考量。在南方多雨地区的建筑项目中，频繁且强度大的降雨可能导致施工现场积水严重，影响基础施工进度，增加排水成本，甚至可能引发基坑边坡坍塌等安全事故。通过统计过往年份该地区同期的降水量数据，结合施工进度计划，预估降水对施工各阶段的影响程度。气温也是重要指标，高温天气会影响混凝土的浇筑质量，加速水分蒸发，导致混凝土坍落度损失过快，影响其和易性与可泵性。低温则可能使混凝土凝结时间延长，强度增长缓慢，甚至可能对某些建筑材料的性能产生不利影响，如钢材在低温下韧性降低，变得脆硬，增加加工与安装难度。记录施工期间每日的气温数据，分析不同温度区间对施工工艺的影响，设定相应的温度风险阈值。风速指标同样不可忽视，在高层建筑施工中，强风可能影响高空作业安全，对塔吊等垂直运输设备的运行稳定性造成威胁。实时监测施工现场的风速，根据不同建筑高度与施工工艺要求，确定安全风速范围，并以此作为风险评估的参考指标。地质条件指标在建筑工程风险评估中也占据重要地位，土壤类型决定了基础施工的方式与难度。例如，软土地基承载能力低，在进行基础施工时可能需要采取特殊的地基处理措施，如打桩、地基加固等，这不仅增加施工成本，还可能延长施工周期。通过地质勘察报告，明确施工现场的土壤类型分布，评估不同土壤类型对基础施工的影响程度。地下水位的高低直接影响基础施工的排水措施与施工安全。地下水位过高，可能导致基坑涌水、流砂等问题，增加基础施工难度与风险。依据地质勘察数据，确定地下水位深度，并结合基础设计标高，分析地下水位对基础施工的影响，设定地下水位风险评估指标。岩石硬度对于涉及岩石开挖的建筑工程十分关键，如山区建筑项目或地下工程。岩石硬度大，会增加开挖的难度与成本，对施工设备的损耗也更大。通过岩石硬度测试数据，评估岩石开挖施工的风险程度。市场维度的评估指标紧密关联建筑工程的成本与进度，材料价格波动指标是重点关注对象。钢材、水泥、木材等主要建筑材料价格受国际大宗商品市场、原材料产地政策、运输成本等多种因素影响。收集各类主要材料的历史价格数据，分析价格波动的幅度与频率。例如，若钢材价格在过去半年内波动幅度超过20%，且波动频率较高，那么在建筑工程施工期间，因钢材价格波动导致成本超支的风险就较大。劳动力市场指标同样重要，劳动力短缺程度与劳动力成本上升幅度是关键评估点。在建筑行业旺季，劳动力需求大增，若某地区劳动力短缺比例达到30%，则可能导致施工进度滞后，同时劳动力成本可能因供不应求而上升。通过对当地劳动力市场的调研，统计劳动力短缺数据，分析劳动力成本变化趋势，设定劳动力市场风险评估指标。在设备租赁市场指标方面，关注设备租赁价格的变化和设备供应的稳定性。若施工期间塔吊租赁价格上涨30%，且市场上符合项目要求的塔吊供应紧张，可能影响施工进度，增加设备租赁成本。收集设备租赁市场的价格与供应数据，评估设备租赁市场风险。技术维度的评估指标贯穿建筑工程施工全过程，施工工艺复杂程度指标可从施工工艺的技术难度、施工人员对工艺的熟悉程度等方面衡量。对于采用大跨度空间结构施工工艺的建筑项目，由于其施工工艺复杂，技术要求高，若施工人员缺乏相关经验，可能导致施工质量问题，影响结构安全。通过分析施工工艺的技术要点、施工流程的复杂程度，结合施工人员的技能水平，评估施工工艺复杂程度带来的风险。新技术应用成熟度指标在当前建筑行业创新发展背景下尤为重要。采用如 BIM 技术、装配式建筑技术等新技术时，若技术不成熟，可能在施工过程中出现技术故障，影响施工效率与质量。通过对新技术的研发进展、在其他项目中的应用效果等方面的调研，评估新技术应用的成熟度风险。设计变更频率指标反映了设计阶段与施工阶段的衔接情况。频繁的设计变更会打乱施工计划，增加施工成本与时间成本。统计建筑工程施工过程中的设计变更次数，分析设计变更的原因与对施工的影响程度，设定设计变更频率风险评估指标。管理维度的评估指标影响建筑工程施工的整体协调与推进，项目组织架构合理性指标从部门职责清晰度、沟通协调顺畅度等方面评估。若建筑工程项目中工程部门与物资部门职责划分不清，可能导致材料采购不及时，影响施工进度。通过对项目组织架构图的分析，结合实际工作中的沟通协调情况，评估项目组织架构的合理性风险。施工进度管理指标关注进度计划的合理性和实际进度与计划进度的偏差。进度计划若未充分考虑施工过程中的各种风险因素，如恶劣天气、材料供应延迟等，可能导致施工进度滞后。对比实际施工进度数据与进度计划，计算进度偏差率，以此作为施工进度管理风险评估指标。安全管理指标包括安全事故发生率、安全措施落实情况等。施工现场安全事故发生率高，表明安全管理存在漏洞，可能对人员生命安全与施工进度造成严重影响。统计建筑工程施工期间的安全事故次数，检查安全防护设施的配备与使用情况、安全培训的开展情况等，评估安全管理风险。通过全面、系统地设定这些评估指标，能够更精准地评估建筑工程施工风险，为风险应对提供科学依据。

二、评估方法应用

在建筑工程施工风险评估中，科学应用各类评估方法是准确识别、衡量风险的关键，能为后续风险应对策略的制定提供有力支撑。常见的评估方法包括定性评估、定量评估和综合评估方法，它们在实际应用中各有侧重。在定性评估方法中，头脑风暴法在建筑工程风险评估中应用广泛。在某大型商业综合体项目风险评估初期，组织项目团队成员，涵盖项目经理、结构工程师、安全管理人员、造价师等，共同参与头脑风暴会议。成员们依据自身专业知识与经验，从不同角度提出潜在风险。结构工程师指出，该项目复杂的结构设计可能在施工过程中因模板支设难度大，导致混凝土浇筑质量问题；安全管理人员提到，施工现场场地狭窄，人员与材料运输频繁，易发生碰撞事故；造价师则关注到，当前建筑材料市场价格波动大，可能造成项目成本超支。通过这种方式，能快速收集大量潜在风险信息，激发团队成员的思维，发现一些容易被忽视的风险点。但该方法受主观因素影响较大，不同成员对风险的认知与判断存在差异，可能导致风险评估不够精准。德尔菲法也是常用的定性评估手段，在某高层建筑项目风险评估中，项目团队向建筑结构、施工技术、地质勘察等领域的多位专家发放匿名问卷。问卷内容涉及项目可能面临的自然环境风险，如该地区多风，询问强风对高空作业及建筑结构施工的影响；在市场风险方面，了解专家对材料价格走势、劳动力市场供需变化的看法；在技术风险上，针对项目采用的新型建筑材料与施工工艺，咨询专家可能出现的技术难题。专家们独立填写问卷后，组织者汇总分析结果，并将综合意见反馈给专家进行下一轮作答。经过多轮匿名反馈，专家意见逐渐趋于一致，得出相对可靠的风险评估结论。此方法避免了群体讨论中专家相互干扰，能充分发挥专家专业判断能力，但耗时较长，且对问卷设计与组织者的分析能力要求较高。定量评估方法在建筑工程风险评估中能提供更为精确的数据支持，故障树分析法常被用于分析特定风险事件的因果关系。以某建筑施工中塔吊故障为例，将塔吊故障设为顶事件，通过分析导致塔吊故障的各种直接和间接原因，如零部件老化、操作不当、维护不及时等，构建故障树。收集塔吊零部件的使用寿命数据、操作人员违规操作次数和维护记录等信息，计算各基本事件发生的概率。经分析，发现因维护不及时导致塔吊故障的概率较高，为制定针对性的风险应对措施，如加强塔吊维护保养计划的执行力度，提供了数据依据。层次分析法用于确定不同风险因素的相对重要性权重，在某住宅小区建设项目风险评估中，将自然环境风险、市场风险、技术风险、管理风险等构建成层次结构模型。通过两两比较各风险因素的相对重要性，如自然环境风险中，暴雨对施工进度的影响与地震对建筑结构安全的影响相比，哪一个更严重，构建判断矩阵。经过计算，确定各风险因素的权重。结果显示，在该项目中，市场风险因材料价格波动对项目成本影响较大，权重相对较高，这为项目团队在风险应对时优先关注市场风险提供了决策依据。综合评估方法则结合定性与定量评估的优势，在某桥梁建设项目风险评估中，首先运用头脑风暴法与德尔菲法，全面识别项目可能面临的风险，如地质条件复杂导致基础施工困难、新技术应用可能出现技术故障、施工场地周边居民干扰施工等。然后，针对识别出的风险，采用故障树分析法、层次分析法等定量方法，对风险发生的概率、影响程度和风险因素的重要性权重进行计算。将定性分析得到的风险描述与定量分析得出的数据相结合，对每个风险进行综合评价，确定风险等级。例如，对于"地质条件复杂导致基础施工困难"这一风险，通过定量分析确定其发生概率为中等，影响程度为严重，结合定性分析中对地质条件具体情况的描述，综合评定该风险为高风险等级。基于综合评估结果，项目团队制定相应的风险应对策略，对于高风险等级的风险，采取风险规避或风险减轻措施，如针对地质条件复杂问题，优化基础设计方案，增加地质勘察深度；对于中低风险等级的风险，采取风险接受或风险转移等措施，实现对建筑工程施工风险的有效管理，保障项目的顺利推进。

三、风险等级划分

在建筑工程施工风险评估体系里，风险等级划分是对识别出的各类风险进行量化评估、明确风险严重程度的重要步骤，为制定针对性风险应对策略提供依据。其划分通常基于风险发生可能性与风险影响程度两个核心要素。风险发生可能性的判定，需综合多方面信息。一方面，参考历史数据是基础。例如，在某地区过往的建筑项目施工中，统计暴雨天气对施工进度造成影响的次数。若该地区每年雨季平均有 5 次暴雨导致施工中断 2 天以上，基于此数据，可初步评估在当前项目施工的雨季期间，暴雨影响施工进度这一风险发生可能性处于中等水平。另一方面，专家经验也不可或缺。在评估采用新型建筑材料可能引发的质量风险时，由于缺乏大量历史数据支撑，邀请建筑材料领域专家，依据其对新型材料特性、应用案例的了解，判断风险发生可能性。专家认为，因该新型材料在类似项目中应用时，出现过材料性能不稳定导致质量问题的情况，所以在当前项目中应用，质量风险发生可能性较高。此外，还可借助实时监测数据。在施工现场设置风速监测设备，当风速达到一定阈值，可能影响塔吊等高空作业设备安全运行。根据连续监测的风速数据，统计风速超过安全阈值的频率，以此评估强风影响施工安全这一风险的发生可能性。若在施工的一个月内，风速超过安全阈值的天数达到 5 天，可判定该风险发生可能性较高。风险影响程度的评估涵盖施工进度、成本、质量、安全等多个关键方面。在施工进度方面，计算风险事件导致的工期延误时长。若某基础施工阶段遇到地下障碍物，导致施工暂停 15 天，而整个项目总工期为 300 天，那么此风险对施工进度的影响程度为较大。在成本方面，统计风险事件造成的成本增加金额。例如，因建筑材料价格突然上涨，项目材料采购成本增加了 20%，远超项目预算中预留的价格波动成本，该风险对成本的影响程度为严重。在质量方面，依据风险事件对建筑结构安全、使用功能等质量指标的影响程度判断。若混凝土浇筑过程中因振捣不密实，导致建筑结构出现裂缝，影响结构承载能力，经检测裂缝宽度超出规范允许范围，此风险对质量的影响程度为严重。在安全方面，以风险事件导致的人员伤亡数量、安全事故严重程度衡量。如施工现场发生一起高处坠落事故，造成 1人死亡、2 人重伤，该风险对安全的影响程度为严重。综合风险发生可能性与影响程度，对风险等级进行划分。常见的风险等级划分多采用三级或五级分类法。以五级分类法为例，将风险等级分为极低、低、中等、高、极高五个等级。当风险发生可能性低且影响程度轻微时，划分为极低风险等级。比如，施工现场偶尔出现小型工具丢失的情况，对施工进度、成本、质量、安全影响极小，发生频率也较低，此类风险归为极低风险等级。若风险发生可能性为中等，影响程度为一般，划分为低风险等级。如在施工过程中，偶尔因施工人员操作不熟练，导致某一施工环节效率降低，使该环节施工时间延长 1~2 天，对整体项目影响较小，可判定为低风险等级。当风险发生可能性较高，影响程度为较大时，划分为中等风险等级。像某建筑项目采用的一种新工艺，因施工团队经验不足，可能导致施工质量出现一些小瑕疵，需要局部返工，返工成本占项目总成本的 5% 左右，且可能使施工进度延误 5~10 天，此类风险属于中等风险等级。若风险发生可能性高，影响程度为严重，划分为高风险等级。例如，在某地区地震多发地段进行建筑施工，一旦发生地震，可能对建筑结构造成严重破坏，导致大量人员伤亡、财产损失，且该地区发生有感地震的概率相对较高，这种地震风险划分为高风险等级。当风险发生可能性极高，影响程度极其严重，划分为极高风险等级。如在建筑施工过程中，遭遇战争、大规模恐怖袭击等不可抗力事件，导致项目全面停工，造成巨大人员伤亡和难以估量的财产损失，此类风险为极高风险等级。通过系统、科学地进行风险等级划分，建筑工程项目团队能够清晰了解各类风险的严重程度，针对不同风险等级制定相应的风险应对策略。对于极低与低风险等级的风险，可采用风险接受策略，在风险发生时进行简单处理；对于中等风险等级的风险，采取风险减轻策略，如加强施工管理、优化施工工艺等，降低风险发生可能性与影响程度；对于高风险等级的风险，考虑风险规避或风险转移策略，如放弃高风险施工方案、购买相关保险等；对于极高风险等级的风险，提前制定应急预案，做好充分准备，以最大程度减少风险带来的损失，保障建筑工程施工顺利进行。

四、报告编制要点

在建筑工程施工风险评估工作里，报告编制是关键一环，将评估过程与结果以书面形式呈现，为项目决策提供重要依据。一份高质量的风险评估报告，需涵盖多方面要点。报告开篇应明确项目基本信息，包括项目名称、地址、规模、施工单位、建设单位等。以某大型商业综合体项目为例，详细说明项目位于城市核心区域，占地面积 5 万 m^2，总建筑面积 20 万 m^2，施工单位为［具体施工单位名称］，建设单位为［具体建设单位名称］。清晰的项目信息能让报告使用者快速了解项目背景，为理解后续风险评估内容奠定基础。风险识别部分是报告重点。详细罗列识别出的各类风险因素，从自然环境、市场、技术、管理等维度展开。在自然环境风险方面，说明项目所在地可能遭遇的暴雨、高温、地震等自然灾害风险。如该商业综合体项目所在地区夏季常受暴雨侵袭，历史数据显示每年平均有8次暴雨天气，可能导致施工现场积水，影响基础施工进度，冲毁临时设施。市场风险列举材料价格波动、劳动力市场变化等风险。例如，近期钢材价格受国际市场影响波动剧烈，在项目施工周期内，钢材价格上涨15%的可能性较大，将直接增加项目成本。技术风险阐述施工工艺复杂程度、新技术应用风险等。该项目采用了大跨度空间结构施工工艺，技术难度高，施工团队对该工艺的熟练程度不足，可能导致施工质量问题。管理风险说明项目组织架构不合理、进度管理不善等风险。如项目组织架构中工程部门与物资部门职责划分不清，可能造成材料采购不及时，延误施工进度。风险评估方法与过程的阐述也不可或缺，介绍采用的评估方法，如定性评估采用头脑风暴法与德尔菲法，定量评估运用故障树分析法、层次分析法等。描述头脑风暴会议中，项目团队成员从不同专业角度提出风险因素的过程。阐述德尔菲法中，向专家发放问卷、收集反馈意见、多轮汇总分析的流程。对于故障树分析法，说明如何以某一故障事件为顶事件，构建故障树，分析各原因事件发生概率，计算顶事件发生概率的过程。以层次分析法为例，解释如何构建风险因素层次结构模型，通过两两比较确定各因素权重的步骤。风险评估结果呈现要清晰明了，明确各风险因素的风险等级，采用风险矩阵等方式展示风险发生的可能性与影响程度的对应关系。如将风险等级划分为高、中、低三个等级，对于钢材价格波动风险，经评估发生可能性高，对成本影响程度严重，判定为高风险等级；施工团队对新技术应用不熟练风险，发生可能性中等，对质量影响程度较大，判定为中等风险等级。以图表形式直观呈现风险等级分布，让报告使用者一目了然。风险应对建议是报告的关键价值所在，针对不同风险等级的风险因素，提出具体应对策略。对于高风险等级的风险，如钢材价格波动风险，建议与供应商签订长期合同，锁定价格，或建立材料价格预警机制，当价格波动超过一定幅度时，及时调整采购计划。对于中等风险等级的风险，如施工团队对新技术应用不熟练风险，安排专业技术培训，邀请专家进行现场指导；优化施工方案，降低新技术应用难度。对于低风险等级的风险，如施工现场小型工具偶尔丢失风险，加强施工现场管理，制定工具管理制度，明确工具保管责任人。报告还需包含风险监控与更新计划，说明建立风险监控机制的要点，如确定监控指标、监控频率。对于钢材价格波动风险，以钢材市场价格为监控指标，每周收集一次价格数据。当风险指标达到预警阈值时，启动风险应对措施。同时，强调随着项目施工进展，新风险可能出现，已识别风险情况可能变化，需定期对风险评估报告进行更新。如每月对风险评估报告进行一次审查，根据项目实际情况，调整风险因素、评估结果与应对建议。报告结尾附上评估人员与时间信息，明确报告的编制主体与时效性。注明参与风险评估的人员，包括项目经理、各专业工程师、风险评估专家等，和报告编制完成时间。如［具体日期］由［项目经理姓名］、［结构工程师姓名］、［风险评估专家姓名］等共同完成本风险评估报告。通过涵盖这些要点，编制出的建筑工程施工风险评估报告能够全面、准确、实用，为项目风险管理提供有力支持，保障建筑工程施工顺利推进。

第三节 风险应对策略

一、风险规避措施

在建设工程施工风险应对策略体系里，风险规避措施旨在从源头上消除或避开可能引发重大风险的因素，保障项目安全、顺利推进。自然环境风险规避是重要切入点，在地震活动频繁区域开展建设项目时，若经专业地质勘察与风险评估，确定该区域地震发生概率高且震级可能较大，按现有建筑设计标准，建筑物在地震中遭受严重破坏的可能性极大，修复成本高昂甚至可能导致项目完全报废。例如，在某板块交界地带规划建设一座大型商业中心，历史地震数据显示该区域每 30 年左右就会发生一次里氏 6.5 级以上地震。经结构专家严谨评估，按照常规设计建造的商业中心在这种强度地震下，有 70% 以上的概率出现主体结构严重损坏的情况。鉴于地震风险难以通过普通抗震措施有效降低至可接受水平，项目团队果断放弃在该区域建设大型商业中心的原计划，转而选择地质条件稳定、地震活动微弱的其他区域进行建设，从而彻底规避地震对项目可能造成的毁灭性风险。对于洪水频发地区，若建设项目选址靠近河流、湖泊等易受灾水体，经分析洪水在施工期及项目运营期内有较高概率淹没施工现场或破坏建成设施。例如，某位于河流下游冲积平原的工业园区建设项目，历史水文资料表明近 10 年中有 4 次因暴雨引发洪水淹没周边区域。项目团队经综合考量，调整园区选址，选择地势较高、排水顺畅且远离行洪通道的地段，避免洪水对施工进度、已建工程和未来运营的严重影响。施工技术选择过程中的风险规避也十分关键，当面临采用全新且未经充分验证的施工工艺时，若经专业论证，该工艺可能导致施工质量不稳定、工期大幅延长和成本超支等多重风险。例如，某建筑企业计划在超高层建筑施工中运用一种新型的高空装配式结构施工工艺，该工艺虽理论上能提高施工效率，但在全球范围内实际应用案例稀少，技术细节存在诸多不确定性。经专家团队深入论证，采用该工艺可能致使施工质量缺陷率增加 30%，工期延误至少 4 个月，成本超支 20%。考虑到这些潜在风险，项目团队毅然放弃采用该新工艺，转而选用成熟、可靠的传统施工工艺，确保施工过程平稳有序，规避因新技术不确定性带来的风险。在施工设备选型环节，若某新型施工设备虽具备一定性能优势，但设备制造商售后服务网络不完善，设备故障率高且维修难度大，可能导致设备长时间停机，严重影响施工进度。例如，某隧道施工项目考虑采用一款新研发的大直径隧道掘进机，该设备在理论上能将掘进速度提高 25%，然而市场反馈显示其关键部件故障率比同类成熟设备高 40%，且制造商在项目所在地周边缺乏专业维修团队，维修响应时间长。经全面评估，项目团队放弃选用该新型设备，转而选择市场上应用广泛、性能稳定且售后服务体系完备的传统隧道掘进机，有效规避设备故障带来的施工延误风险。合同风险规避同样不容忽视，在签订施工合同时，若合同条款对施工企业极为不利，如约定的工期极不合理且工期延误导致罚款额度过高，同时对建设单位的付款义务约束不足，可能使施工企业面临巨大经济风险。例如，某施工企业收到一份施工合同，合同要求在比正常工期缩短40%的时间内完成项目建设，且每延误一天需支付合同总价1.5%的罚款，而建设单位付款周期长达8个月且无明确违约赔偿条款。经法务和成本部门审慎评估，该合同可能使企业陷入资金周转困难、工期违约罚款等多重困境。施工企业决定与建设单位重新协商合同条款，若协商无果，则果断放弃承接该项目，避免因不合理合同条款带来的经济风险。在材料采购合同签订时，若供应商信誉不佳，过往存在供货质量不达标、供货延迟等问题，可能严重影响工程质量与进度。例如，某施工企业与一家新的水泥供应商洽谈合作，经调查发现该供应商在过往项目中多次出现水泥强度不达标、供货延迟15天以上的情况。考虑到这些风险，施工企业放弃与该供应商合作，转而选择与信誉良好、供货稳定的老牌供应商签订合同，规避因供应商问题带来的施工风险。通过在自然环境、技术、合同等多方面积极实施风险规避措施，建设工程施工项目能够显著降低重大风险发生的可能性，为项目成功实施筑牢基础。

二、风险降低方法

在建设工程施工风险应对策略里，风险降低方法致力于减少风险发生的可能性，或在风险发生时减轻其影响程度，从多维度保障项目顺利推进。在自然环境风险方面，可采取多种措施降低风险。对于暴雨可能导致施工现场积水的风险，施工前要做好规划。通过精准的地形测绘，了解施工现场的地势起伏，依据地形合理设计排水系统。在某城市商业综合体项目中，施工团队根据场地地形，规划了坡度合理的排水路线，布置了管径适配的排水管道，并设置多个集水井，配备大功率排水泵。在雨季来临前，对排水系统进行全面检查与维护，清理管道内杂物，确保排水畅通。同时，密切关注天气预报，在暴雨预警发布后，提前安排人员值班，随时准备启动排水设备，将暴雨积水对施工进度和设备的影响降至最低。针对高温天气影响混凝土浇筑质量的风险，优化混凝土配合比，加入适量缓凝剂，延长混凝土的凝结时间，减少因高温导致的水分蒸发过快。在混凝土运输过程中，对搅拌车采取遮阳措施，如安装遮阳棚，降低混凝土温度上升速度。在浇筑现场，对模板进行洒水降温，改善混凝土浇筑环境。在某大型桥梁工程的混凝土浇筑作业时，通过这些措施，有效避免了因高温造成的混凝土坍落度损失过快、浇筑不密实等质量问题。市场风险降低同样关键，在材料价格波动风险方面，施工企业可与供应商建立长期稳定合作关系。在某大型住宅建设项目中，施工方与钢材供应商签订为期三年的供应合同，合同约定钢材价格随市场波动调整，但调整幅度控制在一定范围内。同时，施工企业密切关注市场动态，提前预判价格走势。当预计钢材价格上涨时，适当增加钢材库存；当价格下跌时，合理减少库存。此外，拓展材料采购渠道，引入竞争机制，降低采购成本。对于劳动力市场变化风险，施工企业加强与劳务公司的合作，建立长期劳务合作关系，确保劳动力稳定供应。在某市政道路施工项目中，施工企业与多家劳务公司签订框架协议，根据项目进度提前预订劳动力。同时，注重自身劳务队伍建设，加强对施工人员的技能培训，提高劳动效率，降低因劳动力短缺或技能不足对施工进度的影响。技术风险降低的措施多样。在采用复杂施工工艺时，加强施工人员培训。在某大跨度桥梁悬臂浇筑施工项目中，施工企业组织施工人员参加专业培训课程，邀请行业资深专家进行现场指导。专家详细讲解悬臂浇筑工艺的关键技术要点、操作规范和质量控制要求，施工人员通过理论学习与实际操作演练，熟练掌握施工工艺。在施工现场设置技术交底看板，随时为施工人员提供技术参考。在施工过程中，安排技术人员全程监督，及时纠正不规范操作，降低施工质量风险。对于新技术应用风险，在引入新技术前，进行充分的试验与论证。在某建筑项目计划采用新型保温材料时，先在小范围工程部位进行试用，对材料的保温性能、施工工艺适应性、耐久性等进行测试。组织专家对测试结果进行论证，评估新技术的可行性与风险。若新技术存在风险，则及时调整技术方案或改进施工工艺，确保新技术安全应用。管理风险降低从多方面入手，在项目组织架构方面，明确各部门职责，优化沟通协调机制。在某大型工业项目中，施工企业对项目组织架构进行优化，制定详细的部门职责说明书，明确工程部门、物资部门、安全部门等各部门的职责范围与工作流程。建立定期沟通协调会议制度，每周召开项目协调会，各部门汇报工作进展，协调解决工作中出现的问题。同时，利用信息化管理平台，实现信息实时共享，提高沟通效率，避免因部门职责不清、沟通不畅导致的施工延误风险。在施工进度管理方面，制订科学合理的进度计划，充分考虑各种风险因素。在某地铁建设项目中，施工企业运用项目管理软件，制订详细的施工进度计划，将施工任务分解到月、周、日，并预留一定弹性时间应对可能出现的风险，如恶劣天气、材料供应延迟等。在施工过程中，定期对比实际进度与计划进度，当进度出现偏差时，及时分析原因，采取针对性措施调整进度，如增加施工人员、优化施工工艺等，确保施工进度可控。在安全管理方面，加强施工现场安全管理，完善安全防护设施。在某高层建筑施工项目中，施工企业加大安全投入，在施工现场设置标准化的安全防护设施，如双层防护棚、定型化防护栏杆等。加强对施工人员的安全教育培训，定期组织安全演练，提高施工人员的安全意识与应急处理能力。建立安全检查制度，定期对施工现场进行安全检查，及时消除安全隐患，降低安全事故发生的可能性。通过在自然环境、市场、技术、管理等多方面实施风险降低措施，有效减少建设工程施工风险，保障项目顺利实施。

三、风险转移途径

在建设工程施工领域，风险转移是一项极为重要的风险应对策略，能帮助施工参与方将部分风险的责任和潜在损失转由其他方承担，以此降低自身面临的风险冲击。风险转移途径丰富多样，在实际项目中发挥着关键作用。工程保险作为风险转移的重要手段，覆盖范围广泛。建筑工程一切险是其中应用较为普遍的险种。以某超高层建筑施工项目为例，在施工期间遭遇了一场罕见的强风灾害，风力达到十级以上。强风导致建筑外脚手架大面积坍塌，部分已施工的建筑外立面受损严重，大量施工设备也因倒塌的脚手架和坠落物而损坏。幸运的是，施工企业提前购买了建筑工程一切险。事故发生后，施工企业迅速向保险公司报案。保险公司在接到报案后，立即派遣专业的理赔团队前往现场勘查。经过详细的调查和评估，确认此次事故属于保险责任范围。最终，保险公司按照合同约定，承担了脚手架的修复费用、建筑外立面的重新施工费用和受损设备的维修或更换费用，帮助施工企业有效规避了因强风灾害造成的巨额财产损失风险。安装工程一切险则主要针对设备安装工程的风险保障。在某大型工业项目的设备安装阶段，一台价值高昂的核心生产设备在安装过程中，由于安装工人操作失误，导致设备的关键部件严重损坏。由于施工方投保了安装工程一切险，保险公司在核实事故原因和损失情况后，承担了设备关键部件的更换费用和因设备维修导致的部分工期延误损失赔偿，大大减轻了施工方因设备安装风险带来的经济压力。第三者责任险也是工程保险中的重要组成部分。在某市政道路施工项目中，施工场地周边未设置完善的安全警示标识和防护设施，导致一名路过的行人不慎跌入施工挖掘的坑中，造成腿部骨折等严重伤害。行人将施工企业告上法庭，要求赔偿医疗费用、误工费、伤残赔偿金等一系列损失。施工企业因购买了第三者责任险，保险公司介入处理该案件。经过与行人及其律师的协商和法庭的审理，保险公司按照保险合同的约定，承担了施工企业对行人的赔偿责任，使施工企业避免了因第三方人身伤害赔偿而陷入严重的经济困境。施工人员意外伤害险专注于为施工人员在施工过程中遭受的意外伤害提供保障。在某桥梁建设项目中，一名施工人员在进行高空焊接作业时，因安全绳索老化断裂，从高空坠落受伤。由于施工企业为全体施工人员购买了意外伤害险，该受伤施工人员获得了保险公司支付的医疗费用补偿、伤残赔偿金和因伤停工期间的收入补偿，施工企业也因此减轻了因员工伤亡可能带来的巨大经济赔偿负担。合同条款设置同样是实现风险转移的有效途径，在施工合同中，合理划分风险责任是关键。例如，在某大型商业综合体建设项目的施工合同中明确规定，若因不可抗力因素，如地震、洪水等自然灾害导致工程停工或工期延误，施工方无须承担违约责任，并且建设单位应承担由此产生的部分额外费用，如施工现场的临时防护措施费用、必要的人员安置费用等。这一合同条款将不可抗力导致的部分工期和费用风险成功转移给了建设单位。在材料采购合同方面，明确材料质量风险的承担方至关重要。某建筑企业与钢材供应商签订采购合同，合同中清晰约定，若供应的钢材质量不符合国家相关标准和项目设计要求，供应商需承担全部退货、换货费用，并对因材料质量问题导致的施工方损失，如返工费用、工期延误损失等进行赔偿。通过这样的合同条款设置，建筑企业将材料质量风险有效转移给了供应商。设备租赁合同中也可对设备故障风险承担方进行约定。某施工企业租赁大型混凝土搅拌设备用于工程项目，在租赁合同中明确规定，租赁期间若设备因自身质量问题或正常损耗以外的原因发生故障，导致施工进度延误，租赁公司需承担相应的赔偿责任，如按照延误天数支付一定金额的误工赔偿。这使得施工企业将因设备故障引发的施工延误风险转移给了租赁公司。工程分包是风险转移的重要方式之一，对于技术难度大、风险较高的分项工程，施工总承包单位通常会选择将其分包给专业分包单位。在某大型桥梁建设项目中，桥梁的深水基础施工技术复杂、施工环境恶劣，风险极高。施工总承包单位将这部分工程分包给一家具有丰富深水基础施工经验和专业技术能力的专业分包单位。双方在分包合同中明确约定，专业分包单位全面负责深水基础施工的质量、安全、进度等各项工作，若因施工过程中出现的问题导致风险损失，由专业分包单位承担全部责任。通过这种方式，施工总承包单位成功将深水基础施工的风险转移给了专业分包单位。劳务分包同样有助于转移部分风险，在某住宅建设项目中，施工总承包单位将劳务作业分包给劳务分包公司。在劳务分包合同中规定，劳务分包公司负责施工人员的招聘、培训、管理和因施工人员原因导致的安全事故责任等。若施工过程中因劳务人员操作不当引发安全事故，劳务分包公司需承担相应的赔偿责任。由此，施工总承包单位转移了部分因劳务人员管理不善带来的风险。

四、风险接受决策

在建设工程施工风险应对策略中，风险接受决策是一项重要的选择，意味着项目团队有意识地决定承担某些风险带来的后果，而不采取额外的应对措施，或仅在风险发生时进行应急处理。这一决策并非盲目为之，而是基于对风险的全面评估与谨慎考量。风险接受决策适用于多种场景，对于发生概率较低且影响程度轻微的风险，风险接受是较为合理的选择。在施工现场，偶尔会出现小型工具丢失的情况。这类风险发生的频率相对较低，且即使发生，所造成的影响通常也只是增加购买少量新工具的费用，对项目的整体成本和进度影响极小。施工企业一般选择接受这种风险，在工具丢失时，及时进行登记并补充采购，无须为此投入大量资源制定复杂的风险应对方案。在施工过程中，还可能遇到一些轻微的设计变更，这些变更对项目整体进度和成本的影响在可承受范围内。例如，某建筑项目在施工过程中，因优化空间布局，业主提出对部分非关键区域的墙体位置进行微调。经评估，这一变更仅需施工团队在局部施工环节进行少量调整，额外增加的人工成本和材料成本仅占项目总成本的 0.5%，且不会对整体施工进度造成明显延误。施工团队选择接受这些变更，按照变更要求及时调整施工方案，确保项目顺利进行，而无须投入过多资源进行风险应对。决定是否采用风险接受决策，需综合考虑多方面因素。首先是风险的预期损失。若风险发生可能导致的损失金额较小，在项目的风险承受能力范围之内，风险接受便具有可行性。在某小型住宅建设项目中，预计因材料价格小幅度波动可能增加的成本为 5000 元，而项目的预算预留了 5 万元用于应对价格波动风险，5000 元的预期损失仅占预留资金的 10%，对项目整体成本影响不大，因此项目团队决定接受材料价格小幅度波动这一风险。其次是风险应对成本，若采取风险规避、风险减轻或风险转移等措施所需的成本过高，超过了风险发生可能带来的损失，那么风险接受可能更为经济。例如，某市政道路施工项目面临施工区域附近居民偶尔投诉施工噪声的风险。若要采取措施完全消除噪声，如安装昂贵的隔音设备，预计成本高达 10 万元；而通过以往经验判断，居民投诉可能导致的罚款及协调成本最多为 2 万元。相比之下，接受居民投诉风险并在投诉发生时进行协调处理，成本更低，因此项目团队选择风险接受。再次，项目的进度要求也会影响风险接受决策。当项目处于关键施工节点，时间紧迫，采取其他风险应对措施可能会延误工期，进而带来更大损失时，风险接受可能成为无奈之举。在某商业综合体项目的开业前冲刺阶段，发现部分装饰材料的环保检测结果略低于标准，但差距不大。若重新采购符合标准的材料并更换，将导致项目无法按时开业，预计损失的商业机会成本高达数百万元。而经过评估，这部分材料环保指标略低可能带来的健康风险和后续整改成本相对较小，项目团队权衡后决定接受材料环保指标略低的风险，确保项目按时开业。在实施风险接受决策时，也有诸多要点。虽然选择了风险接受，但并不意味着对风险放任不管。项目团队仍需密切关注风险状况，建立风险监控机制。例如，对于接受的材料价格波动风险，定期收集材料市场价格信息，分析价格走势。一旦发现价格波动超出预期范围，可能对项目成本造成较大影响时，及时调整风险应对策略，如与供应商协商价格、寻找替代材料等。同时，要制定应急预案。尽管风险发生概率低，但为了应对可能出现的最坏情况，需提前做好准备。在接受施工现场可能发生小型火灾风险的情况下，项目团队在施工现场配备了充足的灭火设备，制定了火灾应急预案，明确了火灾发生时的人员疏散路线、灭火责任分工等。这样，即使火灾发生，也能迅速响应，将损失控制在最小范围内。最后，要做好风险记录与总结。对接受的风险及其发展情况进行详细记录，包括风险发生的时间、影响程度、处理措施等。在项目结束后，对这些风险接受决策进行总结分析，为后续项目提供经验参考。例如，通过总结某项目中接受的设计变更风险处理情况，发现提前与业主沟通明确变更范围和流程，能更好地控制变更带来的影响，这一经验可应用于后续项目，优化风险接受决策的实施。通过合理运用风险接受决策，综合考量相关因素并做好实施要点把控，建设工程施工项目能够在有效控制风险的同时，实现项目的顺利推进与经济效益最大化。

第四节　风险监控

一、监控指标设定

在建设工程施工风险监控中，科学设定监控指标是精准捕捉风险变化、为风险应对提供依据的关键。指标设定需全面覆盖自然环境、市场、技术、管理等关键领域。在自然环境方面，气象条件指标意义重大。降水量是核心指标，在雨季施工时，借助雨量传感器监测每日及累计降水量。如某城市项目，日降水量超 50mm，可能致施工现场积水，影响基础施工。达预警值时，启动预案，增加排水设备、暂停室外作业。降水天数也关键，连续降水超 7 天，土壤含水量饱和，基坑边坡坍塌风险增加。此时需加强边坡监测，及时加固。气温影响施工，高温下混凝土浇筑易出问题，连续 3 天超 35℃，水化热加快，易致裂缝。设温度监测点，达预警值，调整浇筑时间，洒水降温。低温影响建材性能，气温低于 5℃，钢材韧性降低，焊接质量难保证，需调整加工工艺，预热钢材。风速关乎高空作业安全，超 10 米/秒，影响塔吊稳定，增加高空坠物风险。用风速仪实时监测，达到预警值，停止高空作业。地质条件指标对基础施工风险监控重要，地下水位是关键，在基础施工时，水位上升过快，基坑易涌水、流砂。在基坑周边设水位观测井，定期测量。如某商业综合体项目，地下水位距基坑底部小于 1m，启动降水措施，增加设备。土壤承载力影响基础稳定，施工前确定设计值，施工中若基础沉降异常，重测承载力。如某住宅项目，部分区域沉降超设计值，检测发现承载力不足，及时加固地基。岩石硬度指标用于岩石开挖工程，施工中用测试设备监测。如某隧道项目，岩石硬度超预期 20%，及时调整方案，更换设备。在市场方面，材料价格指标影响项目成本。对钢材、水泥等主要材料，建立监测机制。通过关注市场信息平台、与供应商沟通掌握价格动态。如某桥梁项目，钢材价格一周内涨幅超 5%，影响成本。达预警值，与供应商协商或调整采购计划。劳动力市场指标含价格与供应数量。定期统计劳动力平均工资，如某项目，工资一月内涨 10% 且超预算，评估影响，优化工艺，提高效率。关注劳动力供需，旺季短缺比例超 20%，影响进度。与劳务公司合作，提前储备劳动力。设备租赁市场指标关注价格与可用性。定期收集设备租赁价格，如某高层建筑项目，塔吊租赁价格施工期涨 30%，影响成本。超预警值，重评租赁方案。了解设备库存，库存不足影响进度，提前预订。在技术方面，施工工艺执行指标保障施工质量。复杂工艺设关键工序执行指标，如大跨度桥梁悬臂浇筑，挂篮安装精度重要，水平误差不超 5mm，垂直误差不超 3mm。用全站仪监测，超预警值，调整安装工艺。新技术应用效果指标评估新技术情况，如采用 BIM 技术，设数据准确性、协同效率指标。数据错误率超 5% 或协同延误超 3 次/月，优化应用方案，加强数据审核、培训人员。设计变更指标反映设计与施工衔接，统计变更次数及对进度、成本的影响。某项目变更超 5 次/月，致进度延误超 10 天/月，与设计单位沟通，优化流程。在管理方面，项目组织架构运行指标衡量管理效率。部门职责清晰度指标通过调查成员对职责的了解程度评估。超 30% 成员认识模糊，易致工作推诿，需梳理职责，明确流程。沟通效率指标通过统计信息传递时间、会议解决问题比例评估。如某项目，信息传递超 24 小时，会议解决问题比例低于 60%，优化沟通机制，建立信息化平台。施工进度管理指标对比实际与计划进度，用进度偏差率衡量。某项目偏差率超 10%，分析原因，采取加快进度措施。安全管理指标含事故发生率、措施落实情况。统计单位时间事故次数，如某项目发生率超 0.5 次/月，加强管理，增加检查频率，开展培训。检查安全防护设施配备、操作规程执行情况，如设施配备不全超 10%、违规率超 5%，立即整改。通过全面设定监控指标，能及时监测风险变化，为风险应对提供科学依据，保障项目顺利进行。

二、监控方法选择

在建设工程施工风险监控工作中，合理选择监控方法是及时察觉风险变化、有效把控风险态势的关键所在。多种监控方法各有优劣，适用于不同场景，需依据项目特性、风险类型等因素综合考量。现场检查是一种基础且常用的监控方法，定期对施工现场巡查能够直观地发现各类风险迹象。例如，在某住宅建设项目中，工程管理人员每周对施工现场进行全面检查。在基础施工阶段，仔细查看基坑边坡是否存在裂缝、位移等不稳定迹象，若发现边坡出现细微裂缝，可能预示着边坡土体稳定性下降，存在坍塌风险，需立即采取加固措施，如增加土钉墙支护、调整坡比等。同时检查施工场地的排水情况，若发现排水不畅，雨后积水严重，可能影响后续施工进度，甚至对基础混凝土浇筑质量产生不利影响，此时需及时清理排水管道，增设排水泵。在主体结构施工阶段，检查模板支撑体系是否牢固，若发现部分立杆间距过大、横杆缺失等问题，可能导致模板坍塌，危及施工人员安全，必须立即整改，严格按照施工方案进行模板支撑体系的搭建与加固。此外，检查施工材料的堆放是否符合安全要求，若易燃材料随意堆放且未配备足够灭火设备，易引发火灾风险，需及时规范材料堆放，增设消防设施。文件审查也是重要的监控手段，对施工图纸、施工方案、质量检验报告等文件进行细致审查，能发现潜在风险。在某桥梁建设项目中，审查施工图纸时，若发现桥梁结构设计中的某些受力计算可能存在偏差，如某关键部位的配筋量不足，可能导致桥梁在使用过程中出现结构安全隐患，需及时与设计单位沟通，进行设计变更。在审查施工方案时，关注施工工艺的合理性与可行性，若某深基坑施工方案中对地下水处理措施考虑不周全，可能在施工过程中出现基坑涌水、流砂等问题，影响施工安全与进度，需重新优化施工方案。在审查质量检验报告时，查看混凝土试块强度、钢材力学性能等检测数据是否符合标准，若发现某批次钢材的实际强度低于设计要求，用于工程中将严重影响结构安全，需对该批次钢材进行退场处理，并加强对后续材料的检验力度。数据监测借助各类监测设备，实现对风险因素的实时量化监控。在超高层建筑施工中，为监测建筑物的垂直度，安装高精度的全站仪，通过实时测量建筑物关键部位的坐标变化，精确计算垂直度偏差。若垂直度偏差超过设计允许范围，如偏差达到千分之三，可能导致建筑物整体稳定性下降，需及时调整施工工艺，如对模板安装进行纠偏、加强对混凝土浇筑过程的控制等。在大型桥梁施工中，利用应力应变监测系统，对桥梁结构关键部位的应力应变进行实时监测。当监测数据显示某部位的应力接近或超过设计极限值时，可能预示着桥梁结构存在安全风险，需立即停止相关施工活动，进行结构安全评估，采取相应加固措施。在施工现场周边环境复杂的项目中，安装噪声、粉尘监测设备，实时掌握施工对周边环境的影响。若噪声超过环保标准，如白天超过70dB，夜间超过55dB，可能引发周边居民投诉，影响施工进度，需及时调整施工时间或采取降噪措施，如设置隔音屏障、选用低噪声设备等。偏差分析通过对比项目实际进展与计划目标，找出偏差并分析原因，判断风险状况。在施工进度方面，每月绘制实际进度与计划进度的对比横道图。在某商业综合体项目中，若发现某阶段实际进度比计划进度滞后 15 天，经分析是因劳动力短缺、施工工艺复杂等因素导致，需及时采取措施，如增加施工人员、组织技术培训、优化施工工艺等，确保施工进度符合计划要求。在施工成本方面，定期对比实际成本支出与成本预算。若某项目在基础施工阶段实际成本超出预算 10%，经排查是由于材料价格上涨、施工过程中出现较多设计变更等原因导致，需调整成本控制策略，如与供应商协商价格、加强设计变更管理、优化施工方案降低成本等。在施工质量方面，对比实际质量检测数据与质量标准。若某建筑项目的混凝土强度实际检测值低于设计强度等级，需分析是原材料质量问题、配合比不准确，还是施工过程中振捣不密实等原因，针对问题采取相应整改措施，如更换原材料、调整配合比、加强施工过程质量控制等。风险预警系统利用信息化技术，提前设定风险预警指标与阈值，实现风险的自动预警。在某地铁建设项目中，为防范盾构施工过程中的坍塌风险，在盾构机上安装各类传感器，实时监测盾构机的推进速度、土仓压力、刀盘扭矩等参数。当这些参数接近或超出预先设定的安全阈值时，风险预警系统立即发出警报，提醒施工人员与管理人员采取措施，如调整盾构机的推进参数、加强对周边土体的加固等，避免坍塌事故发生。在材料价格风险监控方面，通过建立市场价格监测数据库，设定钢材、水泥等主要材料价格波动预警阈值。当价格波动超过阈值，如钢材价格在一周内上涨幅度超过 8%，系统自动预警，项目团队可及时启动价格调整合同条款、调整采购计划，降低材料成本风险。通过综合运用现场检查、文件审查、数据监测、偏差分析、风险预警系统等多种监控方法，能够全面、准确地监控建设工程施工风险，为风险应对提供有力支持，保障项目顺利推进。

三、监控频率确定

在建设工程施工风险监控工作中，科学合理地确定监控频率是及时捕捉风险动态、有效防控风险的关键环节。监控频率并非一成不变，而是需依据多种因素综合权衡。风险等级是确定监控频率的重要依据，对于高风险等级的风险因素，需高频次监控。在某地震高发区的高层建筑施工项目中，地震风险被评估为高等级。考虑到地震一旦发生，对建筑结构安全及人员生命安全将造成毁灭性打击，因此对地震相关风险因素的监控频率设定为实时监控。通过在施工现场及周边设置地震监测仪器，实时收集地震波数据，一旦监测到地震活动异常，能立即启动应急预案，组织人员疏散，采取相应的抗震加固措施等。在深基坑施工中，若基坑边坡稳定性经评估为高风险，由于边坡坍塌可能引发严重的安全事故和经济损失，对边坡位移、沉降等风险指标的监控频率设定为每天至少两次。安排专业测量人员，使用全站仪、水准仪等设备，定时对边坡关键部位进行测量，密切关注边坡变形情况，一旦发现位移或沉降速率超出预警值，立即停止施工，采取加固措施，如增加土钉墙、锚索等支护结构。施工阶段不同，监控频率也应有所差异。在基础施工阶段，诸多风险因素集中且变化快，监控频率相对较高。以某大型商业综合体项目为例，基础施工时涉及土方开挖、地基处理、基础浇筑等多个环节。在土方开挖过程中，为防止基坑坍塌，对基坑边坡的稳定性监控频率设定为每天一次。同时，对地下水位变化的监控频率为每天早晚各一次，因为地下水位上升可能导致基坑涌水、流砂等问题，影响基础施工安全。在地基处理环节，如采用桩基础施工，对桩的垂直度、桩身完整性等质量风险的监控频率为每完成 5 根桩进行一次检测。在基础混凝土浇筑时，对混凝土的坍落度、浇筑温度等指标的监控频率为每车混凝土进行一次检测，确保混凝土施工质量。而在主体结构施工阶段，风险相对基础施工阶段有所降低，但仍需保持一定监控频率。对于模板支撑体系的稳定性，每周进行一次全面检查，查看模板有无变形、支撑是否松动等情况。对混凝土强度的监控，按规范要求留置试块，在规定龄期进行抗压强度检测，一般每 $100m^3$ 混凝土至少留置一组试块。在装饰装修阶段，监控频率可适当降低。例如，对墙面抹灰质量的检查，每完成一层进行一次抽检，重点检查墙面平整度、空鼓情况等。对门窗安装质量的监控，每安装 10 樘门窗进行一次质量检查，确保门窗安装牢固、密封性能良好。工程所处环境的变化也影响监控频率，在自然环境方面，若项目在施工期间遭遇雨季，对施工现场排水情况的监控频率需增加。在某城市道路施工项目中，雨季时对排水管道畅通情况的监控频率从平时的每周一次提升至每天一次，及时清理排水管道内的杂物，确保排水顺畅，避免因积水影响施工进度和质量。若项目位于大风频发地区，在大风季节，对施工现场临时设施、脚手架稳定性的监控频率要提高。如对脚手架的风荷载承受能力监控，在大风来临前、中、后分别进行检查，查看脚手架连墙件是否松动、杆件有无变形等情况，确保施工安全。在社会环境方面，若项目周边存在居民频繁投诉施工噪声、粉尘污染等问题，对施工环境影响的监控频率需加大。对噪声的监控频率从每周一次增加至每天施工期间的多次监测，确保噪声排放符合环保标准。对粉尘浓度的监控，在施工现场主要扬尘点设置监测设备，实时监测粉尘浓度，一旦超标，立即采取洒水降尘、覆盖等措施。项目规模与复杂程度同样关系到监控频率，大型复杂项目，如大型桥梁、机场等建设项目，涉及众多施工环节、专业领域和大量施工人员、设备，风险因素复杂多样，监控频率相对较高。在某大型跨海大桥建设项目中，对桥梁主塔施工的关键工序，如混凝土浇筑、预应力张拉等，监控频率为每完成一个施工节段进行一次全面质量检查和安全评估。对海上施工平台的稳定性监控，每天进行一次结构安全检查，包括平台的锚固系统、支撑结构等。而小型简单项目，如小型住宅建设项目，监控频率可适当降低。对基础施工的监控频率可能为每 3 天进行一次检查，对主体结构施工的质量监控，每完成一层进行一次常规检查即可。通过综合考虑风险等级、施工阶段、环境变化、项目规模与复杂程度等因素，科学确定建设工程施工风险监控频率，能够高效、精准地监控风险，为项目顺利实施提供保障。

四、结果反馈调整

在建设工程施工风险监控体系里，结果反馈调整是保障风险始终受控、项目顺利推进的关键环节，紧密围绕风险监控所获取的信息，通过一系列有序步骤，实现对风险应对策略的优化与完善。风险监控结果的反馈流程需清晰且高效，施工现场的一线人员，如施工工人、质量检查员、安全监督员等，是风险信息的直接接触者。他们一旦发现风险迹象，如施工设备出现异常声响、基础边坡出现细微裂缝、施工材料质量疑似不达标等情况，需立即向现场管理人员汇报。现场管理人员在接到汇报后，迅速对风险信息进行初步核实与整理，详细记录风险发生的时间、地点、具体表现等关键信息。例如，在某建筑项目中，施工工人发现正在使用的塔吊起吊重物时出现明显晃动，立即报告给现场施工组长。组长第一时间赶到现场，确认塔吊晃动情况属实，详细记录晃动发生时的起吊重量、高度和塔吊运行状态等信息，随后向项目经理汇报。项目经理在收到现场管理人员的汇报后，组织项目技术负责人、安全负责人、造价负责人等相关人员进行风险评估会议。各负责人依据自身专业知识与经验，对风险进行深入分析。如技术负责人从塔吊设备技术原理角度，分析晃动可能是由于塔吊的某个关键零部件磨损严重；安全负责人评估晃动对施工现场人员安全的威胁程度；造价负责人则预估因塔吊故障可能导致的维修成本、工期延误成本等。会议结束后，项目经理将综合评估结果以书面报告形式，及时反馈给建设单位、监理单位等相关利益方，同时在项目内部进行公示，确保各方对风险状况有清晰认知。风险监控结果的调整依据涵盖多方面因素，风险等级变化是重要依据之一。在某桥梁建设项目中，原本对深水基础施工的风险评估为中等风险。但在施工过程中，风险监控发现实际地质条件比勘察报告复杂得多，出现了大量的溶洞和软弱土层，导致基础施工难度大幅增加，施工进度严重滞后，此时深水基础施工的风险等级上升为高风险。基于风险等级的变化，项目团队需对风险应对措施进行调整。风险应对措施的有效性也是调整依据。在某住宅建设项目中，为应对施工场地狭窄导致材料堆放困难的风险，项目团队最初采取了在施工现场周边租赁临时场地堆放材料的措施。但在风险监控过程中发现，租赁场地距离施工现场较远，材料运输成本大幅增加，且运输过程中材料损坏率较高，说明该应对措施效果不佳。因此，项目团队需重新评估并调整应对策略。项目外部环境变化同样影响调整决策，在某市政道路施工项目中，施工期间当地政府出台了更为严格的环保政策，对施工现场的扬尘控制、噪音限制等提出了更高要求。原本的施工方案和环保措施已无法满足新政策要求，面临罚款风险。基于此，项目团队必须根据政策变化，调整施工安排与环保措施。针对风险监控结果，可采取多种调整措施。风险应对措施调整方面，若风险等级上升，需采取更具针对性和强度的措施。如在上述桥梁深水基础施工风险等级升高后，项目团队决定增加施工人员和设备投入，采用更先进的基础施工工艺，如增加钢护筒的壁厚和长度，应对复杂地质条件；同时加强与地质勘察单位的沟通，实时获取地质信息，优化施工方案。资源分配调整也是常见手段，在某商业综合体项目中，风险监控发现因劳动力不足导致施工进度滞后。项目团队随即调整资源分配，从其他非关键施工区域调配部分劳动力到进度滞后区域，同时加大劳动力招聘力度，确保项目施工进度。施工计划调整在必要时也需实施，在某地铁建设项目中，由于施工过程中遇到地下文物，根据文物保护部门要求，需暂停部分施工区域作业进行文物发掘与保护工作。项目团队根据这一情况，重新调整施工计划，优先安排不受影响区域的施工，对受影响区域的施工任务进行合理延期，并重新规划施工顺序，确保项目整体目标不受太大影响。通过清晰的反馈流程、全面的调整依据和有效的调整措施，实现对建设工程施工风险监控结果的合理反馈与调整，保障项目顺利进行。

参考文献

[1] 李明. 建设工程施工技术要点分析 [J]. 建筑技术前沿, 2018, 25 (2):
45-47.

[2] 王丽丽. 论建设工程施工安全管理体系构建 [J]. 安全与质量, 2016,
18 (4): 32-34.

[3] 张伟. 建筑工程施工质量控制的关键要点 [J]. 中国建筑质量, 2017,
22 (5): 61-63.

[4] 刘悦. 建设工程施工进度管理策略探讨 [J]. 工程进度研究, 2019, 20
(3): 53-55.

[5] 陈强. 建设工程施工成本控制方法研究 [J]. 成本与造价, 2015, 15
(2): 40-42.

[6] 赵丹. 绿色环保理念在建设工程中的应用 [J]. 绿色建筑, 2018, 10
(1): 25-27.

[7] 孙杰. 数字化技术在建设工程施工管理中的应用 [J]. 数字建设, 2016,
8 (3): 36-38.

[8] 周宁. 装配式建筑施工技术要点与质量控制 [J]. 装配式建筑研究, 2019,
12 (2): 48-50.

[9] 吴迪. 建设工程施工技术创新与发展趋势 [J]. 技术创新论坛, 2017,
14 (4): 56-58.

[10] 郑辉. 建筑工程地基与基础施工技术分析 [J]. 地基基础工程, 2018,

20（3）：39-41.

［11］王芳. 主体结构施工质量控制与验收标准解读［J］. 结构工程质量，2016，16（5）：44-46.

［12］陈晨. 建筑装饰装修施工工艺与质量通病防治［J］. 装饰装修天地，2019，24（1）：33-35.

［13］刘阳. 建筑设备安装调试与验收要点［J］. 设备安装技术，2017，13（2）：42-44.

［14］张磊. 建设工程施工安全事故应急管理策略［J］. 安全应急管理，2018，10（3）：50-52.

［15］李华. 施工过程质量信息化管理平台的应用［J］. 信息化建设，2016，8（4）：38-40.

［16］赵刚. 建设工程施工质量管控体系搭建要点［J］. 质量管理研究，2019，11（2）：46-48.

［17］孙晓. 施工技术管理体系的优化与完善［J］. 技术管理前沿，2017，15（4）：54-56.

［18］周峰. 建设工程施工技术成果转化与推广路径［J］. 成果转化研究，2018，12（3）：52-54.

［19］吴雨. 建筑工程施工用电安全管理要点［J］. 施工安全，2016，17（2）：34-36.

［20］郑亮. 建设工程施工防火安全管理策略［J］. 防火与安全，2019，13（1）：28-30.

［21］王婷. 建设工程施工重大项目谋划申报要点［J］. 项目管理论坛，2017，16（4）：58-60.

［22］陈刚. 大数据在建设工程施工进度分析中的应用［J］. 大数据建设，2018，10（3）：40-42.

［23］刘悦. 建设工程施工风险识别与评估方法研究［J］. 风险评估，2016，14（5）：46-48.

［24］张峰. 建设工程施工风险应对策略探讨［J］. 风险管理，2019，11

（2）：50-52.

[25] 赵晓. 建设工程施工风险监控指标设定与方法选择 [J]. 风险监控研
究，2017，15（3）：56-58.

[26] 孙明. 公路工程施工技术管理和控制研究 [J]. 公路建设，2018，22
（2）：43-45.

[27] 周强. 土木工程管理施工过程质量控制措施探究 [J]. 土木工程，2016，
18（4）：30-32.

[28] 吴雪. 建筑施工进度管理与控制措施探究 [J]. 施工进度，2019，20
（3）：51-53.

[29] 陈婷. 建设工程施工成本预算编制与过程管控 [J]. 成本管理，2017，
14（2）：41-43.

[30] 李兵. 绿色建筑施工技术在建设工程中的应用 [J]. 绿色技术，2018，
10（1）：23-25.

[31] 王强. 建筑工程施工技术创新与应用案例分析 [J]. 技术创新，2016，
16（3）：35-37.

[32] 赵亮. 建设工程施工技术资料管理与知识共享机制 [J]. 资料管理，
2019，12（2）：47-49.

[33] 孙悦. 建设工程施工安全培训效果评估与改进策略 [J]. 安全培训，
2017，15（4）：55-57.

[34] 周明. 建设工程施工质量检测与问题处理方法 [J]. 质量检测，2018，
10（3）：41-43.

[35] 吴迪. 建设工程施工资源成本与风险决策大数据分析 [J]. 大数据决
策，2016，8（4）：36-38.